高等学校试用教材

Gongcheng Fengxian Guanli

工程风险管理

邓铁军　主　编

仇一颗　副主编

黄晓明　主　审

人民交通出版社

内 容 提 要

本书以工程项目管理中的风险为对象，主要阐述风险及风险管理的一些基本概念，包括风险定义、风险事件、风险分类、风险费用、风险管理的意义、目标与任务，介绍了工程风险的种类，讲述了工程风险的辨识、衡量、评价、评估、防范、利用和转移的原则、方法技术和程序。同时，针对工程建设的特点，提出了工程风险管理的基本原理、方法和手段。

本书不仅可作为土木工程、工程管理、道路桥梁等专业的本科教材，同时也可作为各级各类工程技术人员、管理人员、大中专院校师生学习工程风险管理的教材和参考书。

图书在版编目（CIP）数据

工程风险管理/邓铁军主编.—北京：人民交通出版社，2004.6(2007.11重印)

ISBN 978-7-114-05105-0

Ⅰ.工… Ⅱ.邓… Ⅲ.工程-项目管理：风险管理-高等学校-教材 Ⅳ.F224.5

中国版本图书馆CIP数据核字(2004)第052228号

高等学校试用教材

工程风险管理

邓铁军 主 编

仇一颗 副主编

黄晓明 主 审

正文设计：彭小秋 责任校对：宿秀英 责任印制：杨柏力

人民交通出版社出版发行

（100011 北京市朝阳区安定门外外馆斜街3号 010 59757969）

各地新华书店经销

北京盈盛恒通印刷有限公司

开本：787×1092 1/16 印张：11.5 字数：267千

2004年7月 第1版

2015年8月 第5次印刷

印数：7501－8500册 定价：21.00元

ISBN 978-7-114-05105-0

21世纪交通版
高等学校教材(公路与交通工程)编审委员会

总　序

当今世界,科学技术突飞猛进,全球经济一体化趋势进一步加强,科技对于经济增长的作用日益显著,教育在国家经济与社会发展中所处的地位日益重要。进入新世纪,面对国际国内经济与社会发展所出现的新特点,我国的高等教育迎来了良好的发展机遇,同时也面临着巨大的挑战,高等教育的发展处在一个前所未有的重要时期。其一,加入 WTO,中国经济已融入到世界经济发展的进程之中,国家间的竞争更趋激烈,竞争的焦点已更多地体现在高素质人才的竞争上,因此,高等教育所面临的是全球化条件下的综合竞争。其二,我国正处在由计划经济向社会主义市场经济过渡的重要历史时期,这一时期,我国经济结构调整将进一步深化,对外开放将进一步扩大,改革与实践必将提出许多过去不曾遇到的新问题,高等教育面临加速改革以适应国民经济进一步发展的需要。面对这样的形势与要求,党中央国务院提出扩大高等教育规模,着力提高高等教育的水平与质量。这是为中华民族自立于世界民族之林而采取的极其重大的战略步骤,同时,也是为国家未来的发展提供基础性的保证。

为适应高等教育改革与发展的需要,早在 1998 年 7 月,教育部就对高等学校本科专业目录进行了第四次全面修订。在新的专业目录中,土木工程专业扩大了涵盖面,原先的公路与城市道路工程,桥梁工程,隧道与地下工程等专业均纳入土木工程专业。本科专业目录的调整是为满足培养"宽口径"复合型人才的要求,对原有相关专业本科教学产生了积极的影响。这一调整是着眼于培养 21 世纪社会主义现代化建设人才的需要而进行的,面对新的变化,要求我们对人才的培养规格、培养模式、课程体系和内容都应作出适时调整,以适应要求。

根据形势的变化与高等教育所提出的新的要求,同时,也考虑到近些年来公路交通大发展所引发的需求,人民交通出版社通过对"八五"、"九五"期间的路桥及交通工程专业高校教材体系的分析,提出了组织编写一套 21 世纪的具有鲜明交通特色的高等学校教材的设想。这一设想,得到了原路桥教学指导委员会几乎所有成员学校的广泛响应与支持。2000 年 6 月,由人民交通出版社发起组织全国面向交通办学的 12 所高校的专家学者组成 21 世纪交通版高等学校教材(公路类)编审委员会,并召开第一次会议,会议决定着手组织编写土木工程专业具有交通特色的**道路专业方向、桥梁专业方向以及交通工程专业**教材。会议经过充分研讨,确定了包括**基本知识技能培养层次、知识技能拓宽与提高层次**以及**教学辅助层次**在内的约 130 种教材,范围涵盖**本科**与**研究生用**教材。会后,人民交通出版社开始了细致的教材编写组织工作,经过自由申报及专家推荐的方式,近 20 所高校的百余名教授承担约 130 种教材的主编工作。2001 年 6 月,教材编委会召开第二次会议,全面审定了各门教材主编院校提交的教学大纲,之后,编写工作全面展开。

21 世纪交通版高等学校教材编写工作是在本科专业目录调整及交通大发展的背景下展开的。教材编写的基本思路是:(1)顺应高等教育改革的形势,专业基础课教学内容实现与土木工程专业打通,同时保留原专业的主干课程,既顺应向土木工程专业过渡的需要,又保持服务公路交通的特色,适应宽口径复合型人才培养的需要。(2)注重学生基本素质、基本能力的培养，为学生知识、能力、素质的综合协调发展创造条件。基于这样的考虑，将教材区分为二个主层次与一个辅助层次，即基本知识技能培养层次与知识技能拓宽与提高层次，辅助层次为教学参考用书。工作的着力点放在基本知识技能培养层次教材的编写上。(3)目前，中国的经济发展存在地区间的不平衡，各高校之间的发展也不平衡，因此，教材的编写要充分考虑各校人才培养规格及教学需求多样性的要求，尽可能为各校教学的开展提供一个多层次、系统而全面的教材供给平台。(4)教材的编写在总结“八五”、“九五”工作经验的基础上，注意体现原创性内容，把握好技术发展与教学需要的关系，努力体现教育面向现代化、面向世界、面向未来的要求，着力提高学生的创新思维能力，使所编教材达到先进性与实用性兼备。(5)配合现代化教学手段的发展，积极配套相应的教学辅件，便利教学。

教材建设是教学改革的重要环节之一，全面做好教材建设工作，是提高教学质量的重要保证。本套教材是由人民交通出版社组织，由原全国高等学校路桥与交通工程教学指导委员会成员学校相互协作编写的一套具有交通出版社品牌的教材，教材力求反映交通科技发展的先进水平，力求符合高等教育的基本规律。各门教材的主编均通过自由申报与专家推荐相结合的方式确定，他们都是各校相关学科的骨干，在长期的教学与科研实践中积累了丰富的经验。由他们担纲主编，能够充分体现教材的先进性与实用性。本套教材预计在二年内完全出齐，随后，将根据情况的变化而适时更新。相信这批教材的出版，对于土木工程框架下道路工程、桥梁工程专业方向与交通工程专业教材的建设将起到有力的促进作用，同时，也使各校在教材选用方面具有更大的空间。需要指出的是，该批教材中研究生教材占有较大比例，研究生教材多具有较高的理论水平，因此，该套教材不仅对在校学生，同时对于在职学习人员及工程技术人员也具有很好的参考价值。

21世纪初叶，是我国社会经济发展的重要时期，同时也是我国公路交通从紧张和制约状况实现全面改善的关键时期，公路基础设施的建设仍是今后一项重要而艰巨的任务，希望通过各相关院校及所有参编人员的共同努力，尽快使全套21世纪交通版高等学校教材(公路类)尽早面世，为我国交通事业的发展做出贡献。

21世纪交通版
高等学校教材(公路类)编审委员会
人民交通出版社
2001年12月

前　言

现代社会的经济活动中，风险无处不在。对于规模大、周期长、产品具有单件性和复杂性等特点的建设工程来说，在实施过程中存在着更多不确定因素，比一般产品生产具有更多的不确定因素和更大的风险，因而引入风险管理尤为重要。

风险管理起源于20世纪50年代的美国，经过将近半个世纪的实践和理论探索，现已被公认为管理领域内的一项重要职能，并在此基础上形成了一门新的管理学科。

风险管理是指项目管理人员通过风险识别、风险评价、风险对策及通过多种管理方法、技术和手段对项目活动涉及的风险实行有效的控制，采取主动，创造条件，尽量把风险减小到最低水平，以最少的成本保证安全、可靠地实现项目的总目标。风险管理直接影响企业的经济效益。做好风险管理工作，可避免许多不必要的损失，从而降低成本，增加企业利润。通过风险转移，可将潜在的重大损失转移给他人，例如保险公司等。通过对风险进行恰当的分析，作出正确的预测，可采取断然措施以获取意外收益。

建设工程风险管理是对项目可能出现的风险进行的主动控制和管理，其目标是实现投资、工期、质量和安全控制。现代工程风险管理理论认为，任何工程项目都有风险，工程风险管理是决定工程项目能否成功的关键因素，是提高对造价、工期控制精度和质量控制水平的主动措施，也是建设市场运行机制发挥作用的重要保证。随着经济发展和科技的进步，工程风险程度愈来愈大，工程风险管理作为工程项目管理的关键因素而受到越来越广泛的重视。

风险分析技术用于工程项目管理是在20世纪50～60年代，伴随着西方国家战后重建，特别是西欧经济的复苏，在欧洲兴建了一大批宇航、水电、能源、交通项目，巨大的投资使项目管理者越来越重视成本管理，而复杂的工程项目环境又使项目本身面临极多的不确定因素。如何定量地事先预计不确定性对工程项目成本的影响成为管理者的一大难题。为此，学者们先后开发、研究了各种项目风险评估技术。随着新的评价方法的不断产生，对工程风险分析也向综合性、全面、多维方向发展。经过几十年的理论研究和探讨以及在实践中的初步应用，国际学术界已对工程风险管理的理论达成较一致的看法，认为工程风险管理是一个系统工程，它涉及工程管理的各个方面，包括风险的辨识、评价、控制和管理，其目的在于通过对项目环境不确定性的研究与控制，达到降低损失、控制成本的目的。为促进该领域的交流与合作，国际学术界定期召开有关的学术会议，交流和探讨取得的最新研究成果，形成了浓厚的学术研究气氛，国际上知名的大学和科研机构的博士、硕士学位论文都有以工程风险分析为研究课题的，从而促进了工程风险分析理论的进一步发展。目前，工程风险管理这一学科正逐渐走向成熟。

我国自1980年5月恢复在世界银行的合法席位以来，同世界银行发展了良好的合作关系。我国从世界银行平均每年贷款30亿美元。如何管理好这些贷款项目，成了我国政府和世界银行双方关注的问题。同时，我国加入世界贸易组织后建筑业对外开放的新形势，需要培养我国新型工程项目管理人才，而风险管理是工程项目管理不可缺少的一个方面。然而在我国，项目管理还只是近十年才开始兴起，在项目中实行风险管理很少，关于它的研究和实践正处在不断的发展中，相应的教材和著作很少；尽管多种理论和方法实质上没有截然的区别，在风险评价的方法上仍争论不断，已开发的几种方法也各有利弊。这些给我们继续进行深入的探索提出了更高的要求。

本教材结合我国工程风险管理的实践，参照国际惯例，对工程项目风险管理的基本概念、风险类别、风险管理的程序、方法进行了详细的阐述。同时借鉴了一些国外风险管理教材中有益的内容。本书力求深入浅出，追求知识性与可操作性，与实践紧密结合，以满足土木工程专业、工程管理专业和工程建设领域其他专业学生学习的需要，以及工程技术与工程管理人员学习工程项目管理的需要。

本书由湖南大学邓铁军担任主编，仇一颗担任副主编，编写分工是：第1、2、4章由邓铁军编写，第3、5章由仇一颗编写，第6、7章由姜早龙编写。本书由东南大学黄晓明教授担任主审。

由于工程风险管理本身是一门新的学科，虽然编者在该领域从教多年，但可供参考的资料很少，编写仓促，书的内容可能不全，也免不了存在疏漏或不妥之处，恳请各位读者、同行批评指正。

编者

2004年4月

目　　录

第1章 绪 论

本章提要：本章主要阐述风险及风险管理的一些基本概念，包括风险定义、风险事件、风险分类、风险费用、风险管理的意义、目标与任务等。

1.1 风险的定义和分类

1.1.1 风险的定义

1.风险的界定

风险的概念可以从经济学、管理学、保险学等不同角度去认识。对于某事件，明知不能实现就不去做，则没有风险。另一项事件，无论其发生与不发生，都不会带来损失，则该事件也不存在风险。虽然风险的说法不统一，但其具有两个特征，一是事件的不确定性，二是事件发生后产生有损失的后果。

一般情况下，将来的活动或事件，其后果有多种可能，各种后果出现的可能性的程度，即概率也不一样。由于人们对于将来活动或事件一般不能掌握全部信息，因此事先不能确知最终会产生什么样的后果。这种现象就是不确定性。它反映了人们由于难以预测未来活动或事件的后果而产生的怀疑态度。即使有些时候人们可以事先辨识事件或活动的各种可能结果，但仍然不能确定或估计它们发生的概率。这种情况也是一种不确定性。不确定性的三种类型为：

1)说明或结构不确定性。指人们由于认识不足，不能清楚地描述和说明项目的目的、内容、范围、组成和性质及项目与环境之间的关系。

2)计量不确定性。指在确定项目变数数值大小时，由于缺少必要的信息、尺度或准则，而产生的不确定性。在确定项目变数的数值时，人们有时难以获取有关的数据和观察结果。有些项目则不知采用何种计量尺度和准则才好。

3)事件后果不确定性。当人们无法确认事件的预期结果及其发生的概率时，称此时的不确定性为事件后果的不确定性。在这种情况下，人们在采取行动之后，却不知道事件或活动到底会产生怎样的结果。

所谓事件发生后产生损失的后果，一方面是说，行动和事件的后果同人们的期望预想之间的偏离。后果偏离预期越大，产生损失就越大，风险也越大；另一方面是说，人们从事各项活动的确可能蒙受损失或损害，对这种不利的后果不但要提高警惕，而且要防范和如何处理这样的不利后果。

2.风险的属性

(1)风险事件的随机性

风险事件的发生及其后果都具有偶然性。风险事件是否发生，何时发生，发生之后会造成什么样的后果？人类通过长期发现，许多事件的发生都遵循一定的统计规律，这种性质叫随机性。

(2)风险的相对性

风险总是相对项目活动主体而言的。同样的风险对于不同的主体有不同的影响。人们对于风险事故都有一定的承受能力,但是这种能力因活动、人和时间而异。对于项目风险,人们的随机应变能力主要受下列几个因素的影响:

1)收益的大小。收益总是有损失的可能性相伴随。损失的可能性和数额越大,人们希望为弥补损失而得到的收益也越大。与之相反,收益越大,人们愿意承担的风险也就越大。

2)投入的大小。项目活动投入得越多,人们对成功所抱的希望也越大,愿意冒的风险也就越小。投入与愿意接受的风险大小之间的关系可见图1.1。一般人希望活动获得成功的概率随着投入的增加呈S曲线规律增加。当投入少时,人们可以接受较大的风险,即获得成功的概率不高也能接受;当投入逐渐增加时,人们就开始变得谨慎起来,希望活动获得成功的概率提高了,最好达到百分之百。图1.1还表示了另外两种人对待风险的态度。

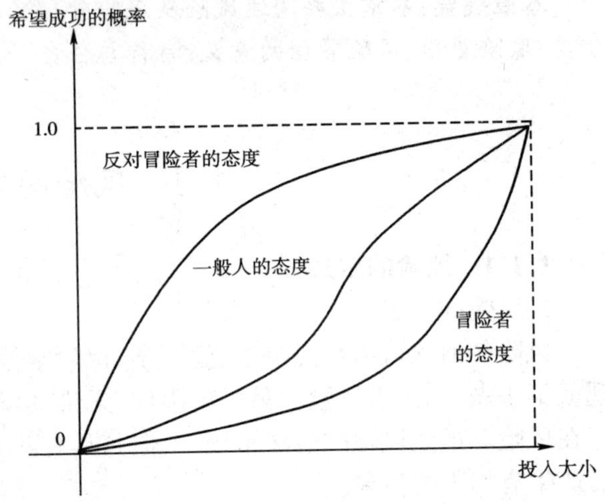

图1.1 投入与风险的关系

3)项目活动主体的地位和拥有的资源。管理人员中级别高的与级别低的相比,能够承担大的风险。同一风险,不同的个人或组织随能力也不同。个人或组织拥有的资源越多,其风险随能力也越大。

(3)风险的可变性

任何事情和矛盾都可以在一定条件下向自己的反面转化。这里的条件指活动所涉及的一切风险因素。当这些条件发生变化时,必然会引起风险的变化。风险的可变性有如下含义:

1)风险性质的变化。例如,十年前熟悉项目进度管理软件的人不多,出了问题,常常使人手足无措。那个时候使用计算机管理进度风险很大。而现在,熟悉的人多了起来,使用计算机管理进度不再是大的风险。

2)风险后果的变化。风险后果包括后果发生的频率、收益或损失大小。随着科学技术的发展和生产力的提高,人们认识和抵御风险事故的能力也逐渐增强,能够在一定程度上降低风险事故发生的频率并减少损失或损害。在项目管理中,加强项目班子建设,增强责任感,提高管理技能,就能使一些风险变成非风险。此外,由于信息传播技术、预测理论、方法和手段的不断完善和发展,某些项目风险现在可以较准确地预测和估计了,因而大大减少了项目的不确定性。

3)出现新风险。随着项目或其他活动的展开,会有新的风险出现。特别是在活动主体为避开某些风险而采取行动时,另外的风险就会出现。例如,为了避免项目进度拖延而增加资源投入时,就有可能造成费用超支。有些建设项目,为了早日完成,采取边设计、边施工或者在设计中免除校核手续的办法。这样做虽然可以加快进度,但是增加了设计变更、降低施工质量和提高造价的风险。

1.1.2 风险的基本概念

1.风险因素

风险因素是指能产生或增加损失概率和损失程度的条件或因素，是风险事件发生的潜在原因，是造成损失的内在或间接原因。通常，风险因素可分为以下三种：

1)客观风险因素。该风险因素系指有形的、并能直接导致某种风险的事物，如冰雪路面、汽车发动机性能不良或制动系统故障等均可能引发车祸而导致人员伤亡。

2)道德风险因素。该风险因素为无形的因素，如人的品质缺陷或欺诈行为，与人的品德修养有关。

3)心理风险因素。该风险因素也是无形的因素，例如投保后疏于对损失的防范等，与人的心理状态有关。

2.风险事件

风险事件是指造成损失的偶发事件，是造成损失的外在原因或直接原因，如失火、雷电、地震、偷盗、抢劫等事件。要注意把风险事件与风险因素区别开来，例如，汽车的制动系统失灵导致车祸人亡，这里制动系统失灵是风险因素，而车祸是风险事件。

3.损失

损失是指非故意的、非计划的和非预期的经济价值的减少。损失一般可分为直接损失和间接损失两种。有的学者将损失分为直接损失、间接损失和隐蔽损失三种。其实，在对损失后果进行分析时，对损失如何分类并不重要，重要的是要找出一切已经发生和可能发生的损失，尤其是对间接损失和隐蔽损失要进行深入分析。其中有些损失是长期起作用的，是难以在短期内弥补和扭转的。

4.损失机会

损失机会是指损失出现的概率。概率分为客观概率和主观概率两种。

客观概率是某事件在长时期内发生的频率。客观概率的确定主要有以下三种方法：一是演绎法。例如，掷硬币每一面出现的概率各为1/2，掷骰子每一面出现的概率为1/6。二是归纳法。例如，木结构房屋比钢筋混凝土结构房屋失火的概率大。三是统计法。即根据过去的统计资料的分析结果所得出的概率。

主观概率是个人对某事件发生可能性的估计。主观概率的结果受到很多因素的影响，如个人的受教育程度、专业知识水平、实践经验等，还可能与年龄、性别、性格等有关。因此，如果采用主观概率，应当选择在某一特定事件方面专业知识水平较高、实践经验较为丰富的人来估计。对于工程风险的概率，在统计资料不够充分的情况下，以专家作出的主观概率代替客观概率是可行的，必要时可综合多个专家的估计结果。

风险因素、风险事件、损失与风险之间的关系可用图1.2表示。

若用“多米诺骨牌理论”来描述图1.2中各张“骨牌”之间的关系，即风险因素引发风险事件，风险事件导致损失，而损失所形成的结果就是风险，一旦风险因素这张“骨牌”倾倒，其他“骨牌”都将相继倾倒。因此，为了预防风险、降低风险损失，就需要从源头上抓起，力求使风险因素这张“骨牌”不倾倒。同时尽可能提高其他“骨牌”的稳定性，即在前一张“骨牌”倾倒的情况下，其后的“骨牌”仅仅是倾斜而不倾倒，或即使倾倒，表现为缓慢倾倒而不是迅即倾倒。

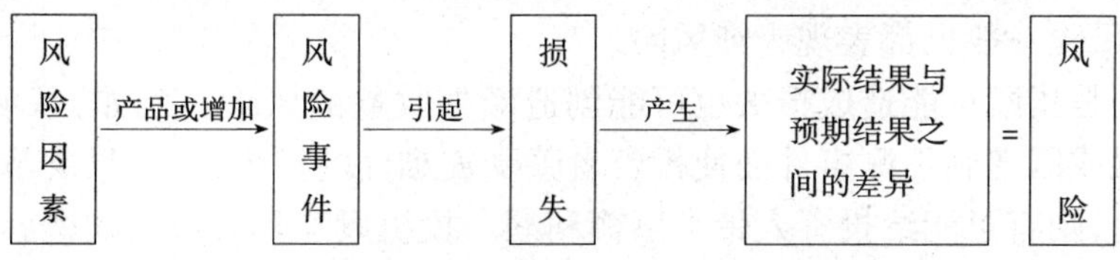

图1.2 风险因素、风险事件、损失与风险之间的关系

1.1.3 工程项目风险

项目的一次性使其不确定性要比其他一些经济活动大,因而项目风险的可预测性也就差得多。重复性的生产或业务活动若出了问题,常常可以在以后找到机会补偿,而项目一旦出了问题,则很难补救。很多项目所共有的问题是:

1)对于项目各组成部分之间的复杂关系,任何个人都不可能了如指掌。

2)项目各组成部分之间不是简单的线性关系。例如,当项目进度拖延时,有时可以通过增加人力夺回失去的时间。但在另外一些情况下,增加人力不但不能加快进度,反而使进度更加拖延。

3)项目处于不断变化之中,难得出现平衡。即使偶尔出现,也只能短时间维持。

4)虽然项目管理班子只想处理技术和经济问题,但找上门来的却经常是各种不同方面互相冲突的希望或者难以满足的要求。还有其他一些非常复杂、非线性极强、不确定性极高的非技术和非经济问题,都使得最后完成的项目是互相冲突的希望和要求的一种折衷。

项目不同阶段会有不同的风险。风险大多数随着项目的进展而变化,不确定性会随之逐渐减少。最大的不确定性存在于项目的早期。早期阶段作出的决策对以后阶段和项目目标的实现影响最大。项目各种风险中,进度拖延往往是费用超支、现金流出以及其他损失的主要原因。为减少损失而在早期阶段主动付出必要的代价要比拖到后期阶段才迫不得已采取措施好得多。

对建设项目风险的认识,要明确两个基本点:

第一,建设项目风险大。建设项目建设周期持续时间长,所涉及到的风险因素多。对建设项目的风险因素,最常用的是按风险产生的原因进行分类,即将建设项目的风险因素分为政治、社会、经济、自然、技术等因素。这些风险因素都会不同程度地作用于建设项目,产生错综复杂的影响。同时,每一种风险因素又都会产生许多不同的风险事件。这些风险事件虽然不会都发生,但总会有些风险事件发生。总之,建设项目风险因素和风险事件发生的概率均较大,其中有些风险因素和风险事件的发生概率很大。这些风险因素和风险事件一旦发生,往往造成比较严重的损失。

第二,参与工程建设的各方均有风险,但各方的风险不尽相同。工程建设各方所遇到的风险事件有较大的差异,即使是同一风险事件,对建设项目不同参与方的后果往往迥然不同。例如,同样是通货膨胀风险事件,在可调价格合同条件下,对业主来说是相当大的风险,而对承包人来说则风险很小;但是,在固定总价合同条件下,对业主来说就不是风险,而对承包人来说是相当大的风险。

1.1.4 风险的分类

1.按风险后果划分

按风险所造成的不同后果可将风险分为纯风险和投机风险。

纯风险是指只会造成损失而不会带来收益的风险。例如自然灾害,一旦发生,将会导致重大损失,甚至人员伤亡;如果不发生,只是不造成损失而已,但不会带来额外的收益。此外,政治、社会方面的风险一般也都表现为纯风险。

投机风险则是指既可能造成损失也可能创造额外收益的风险。例如,一项重大投资活动可能因决策错误或因遇到不测事件而使投资者蒙受灾难性的损失;但如果决策正确,经营有方或赶上大好机遇,则有可能给投资人带来巨额利润。投机风险具有极大的诱惑力,人们常常注意其有利可图的一面,而忽视其带来厄运的可能。

纯风险和投机风险两者往往同时存在。例如，房产所有人就同时面临纯风险(如财产损坏等)和投机风险(如经济形势变化所引起的房产价值的升降等)。

纯风险与投机风险还有一个重要区别。在相同的条件下，纯风险重复出现的概率较大，表现出某种规律性，因而人们可能较成功地预测其发生的概率，从而相对容易采取防范措施。而投资风险则不然，其重复出现的概率较小，所谓"机不可失，时不再来"，就是对投机风险的描述。然而投机风险预测的准确性相对较差，也就较难防范。

项目风险，若按其后果的承担者来划分，则有项目业主风险、政府风险、承包人风险、投资方风险、设计单位风险、监理单位风险、供应商风险、担保方风险和保险公司风险等。这样的划分有助于合理分配风险，提高项目对风险的承受能力。

2.按风险产生的原因划分

按风险产生的不同原因可将风险分为自然风险、社会风险和人为风险。

由于自然力的作用，造成财产毁损或人员伤亡的风险属于自然风险。例如，水利工程施工过程中因发生洪水或地震而造成的工程损害，材料和器材损失等。

人为风险是指由于人的活动而带来的风险。人为风险又可以细分为行为、经济、技术、政治和组织风险等。

行为风险是指由于个人或组织的过失、疏忽、侥幸、恶意等不当行为造成财产毁损、人员伤亡的风险。

经济风险是指人们在从事经济活动中，由于经营管理不善、市场预测失误、价格波动、供求关系发生变化、通货膨胀、汇率变动等所导致经济损失的风险。

技术风险是指伴随科学技术的发展而来的风险。如核燃料出现之后产生了核辐射风险；由于海洋石油开采技术的发展而产生的钻井平台在风暴袭击下翻沉的风险；伴随宇宙火箭技术而来的卫星发射风险。日本关西国际机场在填海筑造人工岛时，遇到许多特殊的技术问题。最严重的是人工岛沉降。这个问题大大影响了整个项目的工期和造价。

政治风险是指由于政局变化、政权更迭、罢工、战争等引起社会动荡而造成财产损失和损害以及人员伤亡的风险。例如，1990年伊拉克入侵科威特引起海湾战争，使我国在那里的几家建筑公司蒙受了很大损失；关西国际机场所在海域渔场被占用之后，沿岸渔民失去了生计，要求赔偿损失。该项目的管理班子——关西国际机场股份有限公司同周围受损失的约一万多渔民进行了旷日持久的谈判，延误了工期。

组织风险是指由于项目有关各方关系不协调以及其他不确定性而引起的风险。现代的许多合资、合营或合作项目组织形式非常复杂，有的单位既是项目的发起者，又是投资者，还是承包人。由于项目有关各方参与项目的动机和目标不一致，在项目进行过程中常常出现一些不愉快的事情，影响合作者之间的关系、项目进展和项目目标的实现。组织风险还包括项目发起组织内部的不同部门由于对项目的理解、态度和行动不一致而产生的风险。

在政治风险、社会风险、经济风险、自然风险、技术风险中，经济风险的界定可能会有一定的差异。例如，有的学者将金融风险作为独立的一类风险来考虑。另外，需要注意的是，除了自然风险和技术风险是相对独立的之外，政治风险、社会风险和经济风险之间存在一定的联系，有时表现为相互影响，有时表现为因果关系，难以截然分开。

3.按风险的影响范围分

按风险的影响范围大小可将风险分为基本风险和特殊风险。

基本风险是指作用于整个经济或大多数人群的风险，如战争、自然灾害、高通胀率等，具有普遍性。显然，基本风险的影响范围大，其后果严重。

特殊风险是指作用于某一特定单体(如个人或企业)的风险，例如，车被偷、银行被抢、房屋失火等，不具有普遍性。特殊风险的影响范围小，虽然就个体而言，其损失有时亦相当大，但相对于整个经济而言，其后果不严重。

在某些情况下，特殊风险与基本风险很难严格加以区分，最典型的就是“9.11事件”。仅就撞机这个行为而言，属于特殊风险应当说是顺理成章的，但就其对美国和世界航空业，对美国人的心理乃至对美国整个经济的影响却远远超过某些基本风险。而如果从恐怖主义的角度来分析，则“9.11事件”应当说是属于基本风险的。由此可见，基本风险与特殊风险的界定有时需要考虑具体的出发点。

当然，风险还可以按照其他方式分类，例如，按风险分析依据可把风险分为客观风险和主观风险，按风险分布情况可将风险分为国别(地区)风险、行业风险，按风险潜在损失形态可将风险分为财产风险、人身风险和责任风险等。

1.2 风险的成本

风险事故造成的损失或减少的收益以及为防止发生风险事故采取预防措施而支付的费用，都构成了风险成本。

风险成本包括风险损失以及预防与控制风险的费用。

1.2.1 风险损失

1.风险损失的有形成本

风险损失包括有形成本和无形成本。

风险损失的有形成本包括风险事故造成的直接损失和间接损失。

1)直接损失。直接损失指财产损毁和人员伤亡的价值。如压缩空气机房在施工过程中失火，直接损失包括空压机的重置成本、受伤人员的医疗费、休养费、工资等。

2)间接损失。间接损失指直接损失以外的它物损失、责任损失以及因此而造成的收益的减少。这包括因灭火扑救、停工等发生的费用。

2.风险损失的无形成本

风险损失无形成本指由于风险所具有的不确定性而使项目主体在风险事件发生之前或之后付出的代价。这主要表现在如下几个方面：

1)风险损失减少了机会。由于对风险事件没有把握，不能确知风险事件的后果，项目活动的主体不得不事先做些准备。这种准备往往占用大量资金或其他资源，使其不能投入再生产，不能增值。

2)风险阻碍了生产率的提高。人们不愿意把资金投向风险很大的新技术产业，阻碍了新技术的应用和推广，阻碍了社会生产率的提高。

3)风险造成资源分配不当。由于担心在风险大的行业或部门蒙受损失，因此人们都愿意把资源投入到风险较小的行业或部门。结果是，应该得到发展的行业或部门，缺乏应有的资源；而已经发展过度的行业或部门，却占用过多的资源，造成了浪费。

1.2.2 风险预防与控制的费用

为了预防和控制风险损失，必然要采取各种措施。如向保险公司投保、向有关方面咨询、配备必要的人员、购置用于预防和减损的设备、对有关人员进行必要的教育或训练以及人员和设备的维持和维护费用等。这些费用既有直接的,也有间接的。

一般来讲,只有当风险事件的不利后果超过为项目风险管理而付出的代价时,才有必要进行风险管理。

风险成本不单要由项目主体来负担,在许多情况下,与项目活动有关的其他方面,客观上也要负担一部分风险成本。项目主体负担的那部分为个体负担成本,其他有关方面负担的部分为社会负担成本。例如,某民航机场是在需求不明的情况下建设的,建成后很长一段时间航班不足,结果造成亏损。机场项目公司负担的亏损就是个体负担成本。在该机场建设之前与项目公司签订提供地面服务合同的各有关单位因此而蒙受的损失就是社会负担成本。再如,压缩空气机房在施工过程中失火,施工单位的损失是个体负担成本,赶来灭火的消防队的开销由社会负担,消防车辆在急驰火灾现场时,行人和其他车辆因躲避而影响工作的损失都是社会负担成本。

1.3 工程风险管理及其重要性

1.3.1 工程风险管理的概念

1.概述

风险管理就是项目管理班子通过风险识别、风险评价、风险对策及通过多种管理方法、技术和手段对项目活动涉及的风险实行有效的控制,采取主动行动,创造条件,尽量扩大风险事件的有利结果,妥善地处理风险事故造成的不利后果,以最少的成本保证安全、可靠地实现项目的总目标。

项目的风险来源、风险的形成过程、风险潜在的破坏机制、风险的影响范围以及风险的破坏力错综复杂,单一的管理技术或单一的工程、技术、财务、组织、教育和程序措施都有局限性,都不能完全奏效,必须综合运用多种方法、手段和措施,才能以最少的成本将各种不利后果减少到最低程度。因此,项目风险管理是一种综合性的管理活动。其理论和实践涉及到自然科学、社会科学、工程技术、系统科学、管理科学等多种学科。

管理项目风险的主体是项目管理班子,特别是项目经理。项目风险管理要求项目管理班子采取主动行动,而不应仅仅在风险事件发生之后被动地应付。项目管理人员在认识和处理错综复杂、性质各异的多种风险时,要统观全局,抓主要矛盾,创造条件,因势利导,将不利转化为有利,将威胁转化为机会。

项目风险管理的基础是调查研究,调查和收集资料中必要时还要进行实验或试验。只有认真地研究项目本身和环境以及两者之间的关系、相互影响和相互作用,才能识别项目面临的风险。

2.风险管理过程

风险管理就是一个识别、确定和度量风险,并制订、选择和实施风险处理方案的过程。建设工程项目风险管理在这一点上并无特殊性。风险管理应是一个系统的、完整的过程,一般也是一个循环过程。风险管理过程包括风险识别、风险评价、风险对策规划、风险控制、风险监督五方面内容。

(1)风险识别

风险识别是风险管理中的首要步骤,是指通过一定的方式,系统而全面地识别出影响建设工程目标实现的风险事件并加以适当归类的过程,必要时,还需对风险事件的后果作出定性的估计。

(2)风险评价

风险评价是将建设工程风险事件的发生可能性和损失后果进行定量化的过程。这个过程在系统地识别建设工程风险与合理地作出风险对策规划之间起着重要的桥梁作用。风险评价的结果主要在于确定各种风险事件发生的概率及其对建设工程目标影响的严重程度,如投资增加的数额、工期延误的天数等。

(3)风险对策规划

风险对策规划有两个方面。第一,决策者针对项目面对的形势选定行动方案。一经选定,就要制订执行这一行动方案的计划。为了使计划切实可行,常常还需要进行再分析,特别是要检查计划是否与其他已作出的或将要作出的决策冲突,为以后留出灵活余地。一般,只有在获得了关于将来潜在风险以及防止其他风险足够多的信息之后才能作出决策,应当避免过早的决策。第二,选择适合于已选定行动路线的风险对策。选定的风险对策要写入风险管理和风险对策计划中。这一期间,还要选定监督风险对策的措施,并确定风险对策可能需要哪些应急资源。最后,还要考虑在监督期间出现意外时如何保证风险对策正常发挥作用。

风险对策是确定建设工程风险事件最佳对策组合的过程。一般来说,风险管理中所运用的对策有以下四种:风险回避、损失控制、风险自留和风险转移。这些风险对策的适用对象各不相同,需要根据风险评价的结果,对不同的风险事件选择最适宜的风险对策,从而形成最佳的风险对策组合。

(4)风险控制

风险控制就是实施风险回避策略的控制计划。该计划的内容就是在必要时向项目提供必要的资源。有时还要修改项目计划,随时对项目的费用和进度重新进行估算,并采取相应的纠正步骤。风险控制的关键是采取果断的行动。

(5)风险监督

风险监督是在决策付诸实施之后进行的。其目的是查明决策的结果是否与预期的相同。风险监督时要找出细化和改进风险管理计划的机会,并加强与决策者的沟通,把信息反馈给有关决策者。

风险监督十分重要。如果发现已作出的决策是错的,则必须尽早承认,以便采取纠正行动。如果已作出的决策是正确的,则不应过早地改变。频繁的改变计划会浪费许多宝贵的项目资源,大大增加项目的风险。

风险管理过程不是一成不变的既成顺序或是划分成各自独立、互不干扰的部分。项目各个不同方面实际上是平行展开的,项目各种不同的活动之间经常重叠,项目活动随时创造出新的选择。因此,应该随时对决策作出调整。

1.3.2 工程风险管理的重要性

风险管理是项目管理的一部分,目的是保证项目总目标的实现。风险管理与项目管理的关系如下:

1)从项目的成本、时间和质量目标来看,风险管理与项目管理目标一致。只有通过风险管理降低项目的风险成本,项目的总成本才能降下来。项目风险管理把风险导致的各种不利后果减少到最低程度正符合各项目有关方在时间和质量方面的要求。

2)项目范围管理。项目范围管理主要内容之一是审查项目和项目变更的必要性。一个项目之所以必要、被批准并付诸实施,无非是市场和社会对项目的产品和服务有需求。风险管理通过风险分析，对这种需求进行预测，指出市场和社会需求的可能变动范围，并计算出需求变动时项目的盈亏大小。这就为项目的财务可行性研究提供了重要依据。项目在进行过程中，各种各样的变更是不可避免的，变更之后，会带来某些新的不确定性。风险管理正是通过风险分析来识别、评价这些不确定性，向项目范围管理提出任务。

3)从项目管理的计划职能来看，风险管理为项目计划的制定提供了依据。项目计划考虑的是未来，而未来充满着不确定因素。项目风险管理的职能之一恰恰是减少项目整个过程中的不确定性。这一工作显然对提高项目计划的准确性和可行性有极大的帮助。

4)从项目的成本管理职能来看，项目风险管理通过风险分析，指出有哪些可能的意外费用，并估计出意外费用的多少。对于不能避免但是能够接受的损失也计算出数量，列为一项成本。这就为在项目预算中列入必要的应急费用提供了重要依据，从而增强了项目成本预算的准确性和现实性，能够避免因项目超支而造成项目各有关方的不安，有利于坚定人们对项目的信心。因此，风险管理是项目成本管理的一部分。没有风险管理，项目成本管理则不完整。

5)从项目的实施过程来看，许多风险都在项目实施过程中由潜在变成现实。无论是机会还是威胁，都在实施中见分晓。风险管理就是在认真的风险分析基础上，拟定出各种具体的风险应对措施，以备风险事件发生时采用。项目风险管理的另一内容是对风险实行有效的控制。

6)项目可支配的所有资源中，人是最重要的。项目人力资源管理通过科学的方法激励项目班子，调动项目有关各方全体人员的积极性，推动项目的顺利进展。项目班子成员的工资、奖金、劳保、医疗、退休、住房以及其他福利是项目人力资源管理的重要内容，其中许多都要通过保险来解决，而这些工作恰恰是项目风险管理的范围。另外，项目风险管理通过风险分析，指出哪些风险同人有关，项目班子成员身心状态的哪些变化会影响到项目的实施。风险管理是项目管理理论体系的一个部分。但是，在项目管理理论体系中，风险管理并不是与投资控制、进度控制、质量控制、合同管理、信息管理、组织协调并列的一个独立的部分，而是将以上六个方面与风险有关的内容综合而成的一个独立的部位，是为目标控制服务的。风险并不等于厄运。因主观上重视风险管理，客观上采取适当措施，从而化险为夷，甚至获得巨大效益的实例亦不在少数。1950 年，新中国成立伊始，以美国为首的西方 14 国联合出兵朝鲜，气焰嚣张，不可一世，大有踏平朝鲜，灭亡中国之势。经历了数十年浴血奋战，刚刚取得民主革命胜利的新中国面临唇亡齿寒的严峻局势。毛泽东主席冷静地分析了局势，毅然作出出兵朝鲜的英明决策。一个历经战争洗劫、遍体鳞伤的新中国居然向不可一世的庞然大物美国及其盟友应战，其风险之大是可想而知的。然而在毛泽东主席的领导下，中朝两国军民浴血奋战，以最小的代价换取了最大的胜利。铁的事实有力地证明了风险是可以驾驭，可以成功地管理的，关键在于人们是否重视，进而认真研究，妥善管理所面临的各种风险。

良好的风险管理可以使一个国家消灾避祸，对于企业又何尝不是如此。

一家外国公司以预期利润为负数的投标价获得了承包我国一项大型工程。该公司从项目的准备直至全面竣工长达 4 年的时间内，自始至终狠抓风险管理，充分利用履约期间发生的不可抗力事件，积极创造索赔机会，扩大索赔收益，最后反以获取巨额利润而圆满履约，既树立了良好的信誉，又获得了出人意料的经济效益。

近几年来，在中华大地上先后发生了多次灾难性的大事件，大兴安岭林区大火蔓延数十天，中国曾有半数以上省份同时遭受洪灾侵袭，每场灾难所造成的损失均达数十亿，甚至数百亿元之多。然而，中国人民保险公司及时支付赔偿，使受害者及时得到妥善安置，避免了数以千万计的灾民家毁人亡的悲惨结局。灾民们之所以能化险为夷，全因借助保险而转移了风险。

1.4 风险管理的目标与任务

1.4.1 风险管理的目标

风险管理是一项有目的的管理活动，只有目标明确，才能起到有效的作用。否则，风险管理就会流于形式，没有实际意义，也无法评价其效果。

风险管理目标的确定一般要满足以下几个基本要求：

1)风险管理目标与风险管理主体(如企业或建设工程的业主)总体目标的一致性；

2)目标的现实性，即确定目标要充分考虑其实现的客观可能性；

3)目标的明确性，以便于正确选择和实施各种方案，并对其效果进行客观的评价；

4)目标的层次性，从总体目标出发，根据目标的重要程度，区分风险管理目标的主次，以利于提高风险管理的综合效果。

风险管理的具体目标还需要与风险事件的发生联系起来。就建设工程项目而言，在风险事件发生前，风险管理的首要目标是使潜在损失最小。这一目标要通过最佳的风险对策组合来实现。其次，是减少忧虑及相应的忧虑价值。忧虑价值是比较难以定量化的，但由于对风险的忧虑分散和耗用建设工程决策者的精力和时间，却是不争的事实。再次，是满足外部的附加义务。例如，政府明令禁止的某些行为、法律规定的强制性保险等。在风险事件发生后，风险管理的首要目标是使实际损失减少到最低程度。要实现这一目标，不仅取决于风险对策的最佳组合，而且取决于具体的风险对策计划和措施。最后，是保证建设工程实施的正常进行，按原定计划建成工程。同时，在必要时还要承担社会责任。

从风险管理目标与风险管理主体总体目标一致性的角度，建设工程风险管理的目标通常更具体地表述为：实际投资不超过计划投资；实际工期不超过计划工期；实际质量满足预期的质量要求；建设过程安全。

因此，从风险管理目标的角度分析，建设工程风险可分为投资风险、进度风险、质量风险和安全风险。

1.4.2 风险管理的任务

风险管理必须具体落实到人，必须具体规定负责人的责任范围。企业中负责风险管理的人员的任务一般是：

1)确定和评价风险。识别潜在损失因素及估算损失的大小。

2)制订风险对策，包括财务对策。

3)采取预防措施，制订保护措施，提出保护方案，落实安全措施。

4)管理索赔，负责一切可索赔事项的准备、谈判并签订有关索赔的协议和文件。

5)负责保险预测估计、分配保费、统计损失，完成有关风险管理的预算。

6)监督和控制风险目标的实施，及时应对风险事件与风险损失。

思考题

1.何谓风险？研究风险的重要意义何在？

2.风险的基本概念有哪些？

3.风险有哪些类型？

4.何为工程风险管理？风险管理以什么为目标？

5.风险管理的任务是什么？

第2章　工程项目的风险

本章提要：不同的国家由于政治经济体制与社会风俗及习惯不同，企业与项目在不同的国家所面临的风险亦就不同。本章对国别风险中的政治风险、商务风险和社会风险的主要因素进行了介绍；并阐述了项目业主的风险，承包人的风险和监理企业的风险；最后介绍了BOT方式承包工程的风险。

2.1　国别风险

国别风险是指在不同的国家客观存在或潜在的各种可能的风险。国别风险一般包括政治、经济、商务、社会等方面普遍存在的以及在特殊情况下可能发生的风险。

2.1.1　政治风险

政治风险是一种完全主观的不确定事件。它包括宏观和微观两个方面。宏观政治风险系指在一个国家内对所有项目都存在的风险。一旦发生这类风险，大家都可能受到影响。而微观风险则仅是局部受影响，一部分项目受益而另一部分项目受害，或仅有一部分人受害而其他人不受影响的风险。政治风险通常由以下因素构成：

(1)政局不稳

政局不稳只是一种客观现实。而造成这种客观现实的原因却多种多样，常见的有：

1)朝野争斗。导致掌权人更迭频繁，政局不稳。

2)政府内派系斗争。即是说“党内无派千奇百怪”。因此，长期陷入派系斗争的政府不可能保持稳定的政治局面。

3)政府独裁专制。特别是不发达国家，政府独裁专制颇为多见。

4)受制于外来势力。有些国家因传统的政治、经济或文化关系，虽然已获得独立，但并不能自立，常常受制于人。

政局不稳对经营活动是一大威胁。特别是有些国家，每届政府均有自己的一套主张，往往会对前任政府制定的各种措施，包括社会体制大刀阔斧地更改，甚至不考虑后果。任何经营业都离不开安定的局面、良好的社会秩序和开明的政府。因此，对于企业，政局不稳是一项重大的风险因素。

(2)政策多变

政策多变是指一个国家所奉行的政策变动频繁或变化无常，令企业无所适从。在一些法制观念不强或法规不健全的国家，政府常常以令代法。而政府的指令又常常不是来源于基层的客观需要，使企业的长远规划无法实现，只好忙于实施变幻不定的对策。

(3)对外关系反常

当今的世界是开放的世界，闭关自守的国家已经不多了。如果一个国家与外界关系反常，比如与邻国经常处于剑拔弩张的状态，必然会导致全国上下高度戒备，社会秩序、社会环境都不正常,企业自然不可能身居世外桃源关起门来抓生产了。

对外关系反常还表现在奉行错误的或不适当的对外政策方面。

(4)强烈的排外情绪

强烈的排外情绪与严重保护主义不能相提并论。一个国家出于保护民族利益,采取一些保护主义措施是可以理解的。当今世界多数国家都不同程度奉行保护主义,所采取的措施多属有形的,或明文规定于法规中。虽然也会对外国企业构成风险,但这种风险常常是可以预测的。但强烈的排外情绪则不然。这种情绪常常使人产生非正常思维,从而使事情的处理缺乏公正。一个国家强烈排外,受排斥者必然会针锋相对,采取对应措施,从而使其遭受重大损失。在这样的国家从事经营的外来企业,既会因该国的排外而处处为难,又会因排外而招致的报复使企业深受其害。

(5)专制行为

专制行为系指一些国家的政府部门对企业特别是对外国人经办的企业采取强制措施或蛮不讲理的作法,专制行为常常给企业带来巨大的甚至是毁灭性的灾难。专制行为的另一种表现形式是奉行极端政策。一些国家为满足极权政治的需要,强加给企业种种约束限制或强行征收远远超出企业承受能力的税费。

(6)权力部门腐败

一个国家的权力部门腐败无能、营私舞弊会构成重大政治风险。如果当权人士腐败,执法犯法,国家机器运转必将逐渐失灵。社会必然混乱,投资环境、经营条件均将恶化,国家失去管理机能,企业也将无法生存,更谈不上发展壮大。

(7)经常发生内乱与骚扰

有些国家由于内部派系繁杂,互相争权夺利,特别是存在有以推翻政府为宗旨的武装力量,政府首先要忙于镇压敌对势力,安定社会秩序,几乎顾不上企业的经营发展。另有一种情况就是敌对势力不足推翻政府,但政府对其却无可奈何,双方长期对峙。但反对势力不仅威胁政权且不时骚扰,致使社会不宁,人人自危,更谈不上为企业提供经营之方便。

(8)拒付债务

有些国家因种种原因处于财力枯竭状态,虽然政府颇有抱负,但债台高筑,无法再行获得新的援助,因而客观上发展至无力偿债的局面。尽管具有偿债意愿,但却无偿债能力。对外国企业虽然有种种支持意向,但到头来终于无法支付所欠企业的债务。

(9)政府间协议

两国间的政府常常因出于照顾全局,或带有援助性质致使执行协议的企业蒙受损失。如果提供援助的一方政府能给予执行协议的企业以政策补贴,尚可免除风险。但事实上多数情况下,政府部门却较少顾及这一点。由此,企业的行为将大受制约,只能履行义务,而不能行使合法权利。

(10)法制不健全

法制不健全,企业将无法可依,或者无力保护自己。有些国家虽然有整套的法规,甚至条款严密,但法制观念不强,有法不依,以想象代替政策,以执法人员的好恶作为行为处事标准,则使企业防不胜防。

(11)国际信誉差

一个国家的国际信誉决定其在国际上的地位。国际信誉不好,无法取得国际援助和信贷,尽管这个国家的投资远景好,市场诱惑力巨大,但如果没有援助,则不可能依靠自身力量搞好经济建设。企业如果在未确信资金备足和支付信誉良好的前提下匆忙进入,必然后患无穷。

政治风险对于企业来说是致命的。由于其全局性、无偏向特征,一旦发生,企业将很难避免受害,也很难得到补偿。因此,在诸多国别风险中,政治风险应被视为最主要的风险之一。

2.1.2 经济风险

经济风险是指一个国家在经济实力、经济形势及解决经济问题的能力等方面潜在的不确定因素构成的经济领域的可能结果。经济风险主要由以下因素构成:

1.外贸业务实力弱

一个国家的外贸业务实力是衡量其经济实力的重要依据。国家外贸业务实力弱,说明其创汇能力差,这意味着该国家发展经济缺乏动力。国家外贸实力弱主要表现为:

(1)出口增长乏力

出口如果保持增长势头,增幅较大且保持持续性,说明该国经济处于上升趋势。反之,说明其经济滑坡,发展缺乏动力,或者说后劲不足。

(2)长期贸易逆差

贸易顺差说明该国外汇有赢余,证明其有可能将赢余的外汇用于经济发展。反之,贸易出现逆差说明入不敷出,证明其根本无力从事其他经济建设。

(3)产品出口单一

一国外贸实力不仅要看出口创汇,而且取决于其出口产品是否多样化。如果产品多样化,则应变能力强。相反,产品出口单一,或出口面狭小,一旦市场上供大于求,或买主毁约,或受出口限制,则外贸便会立即崩溃。

(4)外汇储备不足

适当的外汇储备是一个国家的外贸正常发展乃至经济保持良好势头的重要保证。没有足够的外汇储备将难以应付各种变化。

(5)外汇储备与进口比例失调

一国的进口能力与其外汇储备应成适当的比例。如果进口失控而外汇储备不足,且出口乏力,导致无力支付进口,这种情况对向该国出口的企业构成重大风险。

2.国际市场的价格竞争能力弱

价格竞争虽然能通过贵贱比较,但价格竞争能力并不单纯指价格高低。因为,国际市场上价格的差异,主要是质量不同所致。以廉价出售商品并不能保证取得竞争优势。许多国际名牌商品价格虽然很高,但仍然供不应求。相反,商品虽然价格低廉,却不一定能导致出口剧增。价格竞争能力主要由以下因素决定:

1)汇率是否大起大落。价格竞争力在汇率方面主要受起落规律影响,就是说如果一国货币对国际主要流通货币的比值大起大落,则该国产品在国际市场上的竞争力将大受影响,至少会使客户或顾主忧虑不安。

2)商品的国内外价格相差悬殊。同一商品在国内和国外价格通常会有一定差别。但如果差别过大,则会引起不良效应。出口价低,出口商的情绪会大受挫折,积极性大受影响。反之,出口价过高,则厂家竞相致力于出口,国内市场将不能保证供给,居民会转而购买廉价的进口商品,这样就有可能导致国家的收支不平衡。

3)商品价格不稳。价格上升幅度过大或无规律上涨,市场就会出现混乱,国民难以承受,生产性企业更无法发展。其结果只能是影响经济发展甚至诱发经济危机。

3.经济结构不合理

一个国家要想基本上不受外来势力的干扰，就必须以自力更生为主，依靠外援为辅，有合理且完善的经济结构。如果一国经济结构不合理，只靠单一或少量的几种经济，就难免受国际环境变化的影响。

4.国内经济形势趋于恶化

经济形势如果连年不景气或不断滑坡且趋于恶化，将会构成重大经济风险。这种风险轻则使一国经济实力减弱，重则有可能断送这个国家的命运。导致经济形势恶化的有：

1)实际经济增长率低下。经济增长往往有两种情况，一是不考虑物价上涨因素的虚增长；另一种增长则是扣除物价上涨因素以后的实实在在的增长，称为实际增长。如果经济的实际增长率低下，说明其适应国内的需求增长尚且不足，更谈不上通过发展经济以偿还旧债。

2)通货膨胀率居高不下。通货膨胀是经济发展中很难避免的，但如果长时期通货膨胀居高不下说明该国经济不稳定。如果膨胀率不仅高，且动荡不定，则国家的信誉极不可靠。由于高膨胀率加之动荡不定，自然会扭曲资源分配，削弱国际竞争力并导致经常账户余额恶化。这种情况本国的资本将会外逃，而国外的投资者将会止步不前，甚至撤回其投资。

3)货币供给政策不合理。有些国家因急于摆脱经济危机而不顾后果，加速开动印钞机，使货币供给的增长大大超过货币需求的增长。这种货币供给政策似乎能解燃眉之急，但加剧了已经存在的通货膨胀。

4)财政收支不平衡。财政政策的目标应该是国家财政收支平衡或基本平衡。长期的收支不平衡必然会带来一系列不良效应：预算赤字可能逐年增加，因此政府债务可能失去控制；结构性预算赤字将削弱国民经济的积累，导致经常性账户余额恶化；高赤字意味着实际率提高，从而对资本积累产生负效应，削弱经济增长；赤字不断增加，有产生赤字货币的危险，从而又导致通货膨胀。

5.债务繁重

按照经济发展的规律，国家有一定的负债是正常的，但如果所负债务过重或债台高筑，偿还债务必须将成为国家经济建设中的首要任务。如果一国出现债务危机，且又无法举借新债，其经济将陷入灭顶之灾。债务危机的诱发因素有：

1)外债余额过大。外债余额是衡量国家经济实力的重要依据。单纯从数字上看外债余额是不能说明问题的，必须将其与该国的还本付息额相比较。如果还本付息能力差，则旧债未还清，还得借新债，其结果只能是债台越筑越高，不堪负重。

2)清偿能力差。清偿外债主要靠外贸出口，辅之以其他创汇手段。如果收取的外汇尚不足以还当年的债务利息，则永远也还不清外债。

3)短期债务所占比重过大。如果债务余额中短期债务所占比例过大，则还债任务紧迫，其结果常常是举新债还旧债，首尾不能相顾。

4)举债能力差。有些国家因国际信誉不佳或因政治原因或因偿债乏力，在国际金融市场上举债能力很差，而国内又无可靠资金来源，致使债务危机无法避免。

5)收回债权实绩差。有些国家虽然放债不少，但因其债务人无力还债，或因政治原因提供援助性贷款，致使自己的债务周转失灵。

6)经济基础薄弱。大多数发展中国家因长期陷于贫困中，经济建设落后，缺乏发展经济的起码条件，如交通、能源无法解决，或缺乏开发资金。

7)国民经济滑坡。世界上仍有相当多的国家处于贫困状态，虽然政治上取得独立，但经济上始终依附于人，加之经济基础薄弱，生产力低下，国家财政日趋艰难。

除客观形势不利外，这些国家的政府管理职能效率也很低下，政策常常不合理，无资金来源，能源不能充分开发利用，甚至靠国际援助度日。

2.1.3 商务风险

商务风险主要表现在金融与投资方面。当今的世界是一个多极金融世界，市场形势风云多变。随着电脑程序化贸易，有价证券保险等技术革新的出现，巨额股票抛售现象时有发生，从而对市场产生巨大压力，引起恐慌。一般商务风险有：

1.借贷投机

借贷投机是指投资者不以自有资金而以大量的借款进行投资。投机者把赌注押在某种货币的贬值上，借贷或售出他们并不拥有的财产；或者把赌注押在某种货币的升值上，借贷并实际买进大笔财产，控制着这笔财产待其升值。他们寻求复杂的管理办法和高额利润。这种投机活动会造成很不稳定的局面，具有很大的潜在危险。

2.派生资本

派生资本是高度复杂的交易，它们的基础不是股票、债券或者其他标准的金融证券，而是证券、利率、外汇和商品的选择买卖权与期市场的投资。它们从基本资产的价值变动中"派生"出其价值。交易者们利用对市场潜在动向的精确计算，通过派生资本转移或限制大投资者之间的风险，或将其用于借贷投机。对于金融机构来说，派生资本属于"资产负债表"以外的项目，所涉及的风险不作为账面的具体债务记载。

派生资本除自身具有的风险以外，还有连锁风险，它把全世界的金融机构和公司拴在一起，如果某一拥有巨额派生资本的大机构破产，国际金融体系将会遇到严重问题。

3.国际投资

国际投资已成为当前国际经济合作的主要业务，发达国家需要向外转移其剩余资本，而发展中国家则迫切需要借助外来资金以发展其国家经济。然而，投资是一项风险事业，投资成功可以获得数以倍计的效益；反之，则事倍功半。投资风险常常潜伏于以下的环节：

(1)投资环境

投资环境包括硬环境和软环境。硬环境是指投资的基本物质条件，如基础设施、自然环境和地理条件。投资软环境则表现于一个国家对外来投资所采取的政策和态度。多数国家原则上鼓励外来投资，但在实际操作上却有意无意地给外来投资商设置重重障碍；有不少国家没有制定保护外来投资的措施，外商的利益得不到保证，致使投资市场潜伏重大风险。

(2)投资方向

投资方向对于投资能否取得成功十分关键。一项投资纵有十分理想的投资环境，但若选错了方向，就会蒙受损失。投资方向的选择常常会很困难，因为很多国家政策多变或政局不稳，常常导致本来正确的投资方向出现偏差。

(3)投资决策

决策是投资的根本，如果决策错误，纵使竭尽全力也难挽救失败的命运。决策包括方向和产业选择、规模和计划的制订，投资的每一个环节都离不开决策。

(4)投资效益

投资的最终目的是要取得效益。然而一项投资会有多种效益，比如，政治效益、经济效益、社会效益等，通常情况下应该兼顾。但对于不同的投资者来说，追求的效益常常不一样，例如有些国家注重政治效益而轻视经济效益。作为投资企业，在投资决策时如果不解除困难，则很可能不能保证自己看重的效益，这样就很可能牺牲自己追求的利益而为人所用。

4.地方金融市场和银行制度

当今全球各国的金融市场虽然大多具有国际性,但不可否认尚有相当量的国家的金融业与外界无缘,资金渠道不畅通。由于独特的体制,导致自我孤立或对外政策反常,导致投资人无法筹集资金或不敢将资金投放于市场。

与金融业盛衰密切相关的因素当数当地的银行制度。银行制度是否先进科学,直接影响金融业的发展。一个国家如果实行落后的银行制度,其融资能力不可能强,纵有外来援助,也很难使其显示效应,对其经济发展起不到推动作用。

5.保护主义

保护主义虽然在一定程度上对发展民族经济、保护民族利益相当有利。世界上大多数不发达国家都在不同程度上实行保护主义。但保护主义并非没有副作用,种种地区保护主义把整个世界分割成若干集团。集团之间互相设置关税壁垒和种种障碍,致使世界经济地域化。这种局面不利于竞争,当然也就不利于经济的发展。

6.高破产率

经济发展的规律决定市场竞争中必然有胜有负。随着商业竞争的日趋尖锐复杂,一个国家不可能不出现企业破产倒闭,但如果破产倒闭率高出正常比例,无疑加大了商业风险。企业破产,债权人的利益无法得到保证,投资者的利益多数无法回收,这是显而易见的。

2.1.4 社会风险

社会风险在国别风险中占据相当重要的位置。因为这种风险影响面极广,它涉及各个领域,各个阶层和各种行业。社会风险主要由以下原因造成:

1)宗教信仰。世界上宗教影响相当广泛。在一些国家,宗教领袖成为国民的精神支柱和崇拜的偶像。

宗教势力常常严重地阻碍着经济发展,严重地制约企业的各种活动。例如有的教过节每年长达一月之久。在此期间,几乎所有的教民都不工作或工作效率极低,政府职能部门处于半瘫痪状态。有的教规定星期六不得生火,所有机动设备均得停产。这类宗教习俗无疑大大制约着企业活动的正常进行。

2)社会治安混乱。良好的社会秩序是企业取得成功的重要保证。社会治安混乱,偷盗成风,企业主将不得不花费巨款以加强保卫力量。社会治安不好还有可能造成企业的人员伤亡、财产损失,从而大大影响企业的生命力。

3)社会风气败坏。社会风气败坏表现在多方面,其中对企业影响最大的要数一个国家的公职人员的操行品德。公职人员若不保持廉洁,企业将会碰到无穷的麻烦。一些国家有法不依,另一些国家则无法可依。企业若要想办成某件必办之事,必须花重金,否则寸步难行。

4)文化素质低下。一些国家由于长期受殖民主义者奴役,文化素质低。这些人如果受雇,常常是主动性极差,事业心不强,企业家不敢委以重托,只能依靠花高价聘任的工作人员,其企业成本自然要居高不下。

2.2 业主的风险

2.2.1 人为风险

人为风险是指因人的主观因素导致的种种风险。这些风险虽然表现形式和影响的范围各

不相同,但都离不开人的思想和行为。归纳起来,人为风险主要起因于以下诸方面:

(1)政府或主管部门的专制行为

国家政府或其某一行为主管部门往往因为全局利益而采取一些有全局性的决策,如调整国民经济计划,强行下令某些已开工的项目下马,或对一些企业实行关停并转,或颁发新的政策法规等。从全局考虑,这些决策无可非议,但任何全局性决策总是难免造成一些牺牲品。许多工程业主或投资商常常不得不因此而改变其投资计划或经营决策,由此不可避免地要遭受损失。这些损失常常无法取得补偿。

(2)体制法规不合理

如果国家颁布的法律非常不合理,将严重地阻碍经济发展,损害工程业主的切身利益。若中央高度集权,则企业一切听命于中央,自己没有主动权,许多事情无法办理;若权力过度分散,则难免地方各自为政,跨地区的项目会因一些地方政府的不予配合而举步维艰;若市场竞争和市场机制不顺,则会使业主难以选择理想的承包人;若捐税繁重会使业主不堪负担;若法制不健全会给投机分子提供种种可乘之机,从而扰乱市场;法规不合理导致理想目标难以实现。所有这些都将大大降低业主的投资效益。

(3)主管部门障碍行为

有些企业的主管部门常常有意无意地给企业设置重重障碍,致使企业或工程业主的种种努力付之东流。例如工程业主根据其业务特征选好建房用地,而拥有地皮的当地政府却图谋私利,将周围的用地卖给另一家严重影响该业主经营目标的房地产经营商,从而严重破坏项目未来的外部环境条件。

(4)资金筹措难

实施工程的前提条件是资金保证。任何企业都离不开融资,靠自己的资金发展企业或兴建工程是极其有限的。得不到金融机构的支持,特别是在一些金融投资机构官商作风,顺我者扶,逆我者卡,业主的资金筹措无门,工程无法动工,或者中途夭折,业主已投入的资金无法产生效益,已经购买的地皮会因长期不能开工而被政府收回,最后不得不廉价卖出。

(5)不可预见事件

不可预见事件通指发生在经济领域里、且导致工程实施的经济条件发生变化的、有经验的工程人员也无法预料的事件。若发生这类事件,工程建设费用无疑要加大,甚至远远超出原始投资概算。

因地质勘探取得的资料不准、因对自然因素预测错误、因政治因素(如政府法规或政策变化导致条件的改变)都可能导致出现不可预见事件。若发生了这类事件,工程设计有可能不得不修改,合同条件不得不改变,承包人自然会提出索赔,这种连锁反应自然加大了业主的工程风险。

(6)合同条款不严谨

通常情况下,不少合同是由业主根据政府规定的格式拟订。除了国际通用的合同条款外,多数合同条款都难免有不严谨或漏洞之处,实施过程中又常常发生不少超出预见的情况。承包人的合法权利之一就是索赔,而索赔在许多情况下是基于合同条款不严谨而使业主无法拒绝。实践中常常有些合同条款含混不清或模棱两可以致给承包人以可乘之机。承包人根据合同条款据理索赔是完全正确的。如果合同条款严谨,可以保护业主的正常利益。

(7)道德风险

道德风险是指业主的执行人员应有的品行道德发生背离,失去应有的事业心和责任感,对工程玩忽职守等不轨行为，致使业主的财产遭受损失，或工程质量缺乏监督保证。

(8)群体行为越轨

群体行为越轨通常有两种情况：一种是来自社会的越轨行为，如全国性、地区性或行业性的罢工或骚乱甚至暴乱。这类事件一旦发生，社会将不得安宁，正常的秩序被打乱，直接或间接地影响工程的施工，甚至使工程瘫痪。另一种群体越轨行为是来自业主的直接合作者出现的这类事件，虽然业主可以通过罚款以减少工程开支，但于事无补。因为通过罚款所省下的钱绝对不能弥补工程拖延、竣工误期、投产推迟所造成的损失。

(9)承包人缺乏合作诚意

商场如战场，交易双方常常是互相斗智。为了谋取最大的利益，交易者总是千方百计地给对方设计圈套。工程承包人又何尝不是如此。由于当前的国际竞争激烈加剧，承包人既要获取项目，又必须确保最起码的利润，争取最大的效益，而这些效益又不能明显露在明处，只能分散潜伏于承包工程的各个环节。有经验的承包人通常以低报价诱惑业主授予项目，而一旦合同签订，则使尽心计，制造索赔机会，从而加大业主的风险。

(10)承包人履约不力或不履约

承包人履约不力是常见的。虽然工程承包合同对承包人规定了种种义务和惩罚措施，但实际操作时常有很多情况使得合同不能圆满履行。除了客观原因履约不完全外，承包人有意无意地履约不力也是常见的。

承包人不履约的事也时有发生。有些承包人因投标报价失误或因当初出于竞争需要报价过低，合同谈判时对业主比较迁就，一旦合同到手随即态度大变，千方百计地迫使业主追加合同价格。这种情况下，业主常常不能断然拒绝，只好作出让步，特别是当业主骑虎难下时，承包人更是层层加码，扩大收益。其结果只能是加大业主和投资商的风险。

(11)工期拖延

虽然国际工程承包合同中都明确规定了合同工期及误期罚款，但罚款总额通常最多不超过合同总价的10%。如果误期不严重，业主尚能通过误期惩罚条款以弥补其遭受的损失，但如果工程严重拖期，则不仅加大工程开支，还会因工程投入服务推迟而使项目不能很快产生效益。这种情况下，工程业主除了要承担直接损失风险外，还要承受间接损失风险。

(12)材料供应商履约不力或违约

出于地方发展，地方政府要求工程材料由当地采购，而当地的材料供应商无论在产品质量还是交货期方面有时很难保证，承包人常常可以把质量不合格或工程进度慢的责任推给材料供应商，业主也无可奈何。

有些业主出于节省工程开支或照顾伙伴关系，采取包工不包料办法发包工程。这种情况下，材料供应商有时只顾自己的利益而不考虑业主的急迫需要或全局利益，致使工程停工待料，或因材料质量不合要求而导致返工，承包人不仅不承担责任，还得向业主提出索赔。当然业主有时可以对材料供应商采取惩罚措施，但局部补偿可能难以抵消全局性的损失，由此情况而产生一系列的连锁反应。

(13)指定分包人

指定分包人往往有一定的背景，他们在技术或施工能力方面有时很难使业主满意，但因某种背景，业主不得不指定分包。然而，因能力问题他们有时在客观上影响工程的正常进展或不能达到标准要求。由于是指定分包人，总包商要求他们直接向业主承担责任。虽然总包商有责任对其进行管理，但他们通常没有义务代指定分包人承担施工不合格的责任。因此，指定分包人造成的麻烦或者不履约应由业主承担。

(14)监理工程师失职

监理工程师作为业主委托的工程管理人员,本应保护业主的利益,对业主尽职尽责以确保工程的质量和进度。行为公正、认真负责是监理工程师的行为准则。但监理工程师并不是业主的全权代表,在技术及工程管理上他有其特殊地位。如果监理工程师失职或缺乏应有的职业道德,则业主将大受其害。

(15)设计错误

工程设计是工程质量的根本。虽然工程实施前,设计方案或图纸都应交付业主审核批准,但许多情况下,业主不具备审核能力,常常任凭设计师解释或作出有关决定。如果设计出现错误,虽然设计师要为其错误承担责任,但不能完全抵消业主所遭受的损失。

2.2.2 经济风险

(1)宏观形势不利

任何经济活动都离不开宏观形势。在经济萧条的形势下很难有某一区域的微观形势不受丝毫影响。这种规律在一个具体国家里显得更加明显。前苏联的解体,其社会制度的彻底变革导致独联体诸国的经济濒于崩溃,大批在建工程下马,物价飞涨,面对这种形势的工程业主毫无办法。

(2)投资环境差劣

投资环境是投资能否取得成功的关键因素。对于工程业主来说则更为具体,就是说与具体行业区域的软硬环境都分不开。例如工业项目投资,则既要考虑市场需要,又要考虑国家的工业发展政策。有些项目虽然在经济效益方面有可观的前景,但与国家的工业发展政策有抵触,同样会带来风险。

(3)市场物价不正常上涨

在正常情况下,人们通常能比较准确地作出投资估算,但如果经济形势不稳,物价飞涨,则业主将很难作出较为准确的预测,其结果将是工程决算大大超过预算。如果业主没有足够的应变能力,势必会出现工程追加资金无着落,而承包人将会因为资金不足而中途停工。

(4)通货膨胀幅度过大

在市场经济情况下,通货膨胀是难免的。但是如果膨胀幅度过大,比如超过警戒线(高于50%),则经济秩序将会混乱,承包人和业主都将苦不堪言,承包人的损失通常可以向业主索赔以获得补偿,而业主则只是追加投资。

(5)投资回收期长

有些工程投资规模大,回收期长。虽然总利润可能比较高,但由于资金具有时间价值,加之因周期长而出现各种不测事件,从而导致预期的利润不能实现。

(6)基础设施落后

基础设施对于工程建设项目的投资具有重要影响。任何一项工程都不是与世隔绝可以独立存在的,其施工所要求的条件也不是仅仅局限于工地周围的小范围。外部的客观环境,尤其是公共基础设施的好坏对工程影响也极大。

(7)资金筹措困难

资金筹措困难是业主经常碰到的重大风险。资金不能及时到位,有可能导致承包人中途停工,从而影响工期按时完成,投入资金回收期时间相应延长。

2.2.3 自然风险

自然风险是指工程项目所在地区客观存在的恶劣自然条件，工程实施期间可能碰上的恶劣气候，工程项目所在地的周围环境和恶劣的现场条件等因素可能给工程业主构成的威胁。自然风险通常由下列人为或非人为原因所致：

(1)恶劣的自然条件

项目工程所处地域的自然条件对项目成本影响很大。不同地域的自然条件各不相同。例如寒带地区严冬无法施工；酷暑地带施工作业时间短；火山影响区域、地震多发带，洪水、海啸、泥石流多发区都潜伏着直接威胁工程的严重自然灾害。这些灾害，轻则破坏已竣工程，重则完全摧毁工程项目。即便未发生自然灾害，基于防灾，也必须在设计方面考虑加固措施，从而加大工程造价。

(2)恶劣气候与环境

恶劣的气候或环境同样会导致业主遭受风险。恶劣气候系指偶尔发生的超出正常规律的变化，如长时间的暴雨、台风、酷暑等都会给工程实施带来不便，从而增加工程成本。

恶劣环境系指施工现场周围客观存在的严重制约因素。例如施工地点距离核反应堆过近，有可能受核辐射威胁，又例如工程选址于震后灾区，周围场地或交通要道堵塞等。

(3)恶劣的现场条件

工程的现场条件受多种因素影响，特别是进出场通道、供排水设施、供电、供气的可能性，夜间或节假日加班作业的可能性等。位于闹市区的工程项目虽然供排水、供电、供气都不成问题，但材料进出及夜间或节假日加班就受到制约。现场条件中更大的制约因素是工程地质条件差，一是地质钻探资料可能与实际情况不相符；二是土壤地质水文条件资料不正确，这些情况的发生都会影响工程建设。

(4)地理环境不利

地理环境指工程所在地的位置及周围环境。地理位置是相当重要的实施条件。如果工地远离港口或处于内陆国家，进口设备材料不仅因远距离运输而加大成本，而且还会受制于国家对外关系，特别是与卸货港所在国的关系。

2.2.4 特殊风险

特殊风险是指根据合同条款应由业主承担的风险。这些风险包括：

1)在工程所在国发生的战争、敌对行动(不论宣战与否)、外敌入侵等；

2)在工程所在国发生的叛乱、暴力革命、军事政变或篡夺政权，或发生内战；

3)由于任何核燃烧后的核废物、放射性毒气爆炸，任何爆炸性装置或核成分的其他危险性能所引起的离子辐射或放射性污染；

4)以音速或超音速飞行的飞行或其他飞行装置产生压力波；

5)在工程所在国家发生的不是局限在承包人或其分包人雇佣人员中间，且不是由于从事本工程而引起的暴乱、骚乱或混乱；

6)由于业主使用或占用非合同规定提供的任何永久工程的区段或部分而造成的损失或损害；

7)因工程设计不当而造成的损失或损害，而这类设计又不是由设计人提供或由设计人负责的；

8)不论何时何地发生任何因地雷、炸弹、爆破筒、手榴弹或是其他炮弹、导弹、弹药或战争用爆炸物或冲击波引起的破坏、损害、人身伤亡，均应视为特殊风险的后果。

发生上述特殊风险事件，承包人对其后果一般都不承担责任。因此，这类风险损失只能由工程业主承担。

2.3 承包人的风险

承包人与业主是合作者，但在各自利益方面则又是对立的两方，双方既有共同利益，同样的风险，但又有各自独特的风险。承包人的行为固然会对业主构成风险，但业主的处事也会威胁着承包人的利益。承包人面临的风险贯穿于项目的始终。

2.3.1 决策错误的风险

承包人在考虑是否进入某一市场、是否承包某一项目时，首先要考虑是否能承受进入该市场或承揽该项目可能遭遇的风险，承包人首先要对此作出决策。相应潜伏的风险主要有：

(1)信息取舍失误或信息失真风险

工程承包市场信息多，几乎每天都会有一些工程招标或发包的信息。这些信息虽然是真实的，但是否都值得捕捉和追踪却不见得。有些承包人急于揽到工程以摆脱困境，难免饥不择食，头脑缺乏冷静或不自量力，见标就投。在这种背景下参与竞争，所采取的态度自然缺乏求实精神。即使中标，获取的项目也是极具亏本风险的。

(2)中介风险

随着商业交易的日益复杂，许多业务需要借助中介业务而促成。诚然，中介业有对商业交易独特的贡献，但人们越来越清楚地认识到中介业务会给交易带来风险。在近代社会，许多从事中介业务的人以谋私利为目的，凭着三寸不烂之舌，以种种不实之词诱惑交易双方成交，从中渔利。而承包人常常因夺标心切，对其漏洞较少察觉，甚至任凭其摆布。几乎每一个中间人都拍胸脯保证能拿下项目，以此骗取许多缺乏经验的承包人的巨额佣金。

(3)保标与买标风险

业主买标和承包人联合保标当算现今招投标活动中的绝招。业主买标是指业主为了压低标价，花钱雇佣一两家投低标，开标后要求报价较高但又很想得标的承包人降价至最低标以下方予受标。这种情况多见于业主已有意中投标人，或出于政治原因必须授项目于某一承包人，但该承包人的报价却难以降下来。为达到既能授项目于意中投标人，又能获得低价标，业主便暗中出资让一些有特殊关系的投标人故意报低价，开标后再要求报价较高的意中投标人降价至最低标以下，继而授予项目。当然采用这种手段仅限于有限招标，而且是在秘密开标的前提下。这一绝招之所以能获得成功，关键在于成功地利用了承包人夺标的迫切心情。

承包人联合保标是指同一国家的若干家承包人出于统一策略，内定保举某一家公司中标且不冒标价过低风险。因此除被保举中标的公司外，其他各家报价普遍较高，从而定下高价基调，而被保举的公司则报价相应较低。这种策略常常能够奏效。

无论是业主买标，还是承包人保标，都会给承包人带来风险。因为前一种情况会导致承包人降低标价，而后一种情况则限制了非保举对象的承包人的得标机会，而损失只能由承包人承担。

(4)报价失误风险

报价策略是承包人中标获取项目的保证。策略正确且应用得当，承包人自然会获取很多好处，但如果失误或策略不当，则会造成重大损失。潜伏有风险的报价策略主要有：

1)低价夺标寄赢利希望于索赔。这是当前国际承包人普遍采用的基本策略。在遵循国际惯例的承包市场上,这种策略应该说是可行的,且一般都能奏效。但世界上毕竟还有为数不少的国家缺乏惯例意识。即使在我国,许多省市,许多业主单位也是对索赔一词大为恼火。

2)低价夺标进入市场,寄赢利希望于后续项目。这种策略多在进入市场时采用。在对市场形势判断比较准确的前提下,这种策略应该说是正确的。但是,如果承包人判断失误。承包人花了血本完成第一个项目后,未能获得后续项目,其购置的大批机械设备不得不转移,工程的亏损额难以找到补偿机会。

3)倚仗技术优势拒不降价。有些承包人自拥有优越于旁人的技术和实力,在竞标时不愿降价。但强手如林,拥有技术优势的承包人已为数颇多,而且多数发包人在决标时常常置价格因素于首位。这种形势下,若倚仗技术优势不愿降价,只能失去得标机会。

4)倚仗关系优势拒不降价。竞标当然离不开渠道和关系。若是政府工程,自然可以倚仗政府协议或两国之间的关系,甚至可以借助政府力量施加影响。但是金融机构提供贷款的项目则很难凭关系取胜。如果承包人意识不到这一点,寄希望于打通关系和疏通渠道,甚至赠以重金,其结果只能是徒耗钱财。

5)对合作对象失去警惕。有的承包人常常无权单独承揽项目,必须与其他承包公司合作方可投标。但合作不好则结果是好处被人占尽,风险全落自身。

6)盲目用计,弄巧成拙。报价技巧是获得理想的经济效益的重要手段,但技巧使用不当则有可能弄巧成拙。

2.3.2 缔约和履约风险

缔约和履约是承包工程的关键环节,许多承包人因对缔约和履约过程的风险认识不足,致使本不该亏损的项目亏得一塌糊涂。缔约和履约风险主要潜伏于以下方面:

(1)合同条款

工程承包所遵循的合同条款多种多样,但任何合同范本都离不开当事人的责、权、利三项主要内容。合同条款中潜伏的风险往往是责任不清、权利不明所致。例如:

1)不平等条款工程承包本应以合同为约束依据,而合同的重要原则之一就是平等性,但在工程承包实践中,业主与承包人很少有平等可言。业主往往倚仗着僧多粥少这有利的优势,对承包人不讲理,甚至缺乏商业道德,特别是政府工程的业主部门。在制订合同时,常常强加种种不平等条款,赋予业主种种不应有的权力,对承包人则只强调义务,而不提其应有的权利。

2)合同中定义不准确。有不少合同由于人为或非人为原因,对一些问题定义不准或措辞含混不清。一旦事件发生,业主往往按其自己意图歪曲解释。特别是涉及质量标准时,合同中虽然也规定按照某某规范,但都加上"要达到工程师满意"这类字句,而在实施期间,则只强调达到工程师满意,而不提遵循规范。

3)条款遗漏。这种现象常见于不熟悉业务的业主拟定的承包合同。他们通常不愿意沿用工程普遍遵循的条款,而自己制订合同条款。这些条款常常很不完善,遗漏事项颇多,甚至是东搬西抄,有意无意地漏掉或省略一些关键内容,致使履约时承包人常常找不到合法依据以保护自己的利益从而产生风险。

(2)工程管理

工程管理对于有经验的承包人来说通常并不算困难,但若是大型复杂工程,参与实施的分包公司太多,工序错综复杂,加上地质、水文及自然条件发生意外变化,总包商将面临很多风险。首先,总包商要做好协调,处理好交叉衔接问题,处理好人际关系,特别是对待一些有背景的当地分包公司,更非一般办法可行。其次,由于高科技的不断涌现,施工管理不能再依靠传统办法,必须应要求现代管理方法和手段管理工程。

(3)合同管理

合同管理是承包人赢取利润的关键手段,不善于管理合同的承包人是绝不可能获得理想的经济效益的。

合同管理主要利用合同条款保护自己,扩大收益。要求承包人具有渊博的知识和娴熟的技巧,要善于开展索赔。

(4)物资管理

物资管理直接关系工程能否顺利地按计划进行,材料能否充足供应,人员能否充分发挥效力等系列问题。这些问题直接或间接地影响工程效益。物资管理同样要求科学化,材料早购与晚购结果大不一样,既要保证工程的需要,又不能大量积材而占用大笔资金,因资金具有时间价值。

(5)财务管理

财务管理是承包工程获得理想经济效益的重要保证。财务工作贯穿于工程项目的始终,任何一个环节的疏忽或差错都可能导致重大风险。

除了筹资和收款工作中潜伏着重大风险外,国际工程财务管理工作中还有两大风险:成本失去控制和保函被没收。

2.3.3 责任风险

工程承包是基于合同当事人的责任、权利和义务的法律行为。承包人对其承揽的工程设计和施工负有不可推诿的责任,而承担工程承包的责任是有一定风险的。

(1)职业责任

职业一词暗示在特殊学识方面有不同于纯粹技能的专业造诣。工程承包人被认为是运用专业知识为他人服务的职业,他对自己所从事的职业必须承担责任。

承包人的职业责任主要体现于工程的技术和质量方面。任何工程都有严格的质量要求,不具备相应的专业技术是无法承揽工程的。技术的高低和质量的好坏对工程有相当重要的影响。

(2)法律责任

工程承包是法律行为,合同当事人负有不可推卸的法律责任,法律责任包括民事责任和刑事责任。承包人应承担的法律责任主要是民事责任。民事责任的起因可以有多种:

1)起因于合同包括违约、废约和不履约。

2)起因于行为或疏忽,包括故意侵权、无意侵权和受绝对或严格责任约束的侵权和妨害某人利益、工业事故、汽车事故和残次产品等。

3)起因于欺骗和错误等。

4)起因于其他诉讼和赔偿,包括破产倒闭、财产扣押、工程被接管和被取消承包资格等。

民事责任的经济赔偿,这对承包人无疑是一项不容忽视的风险。

除了民事责任外,承包人有时也难免承担刑事责任,特别是由于技术错误或人为造成房屋倒塌、伤害人命等,承包人都必须承担刑事责任。而这类责任的损失风险丝毫不比民事责任小。

(3)他人的归咎责任——替代责任

由于承包人的活动不是孤立的,离不开他人的合作或具体实施,而合作者或实施是以承包人的名义活动或为其利益服务。因此,承包人还必须对以其名义活动为其服务的人的行为承担责任。最常见的替代责任主要起因于代理人和承包人的雇员。因为根据代理原则，当代理人代表委托人的利益行事时，委托人要对代理人的侵权行为负责。至于承包人的雇员，如果属民事侵害行为，自然亦应由承包人承担责任。如果实行工程分包，承包人还应承担因分包人过失或行为而造成损失的替代责任。

(4)人事责任

承包人系企业之主，对企业的每个成员的人身安全、就业保证及福利待遇都负有责任。任何雇员，尤其是关键人员的潜在损失都将可能成为承包人的责任风险。承包人要想发展自己的事业，保证或提高其经济效益，必须吸引和稳定高水平雇员，提高雇员的士气和生产率。而要达此目的，承包人必须承担最起码的经济支出。

2.4 监理咨询的风险

2.4.1 来自业主的风险

(1)业主不切实际的要求

有些业主不遵循客观规律，对工程提出的要求往往有些过分，例如要求工程标准高、实施速度超出了可能性。咨询监理常常不能说服业主改变观点，不得不勉为其难。这就有可能导致工程标准难以控制或者难以保证，由此而导致咨询监理的责任风险。

(2)盲目干预

有些业主虽然与咨询监理签有服务协议书，但并不把权力交给咨询监理工程师。项目实施期间，随意作出决定，对工程师的工作干扰过多，甚至横加指责，严重影响咨询监理工程师行使权力，影响合同的正常实施，而责任却由咨询监理来承担。

(3)宏观管理不力，外部环境差

许多业主或投资人只片面追求投资效益，对于如何获得投资预期效益却很少考虑，特别是对项目的宏观管理，既缺乏能力，又缺乏意识，不努力改善投资环境，创造条件，把一切工作全推给监理公司去办。但监理公司在许多方面却并不具备条件和相应的权力，项目实施严重受阻，因而这些责任通常落在监理公司身上。

2.4.2 来自承包人的风险

若发生情况，业主常常迁怒于监理公司管理不严或迁就承包人，而监理工程师则有苦难言。

(1)承包人投标不诚实

承包人出于策略需要，投标时往往施用种种不光明正大的手段。例如投钓鱼标，即投标时报价很低，一旦获得项目后，施工过程中层层加码。若监理工程师不答应，则以停工相要挟。虽然监理工程师要凭合同条款对其惩罚，甚至撤销合同，但这样做的结果对业主并没有什么好处。如果业主对这种结果有所准备，事先采取了预防措施，尚可避免因停工造成的损失。但多数情况下，业主总是希望工程能早日竣工，取得效益，对于承包人所采取的钓鱼策略并不曾防范。

(2)承包人缺乏商业道德

有些承包人缺乏应有的商业道德，对监理工程师软硬兼施。通常情况下总是千方百计地争取监理工程师手下留情，对其履约不力或质量不合要求能网开一面。若承包人的企图得逞，则有可能走向反面，给监理工程师出难题，蓄意败坏监理工程师的形象以达到借业主之手而驱逐之目的。例如在监理工程师施工期间，承包人闻知业主的代表要检查工程，在业主代表到达之前，监理工程师曾先行预检查，并已签字。该承包人为达到驱逐监理工程师的目的，故意在业主代表到达之前，将监理工程师业已检查认可的工程弄得面目全非，业主代表在查问题原因时，承包人便出示监理工程师的认可签字，以证明其是按照监理工程师的要求，从而使业主认定错在监理工程师方面。

(3)承包人素质太差

承包人的素质太差，履约不力，甚至没有履约诚意或者弄虚作假，对工程质量极不负责，都有可能使监理工程师蒙受责任风险；虽然监理工程师有权监督甚至处罚承包人，但工程工作面大，内容复杂，监理工程无法时时处处严加监督。承包人弄虚作假蒙混过关的机会依然存在，且工程的隐患一般不会立即显露，等到真正显露时，固然可以追究承包人的责任，但监理工程师的责任更难免除。

2.4.3 职业责任风险

咨询监理工程师的职业要求其承担重大的职业责任风险。这种职业责任风险一般由下述因素构成：

(1)设计不充分、不完善

若设计不充分、不完善，无疑是监理工程师设计监理的失职。例如业主提供的技术资料不全或不准，而监理工程师又无法亲自取得第一手资料，特别是有关地质、水文的勘探资料，这种情况属事出有因。当然，监理工程师的责任心不强也是失职的原因之一。但不管出于何种原因，设计不充分、不完善而引发的风险损失自然应由咨询监理工程师承担相应的监理责任。

(2)自身的能力和水平不适应

咨询监理业务是一项高难度的技术与管理工作，要求担负这项工作的技术人员掌握金融、财会、经济、贸易、法律、工程、物资管理及外语等多学科知识，还要具有多学科多领域工作的丰富阅历和经验，要善于处理各种繁杂的事务纠纷，还要有高度的应变能力。施工监理必须熟悉规范、细节、人工以及材料等级和处理方法。除此以外，还必须及时掌握各种发展形势，不断掌握新的知识，而高度的事业心和责任感以及正直、廉洁的道德水平更是不可缺少的。不具备这些条件，就很难完成咨询监理这一艰难的任务，随之而来的风险自然就难以避免了。

2.5 按 BOT 方式承包工程的风险

BOT(Build-Operate-Transfer，即建设—经营—转让)是近十几年来在国际承包市场上出现的一种资金承包的方式。日常做法是一国政府与外国承包签订合同，由承包公司负责完成项目的设计、施工并提供全部投资；工程完工投入服务后，由承包公司负责经营和管理，若干年后转让给该国政府。这种方式的工程承包主要施行于发展中国家，而且较多适用于大型的能源、交通及基础设施建设。其产生的背景是发展中国家急于解决经济发展的基本困难，如交通条件的改善、能源的开发、基础设施的完善等，但又缺乏资金，只好以待建项目的产出利润或经济效益为偿付，吸引外来资金和技术以解燃眉之急。

BOT 方式不同于普通的工程承包方式。通常会遭受许多不同于平常的风险。

(1)资金筹措困难

BOT 方式的特征决定承包人要自筹至少一部分项目资金。通常情况下，承包人的自有资金总是非常有限的。为实施工程，承包人唯有融资，而融资就难免遭遇金融风险。例如贷款利率高，贷款条件苛刻，资金迟迟不能到位，金融机构的承诺不能兑现，国际形势及诸多政治因素将可能对资金筹措造成副作用等。所有这些因素都会导致承包人资金筹措困难,从而严重影响项目的正常进展。

(2)投资回报率低

由于BOT项目的投资要靠项目建成后投产所产生的利润回收。如果项目可行性研究做得不准确,投产后效益低下,或者项目产品售价受政府严格控制,或者政府横加干涉,致使项目不能产生预期利润,投资回报率低微,则承包人和业主将会蒙受重大经济损失。

(3)投资回收困难

承包人带资承包所带资金绝大多数都是流通外汇,而BOT项目由于产品很少出口或服务对象多是项目所在国,因而很难获得流通外汇。按这种方式发包工程的政府绝大多数都实行严格的外汇管制,即使项目能获取丰厚的利润,但因外汇管制严厉,项目利润难以转换成流通货币。这种情况下,投资回收将相当困难。

(4)汇率下跌

汇率下跌对承包人始终是一大风险,对于按BOT方式承包工程的承包方来说,这种风险很大。因为这种项目的承包人不仅要承受因汇率下跌导致其工程收入的实际价值降低,而且其投入的资金也会因为汇率下跌而不能收回原值。由于BOT项目多在发展中国家实施,而这些国家的货币对流通外汇的比值基本上是有减无增,并且政府部门又缺乏保护业主利益的有效措施。项目建成投产后,虽然按当地货币计算、承包人或业主均能获利,但货币贬值却使其表面的巨额收益大打折扣,最终承包人还得自己承受实质上的重大损失。

(5)政局变化致使资金回收无保证

由于BOT项目延续时间长,难免要经历所在国的不同政府执政时期。发展中国家多数政权更迭频繁,且政策多变。后续政府常常拒不承认上届政府的承诺。若碰上这种情况,承包人毫无办法,只有自己承受巨大损失。

(6)政府不守信用

有些政府反复无常,对BOT项目不履行诺言。对项目建成后的服务酬金或产品售价蛮横压价,导致经营者无法获取最起码的回报,迫使业主低条件提前转让。

(7)项目参与者各怀鬼胎

由于BOT项目规模大、内容复杂、涉及方方面面、参与者众多,因而工程实施期间交叉矛盾不断发生,相互推诿现象严重,各参与者都将以确保自己的利益为前提条件。如果缺乏强有力的管理者,没有行之有效的管理措施,局面将难以收拾,工程竣工将遥遥无期,甚至有可能中途瘫痪。这种情况下,不仅投资无法收回,就连工程款也可能付诸流水。

(8)配套设施不齐备致使工程不能发挥效益

凡大型项目都离不开配套设施。BOT项目离不开齐全的配套设施。目前,在一些发展中国家,有不少BOT项目就因缺乏必需的配套设施而不能发挥效力。业主和承包人只能眼睁睁地看着其费尽心血、耗费巨资建成的项目处于半停产或完全停产状态。

总之,BOT项目虽然能给业主或承包人带来明显的巨额利润,但许多情况下,想象中的美妙前景却变成了海市蜃楼,承包人不可不防。

思 考 题

1.何谓人为风险?工程业主或投资商通常会碰到哪些人为风险?

2.群体行为越轨系指哪些行为?其产生的根源通常有哪些?

3.工程业主的合作者通常会给其带来哪些风险?

4.对于工程业主来说,经济风险通常表现在哪些方面?

5.工程承包业的自然风险系指哪些?

6.特殊风险系指哪些?

7.作为承包人,在经营活动中最经常面临的风险有哪些?

8.承包人的决策错误风险主要发生在哪些环节?

9.承包合同中哪些方面最易潜伏风险?

10.承包工程的管理风险通常有哪些?

11.成本失控主要由哪些原因造成?

12.承包工程的保函有何风险?

13.承包人有哪些责任风险?

14.咨询监理有哪些风险?

15.按 BOT 方式承包工程有哪些风险?

第3章 风险辨识与风险衡量

本章提要：本章着重论述风险辨识的基本知识和理论，分析了风险辨识的一般方法和具体操作方式。风险辨识就是风险主体逐渐认识到自身存在哪些方面风险的过程。它在整个风险管理过程是最重要的程序之一。风险辨识的主要方法有：风险因素预先分析法、事件树分析法、风险事故事后分析法、保险调查法、保单对照法等。了解辨识风险的重要性，认识各种辨识风险的方法和表格并了解如何使用。同时了解风险衡量的重要性及用于衡量风险的基本统计观念，认识损失频率和损失幅度以及在风险衡量上的各种观念的应用。

辨识、衡量和评价风险是风险管理首要的也是最主要的程序。风险辨识与风险衡量列入本章介绍，风险评价列入第四章。

3.1 风险分析

在实践中，广义的风险管理全过程可以划分为风险分析和风险管理两个阶段，第二个阶段可以称作狭义的风险管理。风险分析包括风险辨识、风险衡量和风险评价，而风险规划、风险控制、风险监督则是狭义的风险管理内容。图3.1简要地说明了风险分析和狭义的风险管理的内容以及两者之间的区别。

风险分析的第一步是风险辨识，其目的是减少项目的结构不确定性。风险辨识首先要弄清项目的组成、各变数的性质和相互间的关系、项目与环境之间的关系等，在此基础上利用系统的、有章可循的步骤和方法查明对项目可能形成风险的诸种事端。在这个过程中还要调查、了解并研究对项目以及项目所需资源形成潜在威胁的各种因素作用范围。

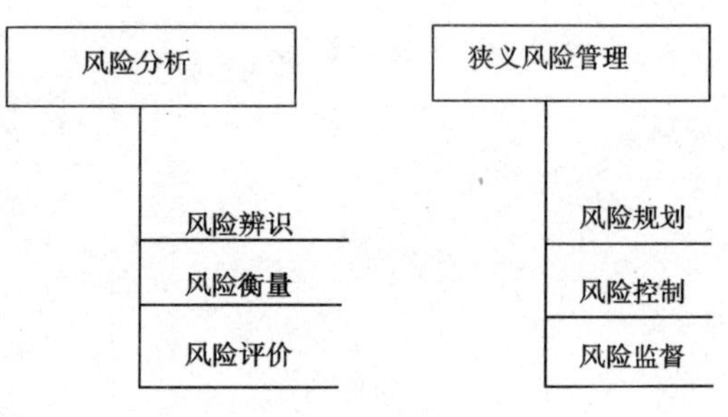

图3.1　风险分析和风险管理

风险衡量就是估计风险的性质、估算风险事件发生的概率及其后果的大小，以减少项目的计量不确定性。风险衡量时应做到：确定项目变数的数值和计量这些变数的标度；查明项目进行过程中各种事件的各种各样后果以及它们之间的因果关系；根据选定的计量标度确定风险后果的大小。

风险评价就是对各风险事件后果进行评价，并确定其严重程度顺序。评价时还要确定对风险应该采取什么样的应对措施。在风险评价过程中，管理人员要详细研究决策者决策的各种可能后果，并将决策者做出的决策同自已单独预测的后果相比较，判断这些预测能否被决策者所接受。各种风险的可接受或危害程度互不相同，因此就产生了哪些风险应该首先或者是否需要采取措施的问题。风险评价方法有定量和定性的两种。进行风险评价时，还要提出防止、减少、转移或消除风险损失的初步方法，并将列入风险管理阶段要进一步考虑的各种方法之中。

在实践中，风险辨识、风险衡量和风险评价常常互相重叠，同时反复交替进行。

风险分析的内容可以用图 3.2 表示。

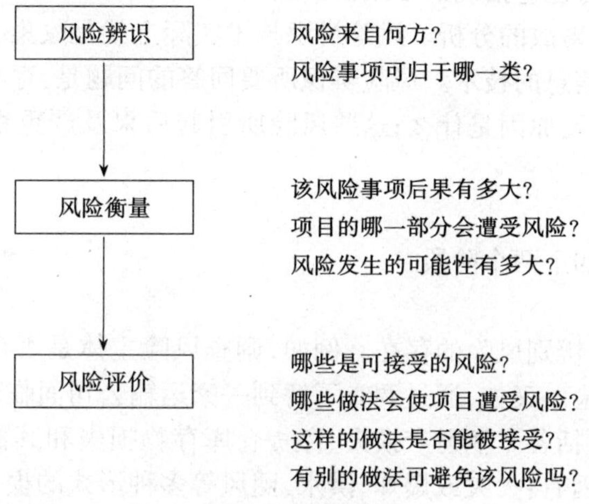

图 3.2 风险分析

风险分析和风险管理是一个连续不断的过程，可以在项目寿命期的任何一个阶段进行。如果在项目的早期阶段就开始风险分析和风险管理，效果最好，对于建设项目，在下述阶段进行风险分析可以获得特别好的效果。

1.可行性研究阶段

这一阶段，项目变动的灵活性最大。这时若减少项目风险的变更，则代价小，而且有助于选择项目的最优方案。

2.审批阶段

此时项目业主可以通过风险分析了解项目可能会遇到的风险，并检查是否采取了所有可能的步骤来减少和管理这些风险。在定量风险分析之后，项目业主还能够知道有多大的可能性实现项目的各种目标，如费用、时间和功能。

3.招标投标阶段

承包人可以通过风险分析明确承包中的所有风险，有助于确定应付风险的预备费数额，或者核查自己受到风险威胁的程度。

4.招标后

这时，项目业主通过风险分析明确承包中的所有风险，是否能够按照合同要求如期完成项目。

5.在项目实施期间

定期作风险分析、切实地进行风险管理可增加项目按照预算和进度计划完成的可能性。

3.2 风险辨识

正如其他管理一样，风险管理首先是对所遭遇的问题加以确认和分析，而所谓问题是涵盖所有无法达成项目目标的各种人、事、时、地、物等各项因素而言。在风险管理上则指因意外损失所致无法完成风险管理目标的各种人、事、时、地、物等众多因素，为了消除这些问题以完成目标所赋予的任务，辨识风险便成为管理风险首要课题。

3.2.1 风险辨识概述

所谓风险辨识就是认识损失发生的可能性。认识损失发生的可能性就是在确认损失根源之所在、性质及范围,同时也包括确认导致损失的有效、积极及直接原因。前者称为危险因素的辨识,后者则称为危险事故的分析。风险辨识技术实际上就是收集有关损失原因、危险因素及其损失暴露等方面的信息的技术。风险辨识所要回答的问题是:存在哪些风险;哪些风险应予以考虑;引起风险的主要原因是什么;这些风险所引起后果及严重程度如何;风险辨识的方法有哪些等。

1.风险辨识的阶段

风险辨识主要包括如下两个阶段:

(1)感知风险

即通过调查和了解,辨别风险的存在。例如,调查风险主体是否存在财产损失、责任负担和人身伤害等方面的风险。又如,通过调查了解到一家运输公司面临财产风险、人身风险和责任风险,而财产风险又包括各车辆财产损失、存货仓库存物损失和其他设备损失等,在存货仓库损失风险中可能的原因有:火灾或爆炸、洪水、飓风等多种形式的损失原因。

(2)分析风险

即通过归类分析,掌握风险产生的原因和条件,以及风险所具有的性质。例如,造成运输公司财产损失、责任负担和人身伤害等风险的原因和条件是什么,这些风险具有什么样的性质和特点。再如,引起存货仓库火灾的风险因素很多,如电、化学的反应、自燃、邻近建筑物的火灾蔓延等。又以人为例,可能面临的风险有:死亡、疾病、意外伤害、财产损失、责任等,而导致死亡风险事故有:自然灾害、意外事故、自杀、疾病等。

建设工程风险的分析是根据工程风险的相互关系将其分解成若干个子系统,其分解的程度要足以使人们较容易地辨识出建设工程的风险,使风险辨识具有较好的准确性、完整性和系统性。

根据建设工程的特点,建设工程风险的分解可以按以下途径进行:

1)目标维:即按建设工程目标进行分解,也就是考虑影响建设工程投资、进度、质量和安全目标实现的各种风险。

2)时间维:即按建设工程实施的各个阶段进行分解,也就是考虑建设工程实施不同阶段的不同风险。

3)结构维:即按建设工程组成内容进行分解,也就是考虑不同单项工程、单位工程的不同风险。

4)因素维:即按建设工程风险因素的分类分解,如政治、社会、经济、自然、技术等方面的风险。

在风险分析过程中,有时并不仅仅是采用一种方法就能达到目的的,而需要几种方法组合。例如,常用的组合分解方式是由时间维、目标维和因素维三方面从总体上进行建设工程风险的分解,如图3.3所示。

(3)两阶段关系

感知风险和分析风险构成风险辨识的基本部分,且两部分相辅相成、互相联系。这种联系表现在:只有感知风险的存在,才能进一步有意识、有目的地分析风险,掌握风险存在及导致风险事故发生的原因和条件;同时,了解了风险的存在,也必须进一步明确风险存在的条件以及导致风险事故发生的原因。因为风险管理的根本目的在于对客观存在的风险采取行之有效的对应措施，消除不利因素，克服不利影响，减少风险带来的损害。

因此，感知风险与分析风险是风险辨识的两个阶段。感知风险是风险辨识的基础，分析风险是风险辨识是关键。只有通过感知风险，才能进一步进行分析。只有通过风险分析，才能寻找到可能导致风险事故发生的各种因素，为拟订风险处理方案、进行风险管理决策服务。

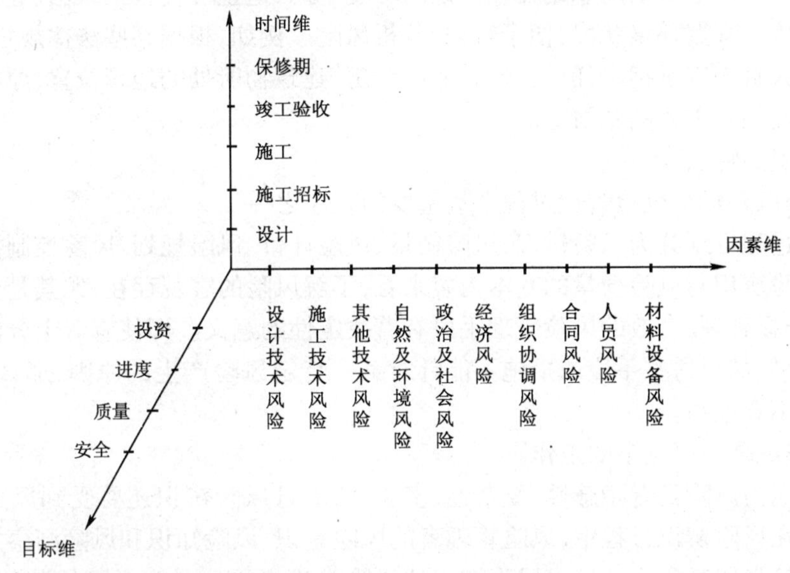

图 3.3　建设工程风险三维分解图

2. 风险辨识的前提因素

风险管理者要想通过风险辨识掌握风险主体所面临的全部风险，还必须关注如下与风险辨识有关的前提。

(1)风险主体的风险意识

首先，风险辨识是一项复杂的系统工程，无论是理论研究，还是现场调查，都不能要求仅凭某一种辨识方法便能了解企业所面临的全部风险。即使是一个很小的企业，要想全面掌握企业的全部风险情况，也必须同时运用辨识风险的多种方法，否则其结果是不准确和不全面的。

其次，考虑到经费支出的成本，必须有比较地选择既符合风险主体实际，又能获得较好效果的辨识方法。

最后，风险辨识是一个连续不断的过程，这不仅因为风险主体的风险仅凭一两次调查不能解决问题，许多复杂的和潜在的风险要经过多次调查和反复论证方能得到准确答案，而且因为风险随着风险主体活动的不断进行而逐步产生，旧的风险被辨识，新的风险可能又会出现。因此，风险辨识是一个永无终结的过程。

(2)风险主体的活动

1)风险主体活动的性质。如一家企业，生产什么样的产品，经营什么样的业务；是工业企业，还是商业企业，或是运输企业等。

2)风险主体的生产经营方式。如采用什么样的生产方法，是否承包经营，是否有经营自主权，是否与其他单位或个人有分包业务，是否自营或与其他单位或个人联营等。不同的生产经营方式决定了风险辨识渠道和方法的不同选择。

3)风险主体的生产经营过程。即从原料到产品再到销售的全过程，需要明确谁是原材料供应人,供应人是否可信、可靠;产品销售对象是哪些,其需求能力与状况如何;企业内部生产经营部门的构成及其有机联系如何等。企业经营业务的场所,如服务工是否在顾客家中完成,产品运达的最后目的地等。对这些情况的了解,是全面辨识风险的基础。

(3)风险主体的经营环境

风险主体的生产经营活动总是处在一定的环境中的,这些环境包括政治、经济、自然、法律及各种物质环境。掌握环境状况,便于辨识、分析风险。例如,根据某些法律规定,企业要对产品缺陷引起的人身伤害承担责任;又如,企业的厂房、建筑物所处的地理位置,原材料和产品存放的地点是否面临着灾害的威胁等。

3.风险辨识的特点

(1)风险辨识是整个风险管理过程中最重要的程序之一

风险管理过程可划分为风险辨识、风险衡量、风险评价、风险规划、风险控制及风险监督六个阶段。从风险辨识与风险衡量的基本内容来看,了解风险的客观存在,尤其是分析风险产生的原因,对于选择合理、有效的风险管理手段有着决定性的意义。即使有着十分便利和可行的风险处理手段,但如果这些手段或措施不能针对某一特定风险产生的原因,那么,风险管理的最终效果可能不会理想。

(2)风险辨识是一项复杂的工作

不仅仅是因为风险具有隐蔽性、复杂性、多变性,而且风险辨识还要受到风险管理者专业素质的影响。在风险辨识过程中,风险管理者的风险意识、风险知识和风险洞察力是不能忽略的。一个具有较强风险意识和较多风险知识的风险管理者更容易察觉到风险的存在。相反,风险意识淡薄、风险知识相对欠缺的风险管理者,即使风险存在,也可能忽略过去,使本来十分严重的、客观存在风险,因人的消极的主观因素而变得不重要、不被重视,从而可能引发重大损失。不仅如此,风险辨识是否全面、深刻,也将直接影响风险管理决策质量,进而影响整个风险管理的最终效果。因此,不管风险管理者认为自己对辨识出的风险处理计划多么完善,但是只要存在有的风险在辨识阶段被忽略,没有得到应有的重视,则整个风险管理计划仍是不完整的。如果有重大的风险因素被忽略,则可能导致整个风险管理的失败。

(3)风险辨识是一项系统性、连续性、制度性的工作

所谓系统性,是指风险辨识过程不能局限于某个部门、某个环节、某个具体风险,而要分析风险主体作为完整系统所具有的全部风险。连续性是指因为事物总是在不断变化发展中的,风险的质和量、表现形式以及引致条件都在改变,新的风险还会不断出现,风险管理若不是一项连续性的工作,就很难发现风险主体所面临的潜在风险。至于制度性,是指风险管理作为一项科学的管理活动要形成一定的组织,建立一定的制度。

4.风险辨识的内容

一个风险主体面临的风险是多种多样的。以企业为例,风险管理人员一般要设法辨识以下四种类型的风险损失:财产的损失及其额外支出的费用;因财产损失引起收入损失,营业中断损失,及其产生的额外费用支出;由于风险事故而产生的人身伤亡损失;因损害他人利益需承担损害赔偿责任而遭受的损失。

风险辨识作为风险管理过程的第一阶段,主要应该回答如下问题:

1)风险是什么?

2)风险因素是什么?

3)导致风险事故的主要原因和条件是什么?

4)风险事故的后果是什么?

5)风险辨识的方法是什么?

6)如何进行风险管理?

通过风险辨识,了解面临的各种风险和风险因素,是为了便于实施风险管理过程的第二阶段,即便于风险衡量。风险辨识是风险衡量的基础,也是进行风险管理决策的基础。

5.风险辨识的原则

在风险辨识过程中应遵循以下原则:

1)由粗及细,由细及粗。由粗及细是指对风险因素进行全面分析,通过多种途径对工程风险进行分解,逐渐细化,以获得对工程风险的广泛认识,从而得到工程初始风险清单。由细及粗是指从工程初始风险清单的众多风险中,根据同类建设工程的经验以及对拟建建设工程具体情况的分析和风险调查,确定那些对建设工程目标实现有较大影响的工程风险,作为主要风险,即作为风险评价以及风险对策决策的主要对象。

2)严格界定风险内涵并考虑风险因素之间的相关性。对各种风险的内涵要严格加以界定,不要出现重复和交叉现象。另外,还要尽可能考虑各种风险因素之间的相关性,如主次关系、因果关系、互斥关系、正相关关系、负相关关系等。应当说,在风险辨识阶段考虑风险因素之间的相关性有一定的难度,但至少要做到严格界定风险内涵。

3)先怀疑,后排除。对于所遇到的问题都要考虑其是否存在不确定性,不要轻易否定或排除某些风险,要通过认真的分析进行确认或排除。

4)排除与确认并重。对于肯定可以排除和肯定可以确认的风险应尽早予以排除和确认。对于一时既不能排除又不能确认的风险再作进一步的分析,予以排除或确认。对于肯定不能排除但又不能肯定予以确认的风险按确认考虑。

5)必要时,可做试验论证。对于某些按常规方式难以判定其是否存在,也难以确定其对建设工程目标影响程度的风险,尤其是技术方面的风险,必要时可做试验论证,如抗震实验、风洞实验等。这样做的结论可靠,但要以付出费用为代价。

3.2.2 风险辨识的过程

辨识风险是风险管理的第一步。这项工作相当重要,它是整个风险管理系统的基础。缺乏这一基础,任何风险管理都是空中楼阁,毫无实现之可能。

辨识风险的过程包括对所有可能的风险事件来源和结果进行实事求是的调查。辨识风险必须系统、持续,严格分类并恰如其分地评价其严重程度。

风险辨识过程通常分 6 个步骤(见图 3.4)。

1.确认不确定性的客观存在

这里强调的是不确定性的客观存在。这项工作包括两项内容:首先要辨认所发现或推测的因素是否存在不确定性。如果是确定无疑的,则无所谓风险。众所周知的结果不会构成风险。例如承包人已知工程所在国的物价高昂而仍然决定投标,则物价高昂便不会成为风险,因为承包人已经准备了对付高昂物价的方法,有备而来。其次,确认不确定性的客观存在就是确认这种不确定性是客观存在的,是确定无疑的,而不是凭空想象的。辨识风险的第一步工作就是确认不确定性和它的客观存在。

2.建立初步清单

建立初步清单是辨识风险的操作起点。清单中应明确列出客观存在和潜在各种风险,应包括各种影响生产率、操作运行、质量和经济效益的各种因素。人们通常凭借企业经营者的经

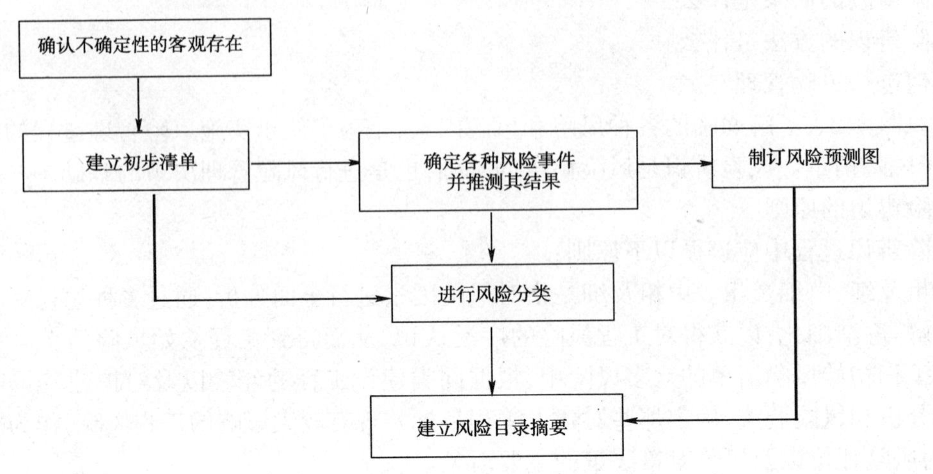

图 3.4 风险辨识过程框图

验对其作出判断。建立清单可采用商业清单办法或通过对一系列调查表进行深入研究、分析而确定。例如工程承包中材料保管和运输阶段的风险初步清单见表 3.1。

材料保管和运输风险清单 表 3.1

会计科目	材料、人员或活动	潜在损失	危 险
存货	原材料	财产损失	火灾、风暴
	供应商的生产厂家保管	直接损失	爆炸
	送至供应商仓库途中	间接损失	其他自然危险
	存放于供应商仓库	净收入损失	盗窃
	运至承包人的预制构件厂	责任损失	其他人为危险
	存放于构件厂仓库		过失
	运至加工车间		违约
	预制过程中		伤害雇员
	预制完毕养护		汽车事故
	运至工地途中		
	存放于工地		
	进入工程整体		

初步检查清单通常作为风险管理工作的起点,作为确定更准确的清单的基础。多数情况下,清单中必须列出有分析或参考价值的各种数据。

3.确立各种风险事件并推测其结果

根据初步风险清单中开列的各种重要的风险来源,推测与其相关联的各种合理的可能性,包括赢利和损失、人身伤害、自然灾害、时间和成本、节约或超支等方面,重点应是资金的财务结果。

4.制订风险预测图

风险预测图采用二维结构(见图 3.5)。

图中,第一维中,不确定因素的评价与其发生概率相关;第二维中,风险的评价与潜在危害相关。这种二维图形是一种重要的图形表示,通过这种二维图形评价某一潜在风险的相对重要性。鉴于风险是一种不确定性,并且与潜伏的危害性密切相关,因而可通过一种由曲线群构成的风险预测图表示(见图 3.5)。曲线群中每一曲线均表示相同的风险,但不确定性或者说其发生的概率与潜在的危害有所不同,因此各条曲线所反应的风险程度也就不同。曲线距离原点越远,风险就越大。

5.进行风险分类

对风险进行分类具有双重目的:首先,通过对风险进行分类能加深对风险的认识和理解;其次,通过分类,辨清了风险的性质,从而有助于制订风险管理的目标。

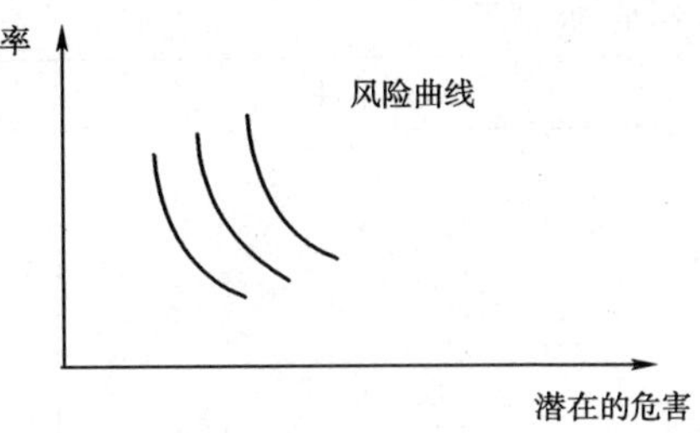

图 3.5 风险预测图

风险分类有多种方法,有些人注重于开列清单,不管概率大小和轻重程度,统统罗列;有些人则根据其造成影响的严重程度分类列举;但许多人往往忽视了不同风险事件之间的联系。正确的方法应该是依据风险的性质和可能的结果及彼此间可能发生的关系进行风险分类。这样的风险分类能更彻底地理解风险、预测其结果,且有助于发现与有关联的各方面的因素。常见的分类方法是以由若干个目录组成的框架形式,每个目录中都列出不同种类的风险,并针对各个风险进行全面检查。这样可避免仅重视某一风险而忽视其他风险的现象。以工程承包为例(见表 3.2),分类框架可由 6 个风险目录组成,各个目录中均列出典型风险。虽然难免有某些遗漏,但毕竟多数典型的风险能反映出来。

风 险 分 类 表 3.2

风险目录	典型的风险	风险目录	典型的风险
不可预见的损失	洪水、地震、火灾、狂风、闪电	政治和环境	法律和法规的变化、战争和内乱、注册和审批、污染和安全规则、没收、禁运
有形的损失	结构破坏、设备损坏、劳务人员伤亡、材料或设备发生火灾或被偷窃	设计	设计失误、忽略、错误、规范不充分
财务和经济	通货膨胀、能否得到业主资金、汇率浮动、分包人的财务风险	与施工有关的事件	气候、劳务争端和罢工、劳动生产率、不同的现场条件、失误的工作、设计变更、设备缺陷

表 3.2 仅为风险分类的一个实例。不同的项目,其分类的内容自然不一样。但以框架形式分列能给人一目了然的效果,且能显示逻辑开发分类框架的特点。

6.建立风险目录摘要

这是风险辨识过程的最后一个步骤。通过建立风险目录摘要,可将项目可能面临的风险汇总并排列出轻重缓急,能给人一种总体风险印象图。而且能把全体项目人员都统一起来,使人们不仅只考虑自己所面临的风险,而且能自觉地意识到项目的其他管理人员的风险,还能预感到项目中各种风险之间的联系和可能发生的连锁反应。当然,风险目录摘要并非一成不变,风险管理人员应随着信息的变化和风险的演变而及时更新。表 3.3 为风险目录摘要的实例。

风险目录摘要清单范例 表3.3

项目名称		
评　述		
日　期		
负 责 人		
风险事件	风险事件摘要	风险条件变量

3.2.3 风险辨识的基本方法

风险辨识的途径之一是借助风险主体的外部力量,利用外界的风险信息、资料,辨识风险;风险辨识的途径之二是依靠风险主体的自身力量,根据自身特性辨识风险。由于风险辨识存在不同的途径,相应地也有内外两种不同的风险辨识方法,最好的方法是两种途径并用。

风险辨识的第一种途径运用外部的风险辨识途径即依靠风险主体外部单位,如保险公司、风险及保险学业会等设计的风险分析表格,直接辨识自身的风险,由此产生的风险辨识方法有:风险因素预先分析法、事件树分析法、风险事故事后分析法、保险调查法、保单对照法等。著名的标准表格首推保险调查法中所采用的风险分析调查表,该表列在由Bernard John Daenzer编著的《风险分析中事实调查技术》一书中的第三章。此书由美国管理学会(AMA)出版供企业界广泛使用。其次为保单对照法中所用的保单对照分析表,此表是美国安特那意外保险公司所设计。第三种著名的表格称为资产—损失分析表,此表是由A.E Pfaffle & Sal Nicosia设计AMA出版。这些表格之所以称为标准表格而不说统一表格是表示表格中所有的内容是适合一般企业组织而并非针对某一特定企业而设计使用的。采用标准表格这种途径来辨认风险的优点是经济方便适合缺乏专业训练的风险管理人员使用。缺点是采用这些表格辨认风险可能过于死板,缺乏逻辑推理的启发性。

风险辨识的第二种途径是每一企业依据其特点及规模大小,风险管理人员首先组织系统图配合各种财务报表及有关资料实地检视、有系统地辨认可能面临的风险。这种途径采用的方法较为灵活,适应性较高。主要方法有风险列举法的财务报表分析法和流程图分析法以及实地检视法。

以上各种不同的风险辨识方法在风险辨识的两个阶段中有着不同程度的运用。财务报表分析法、流程图分析法、保险调查法等较多地被用于感知风险;事件树分析法以及风险因素分析法则较多地被用于分析风险。还有一些方法在感知风险和分析风险中都能得到较好的运用,如现场调查法、与专家磋商等。

以下就上述不同途径的主要分析方法分项加以说明,并叙述辨识风险工作上其他应注意的事项。

1.风险因素预先分析法

每一项活动,例如设计、施工、生产等,开始以前,对系统所存在的风险因素类型、出现的条件、导致事故的后果预先作概略分析,这种方法叫风险因素预先分析法(简称PHA)。

这个方法对风险因素的辨识是在活动开始前，若发现风险因素，可立即采取补救措施以避免由于考虑不周而造成损失。做好风险因素预先分析的关键在于：对生产目的、工艺过程、原材料、操作条件和环境条件要有充分的了解。

这一分析方法，适用于一切新的系统，如新设备、新工艺等。一般说来，人们往往对新开发系统存在的风险因素缺乏足够的认识，因此，风险管理者必须重视对其风险因素的预先分析。它的运用一般包括四个步骤：

(1)分析系统出现事故的可能类型

(2)调查风险源

(3)辨识转化条件

风险源的存在并不一定会引发事故。它必须在一定条件下，经过一定的变化，才可能转化为风险事故。通常的过程是：风险源在一定内部因素或外部因素单独作用或者共同作用下，使系统处于危险状态，这些因素称为转化条件。处于危险状态的系统也并不一定都会发生事故，只有在某些条件下，才会发生事故，这种条件称为触发条件。如图 3.6 所示。

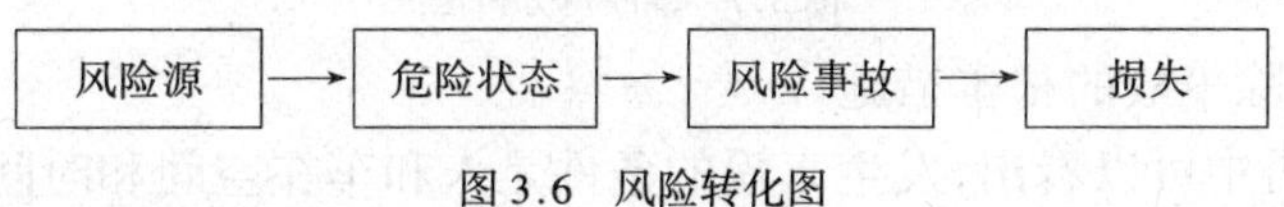

图 3.6　风险转化图

(4)划分等级

找出了风险源、转化条件、触发条件(系统为风险因素)以后，为了在采取控制措施时能分清轻、重、缓、急，需要给风险因素划定一个等级。通常按事故发生的后果的严重程度进行划分。

2.事件树分析法

事件树分析(简称 ETA)其实质是利用逻辑思维的规律和形式，从宏观的角度去分析事故形成的过程。

它的理论基础是，任何一个事故的发生，必定是一系列事件按时间顺序相继出现的结果，前一事件的出现是随后事件发生的条件，在事件的发展过程中，每一事件有两种可能的状态，即成功和失败。这是我国国家标准局规定的事故分析的技术方法之一。

它的具体操作是：从事件的起始状态出发，用逻辑推理的方法，设想事故的发生过程，然后根据这个过程，按事件发生先后顺序和系统构成要素的状态(成功或失败两个状态)，并将要素的状态与系统的状态联系起来，以确定系统的最后状态，从而了解事故发生的原因和发生的条件。

下面以行人过马路为例来说明事件树分析的过程。

从图 3.7 所列的情况来看，事件树分析具有如下特点：

(1)事件树分析是一个动态过程

从分析中可以看出，事故的发生是一连串事件连续失败的结果，而且是一环扣一环，形成一个事故链。若这些环节事件中有一个不失败，则事故就不会发生。这些事故链相当于骨牌理论中的若干直立的骨牌，每一张骨牌代表一个因素，当左边第一块骨牌倒下之后，就可引起右边的骨牌一块挨着一块倒下。如果从中抽掉一块，就不会造成后面的骨牌倒下。也就是说，若中间环节事件有一个不失败，事故就会发生了。

(2)可以指出防止事故发生的途径

在分析所有可能的结果中，那些不会发生事故的结果就是防止事故发生的各种途径。如在行人过马路的六种可能结果中有四种结果能防止事故发生。当然,在所有不发生事故的情形中,并不是所有途径都是安全可靠的,如冒险通过的情况。

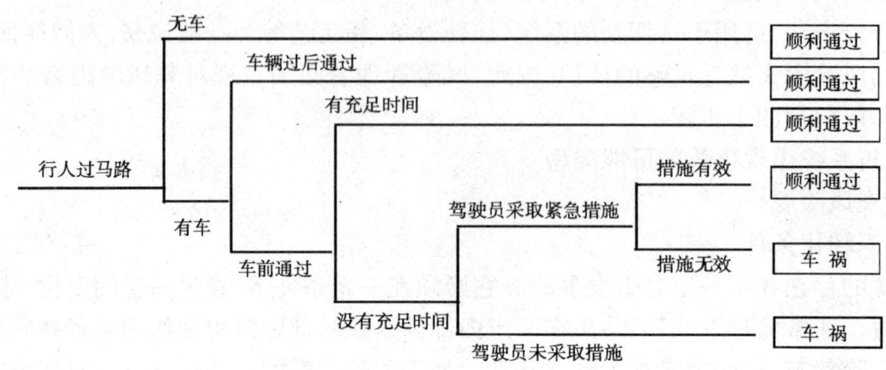

图 3.7 事故树分析法

(3)能够找出消除事故的根本措施

从事件树的分析中可以看出,发生车祸的条件是人和车在空间和时间上同时相遇,而要解决人和车的相遇问题的最好办法是把人和车在空间上隔离,如天桥、地下通道;或在时间上分离,如交叉路口的红绿灯控制。

总之,事件树分析法是以选择某一风险因素为开始事件,按照逻辑推理,推论其各种可能的结果以及产生这些结果的途径。使用这种分析方法,需要大量的资料和时间,故只在风险很大或隐患很深的系统中才采用这种分析方法。

3.保险调查法

保险调查法是指保险公司、有关咨询机构、研究机构或者学术团体的专业人员就风险主体可能遭遇的风险进行详尽的调查与分析,并形成报告书,以供风险主体参考的一种方法。这种报告书从几页到上百页不等。报告书调查表格的格式不一定统一,但是其所提出的问题对所有的企业或者组织都是有意义、普遍适用的。这种方法的优点在于,它指出了企业损失暴露的共同特征,有利于宏观的风险管理。缺点在于,对特定的企业而言,它无法提供特定损失暴露的一些个别特征,即这种方法不一定适合企业特定风险的管理。

在风险管理发达的美国,保险公司、风险和保险管理学会(RIMS)以及美国管理学会(AMA)在对风险广泛调查的基础上,形成企业应用的风险检查表格,即“风险分析调查表”,提供给风险主体进行参考,以便进行风险管理。

这种调查表是由保险公司或有关学会制订的一般风险辨识表,没有考虑不同风险主体自身的特点,故只适用中小规模且风险管理制度尚不健全的企业。利用风险分析调查表具有如下优点:由于风险分析调查表是由保险和风险管理专家们所提供,可以获得专家意见;借用风险管理专家的成果可以减少风险调查的费用。但是风险分析调查表也存在如下缺点:风险分析调查表设计的适用者为一般企业,而不是特定风险主体,因此在对特定风险主体进行风险辨识时可能会漏掉一些调查单位所独有的风险;上述分析表通常由保单转变而成,并不包括特定风险主体的潜在损失。然而对于风险管理人员而言,了解潜在损失无疑是重要的。

4.保单对照法

保单对照法是将保险公司现行出售的保单风险种类与风险分析调查表融合改成的,用于风险辨识的问卷式表格，风险管理者可以根据这一表格与企业已有的保单加以对照分析，发现现存的风险。

保单对照法是以保险的立场，由保险专家们设计出保单对照分析表供企业界使用，突出了对风险管理主体可保风险的调查，而对一些不可保风险的辨识则具有相当的局限性。另外，要求使用该表的风险管理者具有丰富的保险专业知识，并对保单性质和条款有较深的了解。

5.资产—损失分析法

美国管理学会(AMA)在制成风险分析调查表后又设计了资产—损失分析表供企业界应用。该表配合风险分析调查表使用，更能发挥效果。该表的内容分成两大部分：一为资产；另一为可能的潜在损失。资产包括有形实质财产(不动产、个人财产和他项财产)和无形资产。这些资产可能的潜在损失分为：直接损失(一般不可控制和不可预测的损失；一般可控制和可预测的损失；主要与财务价值有关的损失)、间接损失和第三者责任损失。

这种分析表的特点是：从企业整体分析企业的风险不仅包括可保风险，还包括不可保风险；资产与损失对照列出可使风险管理人员对此有简明整体的了解，有助于风险管理工作的绩效；与风险分析调查表结合运用更能发现企业所面临的所有风险。

以上所述的几种方法中所采用的标准表格，风险管理人员可以辨认出一般企业共同面临的一般风险。因此，如果仅仅用第一种途径去辨认风险尚欠完整。小企业公司业务简单、人手经验不足情况下，采用标准表格辨认风险也许足够，但对大规模企业，业务复杂且难聘请多位专家的情况下，如要完整地辨认风险，则须采用风险列举法、实地检视法及其他途径。

6.风险列举法

风险列举法是站在消费者的立场也即企业本身的立场，根据企业的财务及其他资料和有关的作业流程加以分析而列举每项财产及活动可能遭遇到的风险，因此又称之为逻辑分类法。依据所使用资料来源之不同又可以分为以下两种方法：一为财务报表分析法；另一为流程图分析法。

(1)财务报表分析法

财务报表分析法是根据风险主体的会计记录和财务报表为基础，分析每一会计科目，发现潜在的风险。风险主体的财务系统留有大量的关于自身各项经济活动的记录，它详细地记载着厂房、机器设备、产品种类和产品成本及其他资产项目等具体情况。风险主体的财务记录也反映出风险主体内各部门之间的相互关系及对供货方、消费者的依赖程度，风险主体的财务计划与财务状况，风险主体过去处理风险的财务开支以及过去曾发生的风险损失规模等。

财务报表可说是企业所有经营活动的缩影。因此，分析财务报表可以了解企业经营活动的内容，对风险管理人员而言则可进一步分析出哪些活动阻碍了企业目标的实现，也即可辨认出企业存在的风险。从财务报表各科目所显示的金额中，风险管理人员可以了解到万一发生危险事故，损失是多少。这些损失资料有助于风险大小的衡量。因此，该方法是辨认风险中值得重用的方法。可供辨认风险的重要财务报表有三种：资产负债表它显示的是一个风险主体的资产、负债以及所有者权益三方面的内容，是某个时点风险主体的状况，它所提供的信息是表制成前风险主体最新的情况；损益表，损益表或利润表是由某一会计期间的收入、费用和利润组成，它有助于分析影响净收入的各种因素；财务状况变动表，它能用来分析风险主体经营中的变化，通过提示净流动资本的变化，反映出在报告期内资金是怎样变动的，资金使用的变化会反映风险主体潜在的重要风险。除此之外，还应搜集有关财务会计资料、记录和文件以为辅助。

(2)流程图分析法

流程图分析法(是将风险主体的全部生产经营过程,按其内在逻辑联系绘成作业流程图,针对流程中的关键环节和薄弱环节调查和分析风险。它以作业流程为风险分析的依据,属于动态的分析。通常作业流程可分生产制造流程和销售运输流程。前者称为内部流程,后者称为外部流程。运用流程图分析法,风险管理人员可明确清晰发现企业本身面临的风险。但流程图分析法仅着重在流程本身,无法显示发生问题的流程阶段的损失幅度或机会的大小。如果风险管理人员把经济学家开发的投入产出分析溶入流程图后,以上的缺点可获得明显的解决。从投入产出分析风险管理人员不但可以知道可能出错的流程阶段在何处,也可以了解损失金额的可能大小为多少,有助于风险处理。结合流程图及投入产出矩阵图,企业可凭借上述方法辨认出营业中断风险,还可辨认出来自原料供应商所引发的"供应者"风险以及来自企业本身客户所引发的"需求者"风险等连带营业中断风险。

根据不同的条件和目的,可将风险主体的生产经营活动制作成不同的流程图,以便辨识风险。流程图分析是风险主体用以辨识风险最常用的方法之一。而且风险主体的组织规模愈大,生产工艺愈复杂,流程图分析法越能体现出优越性。

7.实地检视法

有一句话是这么说的:"风险管理人员不仅要有很好的构想也要有健全的腿。"前面几种辨认风险的方法严格来讲完全是纸上谈兵,真正要更完整地辨认风险的话,还应辅佐实地亲身前往操作场所实际了解才能取得预期的效果。实地检视法可以达成两个辨认风险的目的:第一,凭该法可全面了解造成损失的实际状况;第二,可以了解引起损失的危险事故和危险因素。另外该法还可使风险管理人员与实际操作人员有面对面的沟通而进一步发现有关风险管理上的问题。

除综合前述的各种方法外,还应注意下列几点才能实现辨识风险的目的。第一,应与有关部门及专家密切联系。例如采用作业流程图分析法时,最好能与该部门的主管密切交换意见,相互讨论,了解详细的作业过程;或应与有关的专家保持联系,这样才能更为正确地认识风险。第二,注意外界公布的有关损失的统计资料。所谓外界包括同行业及官方与非官方机构。这些机构所公布的资料有助于发现企业本身所面临的风险。第三,注意国际性的动态变动资料,这些资料直接或间接对企业会有影响,应特别留意,及早谋求适应之道。第四,风险管理人员透过上述各种途径所收集的资料应予以适当地分类与保存。只有这样,才可有助于企业风险管理的决策与分析。

最后需要指出的是,每一种风险辨识方法都存在一定的局限性,这是因为:

1)任何一种方法都不可能提示出风险单位面临的全部风险,更不可能提示导致风险事故的所有因素,因此必须根据风险单位的性质、规模以及每种方法的用途将多种方法结合使用。

2)由于经费的限制和不断地增加工作会引起收益下降,风险管理人员必须根据实际条件选择效果最优的方法或方法组合。

3)如前所述,风险辨识是一个连续不断的过程,仅凭一两次调查分析不能解决所有的问题,许多复杂的潜在的风险要经过多次辨识才能获得较为准确的答案。

因此,在风险管理的实际工作中,应根据具体情况决定采取何种方法,通常同时运用几种方法,才能收到良好的效果。

3.2.4 建设工程风险辨识方法

除了采用风险管理论中所提出的风险辨识的基本方法之外,对建设工程风险的辨识,还可以根据其自身特点，采取相应的方法。综合起来，建设工程风险辨识的方法有：专家调查法、财务报表法、流程图法、初始清单法、经验数据法和风险调查法。以下对建设工程风险辨识的具体方法作较详细的说明。

1.专家调查法

这种方法又有两种方式：一种是召集有关专家开会，让专家各抒己见，充分发表意见，起到集思广益的作用；另一种是采用问卷式调查，各专家不知道其他专家的意见。采用专家调查法时，所提出的问题应具有指导性和代表性，并具有一定的深度，还应尽可能具体。专家所涉及的面应尽可能广泛些，有一定的代表性。对专家发表的意见要由风险管理人员加以归纳分类、整理分析，有时可能要排除个别专家的个别意见。

2.财务报表法

财务报表有助于确定一个特定企业或特定的建设工程可能遭受到哪些损失以及在何种情况下遭受这些损失。通过分析资产负债表、现金流量表、营业报表及有关补充资料，可以辨识企业当前的所有资产、责任及人身损失风险。将这些报表与财务预测、预算结合起来，可以发现企业或建设工程未来的风险。

采用财务报表法进行风险辨识，要对财务报表中所列的各项会计科目作深入的分析研究，并提出分析研究报告，以确定可能产生的损失，还应通过一些实地调查以及其他信息资料来补充财务记录。由于工程财务报表与企业财务报表不尽相同，因而需要结合工程财务报表的特点来辨识建设工程风险。

3.流程图法

将一项特定的生产或经营活动按步骤或阶段顺序以若干个模块形式组成一个流程图系列，在每个模块中都标出各种潜在的风险因素或风险事件，从而给决策者一个清晰的总体印象。一般来说，对流程图中各步骤或阶段的划分比较容易，关键在于找出各步骤或各阶段不同的风险因素或风险事件。

这种方法实际上是将图3.3中的时间维与因素维相结合。由于建设工程实施的各个阶段是确定的，因而关键在于对各阶段风险因素或风险事件的辨识。

由于流程图的篇幅限制，采用这种方法所得到是大概的风险辨识结果。

4.初始清单法

如果对每一个建设工程风险的辨识都从头做起，至少有以下三方面缺陷：一是时间和精力耗费多，风险辨识工作的效率低；二是由于风险辨识的主观性，可能导致风险辨识的随意性，其结果缺乏规范性；三是风险辨识成果资料不便积累，对今后的风险辨识工作缺乏指导作用。因此，为了避免以上缺陷，有必要建立初始风险清单。

建立建设工程的初始风险清单有两种途径：

常规途径是采用保险公司或公司管理学会(协会)公布的潜在损失一览表，即任何企业或工程都可能发生的所有损失一览表。以此为基础，风险管理人员再结合本企业或某项工程所面临的潜在损失对一览表中的损失予以具体化，从而建立特定工程的风险一览表。我国至今尚没有这类一览表，即使在发达国家，一般也都是对企业风险公布潜在损失一览表，对建设工程风险则没有这类一览表。因此，这种潜在损失一览表对建设工程风险的辨识作用不大。

通过适当的风险分解方式来辨识风险是建立建设工程初始风险清单的有效途径。对于大型、复杂的建设工程，首先将其按单项工程、单位工程分解，再对各单项工程、单位工程分别从时间维、目标维和因素维进行分解，可以较容易地辨识出建设工程主要的、常见的风险。从初始风险清单的作用来看,因素维仅分解到各种不同的风险因素是不够的,还应进一步将各风险因素分解到风险事件。表3.4为建设工程初始风险清单示例。

建设工程初始风险清单 表3.4

风险因素		典型风险事件
技术风险	设计	设计内容不全,设计缺陷、错误和遗漏,应用规范不恰当,未考虑地质条件,未考虑施工可能性等
	施工	施工工艺落后,施工技术和方案不合理,施工安全措施不当,应用新技术、新方案失败,未考虑场地情况等
	其他	工艺设计未达到先进性指标,工艺流程不合理,未考虑操作安全性等
非技术风险	自然与环境	洪水、地震、火灾、台风、雷电等不可抗拒自然力,不明的水文气象条件,复杂的工程地质条件,恶劣的气候,施工对环境的影响等
	政治法律	法律及规章的变化,战争和骚乱、罢工、经济制裁或禁运等
	经济	通货膨胀或紧缩,汇率变动,市场动荡,社会各种摊派和征费的变化,资金不到位,资金短缺等
	组织协调	业主和上级主管部门的协调,业主和设计方、施工方以及监理方的协调,业主内部的组织协调等
	合同	合同条款遗漏、表达有误,合同类型选择不当,承发包模式选择不当,索赔管理不力,合同纠纷等
	人员	业主人员、设计人员、监理人员、一般工人、技术员、管理人员的素质(能力、效率、责任心、品德)不高
	材料设备	原材料、半成品、成品或设备供货不足或拖延,数量差错或质量规格问题,特殊材料和新材料的使用问题,过度损耗和浪费,施工设备供应不足、类型不配套、故障、安装失误、选型不当等

初始风险清单只是为了便于人们较全面地认识风险的存在,而不至于遗漏重要的工程风险,但并不是风险辨识的最终结论。在初始风险清单建立后,还需要结合特定建设工程的具体情况进一步辨识风险,从而对初始风险清单作一些必要的补充和修正。为此,需要参照同类建设工程风险的经验数据(若无现成的资料,则要多方收集),或针对具体建设工程的特点进行风险调查。

5.经验数据法

经验数据法也称为统计资料法,即根据已建各类建设工程与风险有关的统计资料来辨识拟建工程的风险。不同的风险管理主体都应有自己关于建设工程风险的经验数据或统计资料。在工程建设领域,可能有工程风险经验数据或统计资料的风险管理主体包括咨询公司(含设计单位)、承包人以及长期有工程项目的业主(如房地产开发商)。由于这些不同的风险管理主体的角度不同、数据或资料来源不同,其各自的初始风险清单一般多少有些差异。但是,建设工程风险本身是客观事实,有客观的规律性,当经验数据或统计资料足够多时,这种差异性就会大大减少。何况,风险辨识只是对建设工程风险的初步认识,还是一种定性分析,因此,这种基于经验数据或统计资料的初始风险清单可以满足对建设工程风险辨识的需要。

例如,根据建设工程的经验数据或统计资料可以得知,减少投资风险的关键在设计阶段,尤其是初步设计以前的阶段,因此,方案设计和初步设计阶段的投资风险应当作为重点进行详细的风险分析;设计阶段和施工阶段的质量风险最大,需要对这两个阶段的质量风险作进一步的分析;施工阶段存在较大的进度风险,需要作重点分析。由于施工活动是由一个个分部分项工程按一定的逻辑关系组织实施的,因此,进一步分析各分部分项工程对施工进度或工期的影响,更有利于风险管理人员辨识建设工程进度风险。图 3.8 是某风险管理主体根据房屋建筑工程主要分部分项工程对工期影响的统计资料绘制的。

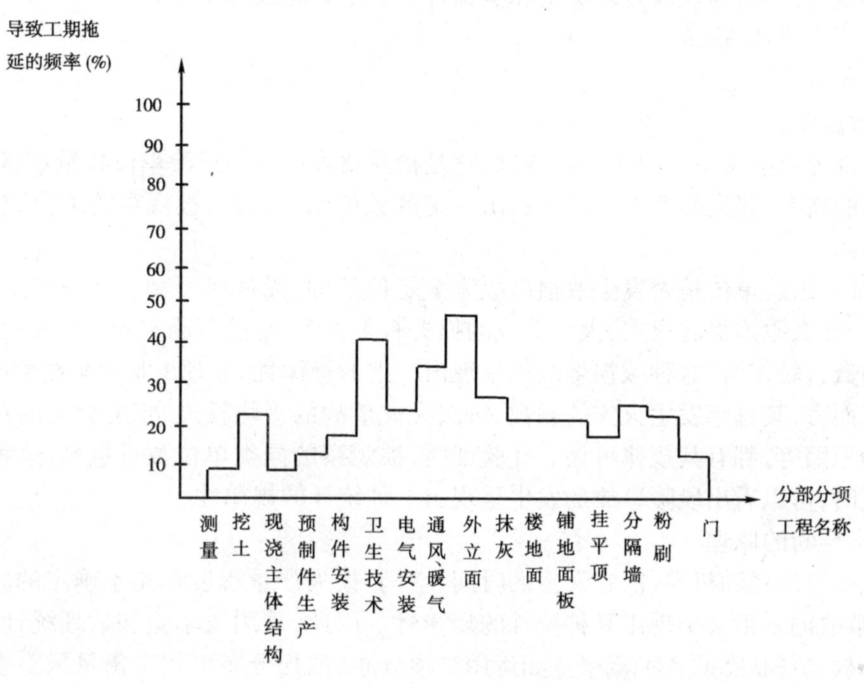

图 3.8 各主要分部分项工程对工期的影响

6.风险调查法

由风险辨识的个别性可知,两个不同的建设工程不可能有完全一致的工程风险。因此,在建设工程风险辨识的过程中,花费人力、物力、财力进行风险调查是必不可少的,这既是一项非常重要的工作,也是建设工程风险辨识的重要方法。

风险调查应当从分析具体建设工程的特点入手,一方面对通过其他方法已辨识出的风险(如初始风险单所列出的风险)进行鉴别和确认;另一方面,通过风险调查有可能发现此前尚未辨识出的重要的工程风险。通常,风险调查可以从组织、技术、自然与环境、经济、合同等方面分析拟建的建设工程的特点以及相应的潜在风险。

风险调查并不是一次性的。由于风险管理是一个系统的、完整的循环过程,因而风险调查也应该在建设工程实施全过程中不断地进行,这样才能了解不断变化的条件对工程风险状态的影响。当然,随着工程实施的进展,不确定性因素越来越少,风险调查的内容亦将相应减少,风险调查的重点有可能不同。

对于建设工程的风险辨识来说,仅仅采用一种风险辨识方法是远远不够的,一般都应综合采用两种或多种风险辨识方法,才能取得较为满意的结果。而且,不论采用何种风险辨识方法组合,都必须包含风险调查法。从某种意义上讲,前五种风险辨识方法的主要作用在于建立初始风险清单,而风险调查法的作用则在于建立最终的风险清单。

3.3 风 险 衡 量

在发现了面临的风险后,下一步就应确定各种风险的严重程度作为处理的依据,而风险严重程度的确定即为风险衡量。风险衡量是在辨识风险的基础上对风险进行定量分析和描述,是对风险认识的深化,为风险管理决策和实施各项风险管理技术奠定基础。

3.3.1 风险衡量概述

1.风险衡量的理论基础

(1)大数法则

大数法则为风险衡量奠定了理论基础,它是指只要被观察的风险单位数量足够多,就可以对损失发生的概率,损失的严重程度衡量出一定的数值来。而且,被观察的单位数越多,衡量值就越精确。

例如,某一风险单位是否发生致损事故完全是偶然的,无规律可循。就一个工厂而言,何时发生火灾,什么原因引起火灾,火灾造成的损失有多大等,都是不确定的。然而,当观察同类风险单位的数目较多时,这种致损事故就呈现出一定的规律性,显现出某种必然性的特征。如就一个城市而言,其每年发生火灾的频数、每次火灾事故的平均损失、年度火灾的总损失额及造成火灾的原因等,都有其规律可循。经验证明,被观察的同类单位数目愈多,这种规律性就愈明显。这时,可以看出风险事故的发生呈现出一种统计的规律性。

(2)概率推断的原理

单个风险事故是随机事件,它发生的时间、空间、损失严重程度都是不确定的。但就总体而言,风险事故的发生又呈现出某种统计的规律性。因此,采用概率论和数理统计方法,可以求出风险事故出现状态的各种概率。如运用二项分布、泊松分布可用来衡量风险事故发生次数和概率。

(3)类推原理

数理统计学为从部分去推断总体,提供了非常成熟的理论和众多有效的方法。利用类推原理衡量风险的优点在于,能弥补事故统计资料不足的缺陷。在实务上,进行风险衡量时,往往没有足够的损失统计资料,且由于时间、经费等许多条件的限制,很难、甚至不可能取得所需要的足够数量的损失资料。因此,根据事件的相似关系,从已掌握的实际资料出发,运用科学的衡量方法而得到的数据,可以基本符合实际情况,满足预测的需要。

(4)惯性原理

利用事物发展具有惯性的特征去衡量风险,通常要求系统是稳定的。因为只有稳定的系统,事物之间的内在联系和基本特征才有可能延续下去。但实际上,系统的状态会受各种偶然因素的影响,绝对稳定的系统是不存在的。因此,在运用惯性原理时,要求系统处于相对稳定的状态。

但应特别注意的是,即使系统处于相对稳定状态,系统的发展也绝不会是历史的重复,事物的发展不可能是过去状态的简单延续,而只是保持其基本发展趋势。在实务上,当运用过去的损失资料来衡量未来的状态时,一方面要抓住惯性发展的主要趋势,另一方面还要研究可能出现的偏离和偏离程度,从而对衡量结果进行适当的技术处理,使其更符合未来发展的实际结果。

2.损失资料库的建立

企业进行风险衡量必须保存有适当的损失资料,这些资料的保存是衡量风险的根本保证。

利用这些资料,风险管理人员不但可以计算有关的统计数据,也可以在决定投保时作为与保险人商谈保险条件的依据。资料的收集最好不要利用保险人建立的统计资料,因为根据保险人的损失经验资料得到的损失率即使接近企业推算损失率,仍然对企业风险管理决策没有多大帮助,而且保险人的资料无法显示出影响本企业损失的各种变量的相对重要性。

因此,企业必须建立自己的损失资料库并且以每一个风险单位为基础收集如下的损失记录:风险单位的特性及其数目;每件损失发生的日期及理赔日期;造成损失的危险事故;每件损失的金额;每件损失所涉及的风险单位。随着资料库建立的时间越长,对未来损失预测的可信度则越高。所以,充分的损失资料是风险衡量的基础。

(1)资料收集

为寻找那些可能从过去损失中得到的未来损失模型,应尽力收集损失数据,这些数据要求具有完整性、统一性、相关性和系统性,并且数据的获取必须利用合理的财力和时间。

1)完整性。即收集到的数据尽可能充分、完整,这种完整不仅要求有足够的损失数据,而且要求收集与这些数据有关的外部信息。当重要数据丢失时,风险管理人员必须依靠个人的洞察力和判断力来重新得到数据的内容。

2)统一性。损失数据必须至少在两个方面保持一致:

第一,所有记录在案的损失数据必须在统一的基础上收集。在衡量未来损失时,损失数据中包含着有用的模型,如果从不同的来源以不同的技术收集,可能会影响预测结果的准确性和有效性。

第二,必须对价格水平差异进行调整,所有损失价值必须用同种货币来表示。调整的方法是确定某一时期(年或月)为标准时期,以此时期的数据按标准时期的价格水平来调整。如果某一时期的价格水平较标准时期低,则损失数据应相应调高,反之则应调低。调整过去的损失数据的最好办法是提供每种损失中每个元素价格的独立增减额。

3)相关性。过去损失金额的确定必须以与风险管理相关性最大为基础。对于财产损失而言,应以修复或重置财产的费用而不是财产的原始账面价值作为损失值。对责任损失来说,损失不仅包括各种责任赔偿,而且包括调查、辩护和解决责任纠纷的费用。营业中断的损失不仅必须包括停工收入损失,还要包括在努力恢复营业至正常状态下的许多额外费用。

4)系统性。收集到的各种数据,还不能直接使用,必须根据风险管理的目标与要求,按一定的方法进行整理,使之系统化,以提供有用的信息,成为预测损失的一个重要基础。

(2)数据整理

1)降序排列或升序排列。把数据按不同大小的次序排列。

2)分组频数分布。把数据按不同规模档次分组,每组中所观察到的数据个数叫做频数。这种分布叫分组频数分布,频数与总个数之比,即为频率。

在分组频数分布中,用变量变动的一定范围代表一个组,每个组的最大值为组的上限,最小值为组的下限。每组上、下限之间的间距叫组距。

$$组距 = 上限 - 下限 \tag{3.1}$$

$$组中值 = (上限 + 下限)/2 \tag{3.2}$$

3)损失资料的图形表示

通过对资料分组,资料分布的重要特征就看得更清楚了。图形描述将会使这些特征更加鲜明,普遍使用的图形有直方图、圆形图、频数折线图、累积频数分布图和主次因素排列图等。如何选用上述统计图取决于数据的特性和风险管理决策的需要。

3.3.2 风险衡量的基本统计工具

风险衡量中所研究的是损失的“不确定性”,这也正是概率统计所研究的对象,因此风险衡量需要用到许多概率论知识和统计分析工具。衡量风险的潜在损失的最重要方法是研究风险的概率分布。这也是当前国际工程风险管理最常用的方法之一。概率分布不仅能使人们能比较准确的衡量风险,还可能有助于选定风险管理决策。

1.概率

概率是表示一个随机实验在多种可能出现中,某种事件出现机会的大小。简单地说,就是某种事件在长期的观察下发生的频率。

概率有主观概率与客观概率之分。

主观概率是指因不可能获得足够的信息又无法对事件的发生作长期观察,因而不得不依靠决策者的主观衡量来决定对同一损失原因的概率,在信息不足的情况下,不同的决策者衡量该事故将来发生概率是不一定相同的,这与决策者个人对风险的态度有关。例如对某项承包工程,一些人根据一些风险因素,从定性的角度推断承揽该项工程会发生几种亏损的可能性。

客观概率则是人们在基本条件不变的前提下,对类似事件进行多次观察,统计每次观察的结果和各种结果发生的频率,进而推断出类似事件发生的可能性。它是不依决策者的意志而转移的客观概率。一般来说,客观概率的计算方法有两种:一是根据概率的古典定义,将需要测算的事件分解成若干基本事件,用数学统计的方法进行计算得到概率;二是依据大量的试验数据用统计的方法进行计算。在计算客观概率时,往往需要足够多的数据或信息,例如用统计方法计算客观概率时需要对事件本身作详细了解并需要足够的试验数据。

在实际工作中常常需要对风险发生的概率进行衡量,这种衡量既不是完全由个人的主观确定,也不一定全是直接分析大量统计数据得到的。在风险管理决策中风险的概率分布常常是这种概率。

2.风险的概率意义

(1)风险度

风险是指损失的不确定性,可以用概率分布来描述风险所致损失分布情况。事实上,一个风险对应着一个损失的概率分布。衡量风险的大小就是要对这些概率分布排列顺序,用数值的大小来代表其顺序,这就是风险度。

风险度是衡量风险大小的一个数值,这个数值是根据风险所致损失的概率分布按一定规则通过计算而得到的。风险度越大,就意味着对将来越没把握,风险也就越大;反之,风险越小。得到风险度的大小之后,就能比较风险的大小,比较各种决策方案的好坏。

关于风险度计算,早在1768年,特恩思(Tetens)按将来发生的损失与期望损失偏差绝对值的概率平均值的1/2计算风险度,即风险度为:

$$\text{风险度} = \int_0^{\infty} |x - E(x)| \, \mathrm{d}F(x) \tag{3.3}$$

借助特恩思的这种思想,一些学者认为风险度按随机损失的标准差计算比较方便。后来,一些学者提出按随机损失的标准差计算风险度忽略了损失的期望值大小,因此提出风险度应按差异系数来计算。近来,一些学者认为,不同的风险管理人员对风险的偏好不同,他们对风险的排序也是不同的,因此风险度应按照反映风险管理人员个人心理行为的效用函数进行计算。

(2)标准差

由于风险所导致的损失结果是不确定的,进行决策时,如果仅仅根据随机损失的期望值来判断决策的好坏,这是非常不够的。两个概率分布可以有相同的期望损失,但风险所致的损失与期望损失的差异程度却可能相差甚远。在概率统计中用标准差来描述随机损失对期望损失的差异程度。标准差越大,表明随机损失对其期望损失的偏离程度越大,风险也就越大。反之,风险越小。因此一些学者提出,用标准差来衡量风险的大小,即风险度等于标准差。

标准差除了表示随机损失对期望损失的偏离程度外,其本身还能产生一些其他对风险管理决策有用的信息。第一,如果风险所致损失的概率分布为正态分布,利用标准差,我们能估计出损失在距期望损失若干个标准差范围内的概率。例如,损失在期望损失值 2 个标准差范围内的概率为 95%。第二,如果仅知道损失分布的期望值和标准而并无其他信息,仍能估计损失偏离期望值一定程度的最大概率。比如根据契比雪夫不等式,损失与期望值的偏差等于或大于 k 个标准差的概率不超过 $1/k^2$。

(3)变异系数

标准差的大小反映了随机损失对期望损失的偏离程度。以标准差的大小作为风险大小衡量的标准,其缺陷是在风险衡量中没有反映风险所致期望损失的大小。例如,某风险期望损失为 10 元,另一风险的期望损失为 2000 元,而两个风险的标准差均为 20 元。显然标准差 20 在期望损失为 10 时,远比期望损失为 2000 时重要得多。基于标准差在衡量风险大小时没有考虑期望损失值的大小,统计学提出用变异系数衡量风险的大小。

变异系数 V 是由标准差除以期望值得到的。即:

$$V = \frac{Var(\xi)}{E(\xi)} \tag{3.4}$$

式中:$Var(\xi)$——标准差(方差);

$E(\xi)$——期望值。

由于变异系数反映了标准差相对于损失期望值的大小,即反映了随机损失对期望损失偏离程度相对于期望损失值的大小,因此就许多目的而言,按变异系数计算风险度能较好地衡量风险。

如果条件基本相同的风险单位数增加,显然期望值和标准差都会随着增加,分析按变异系数计算风险度时,风险单位数增加对风险度的影响。例如,设风险 A 是某企业拥有 5 辆汽车在将来一年发生交通事故所致的潜在损失,该风险的概率分布的期望值为 321,标准差为 894,按变异系数计算的风险度为 2.78。假设在该企业拥有的类似汽车不是 5 辆而是 20 辆,即现在企业拥有的车辆数为原来的 4 倍,那么交通事故风险所致的期望值将为原来的 4 倍,即 1284,标准差则为原来的 2 倍,即 1788,所以企业拥有汽车数为 20 辆时的风险度用变异系数为 1.39,即风险降低了。这与根据大数法则得出的结论是相一致的。

3.概率在风险衡量中的解释方法

概率在风险管理中指的是损失的概率。假设某个仓库发生火灾的概率为 1/10,在风险衡量上对此概率的解释有两种方法:

第一种方法,时间性解释方法。这种解释方法侧重的是时间观念,也就是如果一个仓库发生火灾的概率为 1/10,若以月为时间单位可解释为每 10 个月有一次火灾损失,而若以年为时间单位则可解释为每 10 年有一次火灾损失。采用这种说法有两点值得注意:一点是时间单位采用不同则在直觉上损失几率的大小也不同,如前面说的每 10 年一次损失和每 10 个月一次损失,显然前种说法损失几率较低;另一点是采用这种说法通常是在企业没有很多同类型风险单位的情况。因为企业同类风险少,又无法在短期预测中预测有多少单位受损,此时采取时间性解释方法解释概率是比较有用的。

第二种方法,空间性解释方法。当企业拥有众多独立的同质的风险单位时,应用空间性解释方法解释概率是比较恰当的。它主要侧重在特定期间内遭受损失的风险单位数。所谓独立的风险单位是指风险单位之间绝对存在差异性,这种差异可能来自风险单位所在地点、构造、防护等级等因素,也可指每一风险单位在面临同一危险事故时,在同一情况下会遭受相同的损失,而该事故的发生并不影响另一事故发生或该风险单位遭受损失并不影响其他风险单位。所谓同质的风险单位并不是指风险单位面临相同的风险,而是指来自特定的危险事故,风险单位所遭受的损失频率和损失幅度相同。例如,有十栋房屋,其中一栋价值200万元,另外九栋每栋价值50万元,这时就说价值200万元的房屋与另外九栋房屋是不同质的。因此,某栋仓库遭受火灾损失频率为十分之一,在空间性解释方法上,就是指凭过去的经验这栋仓库在第二年遭受火灾的几率为十分之一是可预测的。也就是说是基于众多风险单位的经验的平均结果。

4.概率的重要运算规则

企业在风险衡量方面要得到的信息是相当多的,它不仅要知道单一风险单位遭受同一风险事故所导致的同一种损失的几率,还要知道遭受两者以上危险事故的财产损失几率是多少,同种情况同时考虑责任损失和人身损失几率又是多少等,以上种种复杂的几率问题可以用概率的运算规则解答。主要包括:互斥事件的概率运算规则;独立或相关联事件的概率运算规则。这些规则可以参阅有关统计的书籍。

5.概率分布

概率分布是用来显示各种结果发生概率的函数,用统计学术语,概率分布是指随机变数的几率函数。在风险管理上,概率分布用来描述损失原因所致各种损失发生可能性大小的分布情况。根据损失的概率分布情况,可得到很多管理决策的依据。从风险的概率分布中可得到诸如损失期望值、标准差、差异系数等信息,这些信息对衡量风险及做出风险管理决策是非常有用的。

在建立风险的概率分布时,常因过去统计资料的不足而需要应用理论概率分布进行模拟,下面就常用的理论概率分布作简单介绍。

(1)正态分布

属于连续型随机变量概率分布中最重要的一种。正态分布的用途非常广泛,被公认为所有自然现象的分布形态。随机变量ξ服从正态分布,则其概率密度函数为:

$$f(x) = (2\pi\sigma)^{-\frac{1}{2}} e^{-\frac{(x-\mu)^2}{2\sigma^2}} \tag{3.5}$$

期望值和方差分别为:

$$E(\xi) = \mu, Var(\xi) = \sigma^2 \tag{3.6}$$

式中:$E(\xi)$——期望值;

$Var(\xi)$——方差。

正态分布的密度函数曲线如图3.9所示。

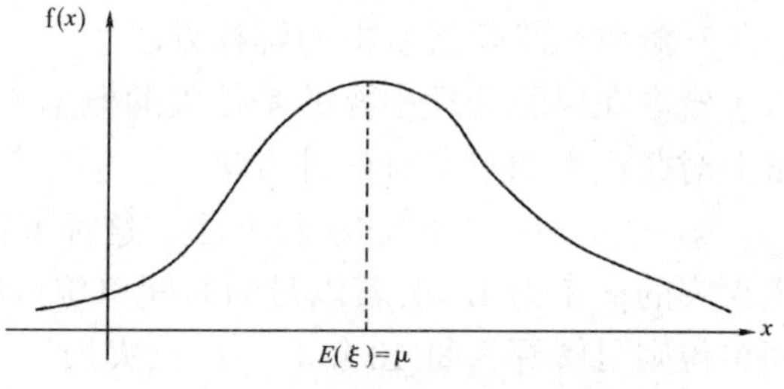

图3.9 正态分布的密度函数图

(2)二项分布

属于离散型随机变量概率分布中最重要的一种,适用于独立的重复n次试验,每次试验只出现两者结果的情况。假设在 n 次独立重复试验中，每次试验的结果是事件 A 出现或 A 不出现两种情形，设一次试验中事件 A 出现的概率为 P。用随机变量 ξ 表示 n 次试验中事件 A 发生的次数，则 ξ 是服从二项分布的随机变量，其概率分布为：

$$P(\xi = k) = Cn^{k}(1 - P)^{n-k} \tag{3.7}$$

期望值和方差分别为：

$$E(\xi) = n \cdot P, Var(\xi) = n \cdot P(1 - P) \tag{3.8}$$

(3)泊松分布

当试验次数 n 很大时，用二项分布计算事件发生的概率是很麻烦的，对这种情形可用泊松分布来作近似计算。事实上，当 P 较小时，甚至不必 n 很大，这种近似计算的效果也非常好。

随机变量 ξ 服从泊松分布，则其概率为：

$$P(\xi = k) = \lambda^{k}e^{-\lambda}/k! \tag{3.9}$$

期望值和方差分别为：

$$E(\xi) = \lambda, Var(\xi) = \lambda \tag{3.10}$$

3.3.3 风险衡量的内容

在已有的损失资料的基础上，衡量风险主要应做好两方面的工作：一是衡量损失将发生的次数，即损失频率；二是衡量损失程度。风险管理人员需要损失频率和损失程度这两方面的资料来衡量风险的严重程度。风险的严重性主要与损失程度有关。例如工程完全毁损虽然只有一次，但这一次足可造成致命损伤；而局部塌方虽有多次或发生较为频繁，却不致使工程全部毁损。一般而言，衡量风险要同时考虑风险的损失频率和损失程度。但风险的严重性排列顺序主要是以损失程度为依据。例如，即使汽车碰撞发生次数大于因碰撞所致责任诉讼发生的次数，但因责任诉讼所致潜在的损失往往大于汽车因碰撞所致的潜在损失，故汽车责任风险的严重性高于其财产风险。对某一风险所致的损失程度，风险管理人员也可根据损失超过某一特定金额来决定其严重程度。例如，对汽车碰撞损失小于 1000 元者归为第一类，损失超过 1000 元的为第二类，显然第二类的损失严重程度要大，虽然第二类损失发生的频率低于第一类发生的频率。

1.损失频率的衡量

在衡量损失频率时一般要考虑三项因素：风险单位数、损失的形态和损失原因。这三项因素的不同组合会使相对应的损失频率高低也不同。下面举例说明风险单位、损失形态、损失原因的不同组合的损失频率的衡量。

1)一个风险单位遭受单一损失原因所导致单一损失形态的损失频率。例如，衡量一幢建筑遭受火灾所致财产直接损失的损失频率。这是损失频率衡量中最简单的一种情况。

2)一个风险单位遭受多种损失原因所致单一损失形态的损失频率。例如，衡量一幢建筑物同时遭受地震、火灾所致财产直接损失的损失频率。如果该幢建筑物遭受火灾所致财产直接损失频率为 1/20，遭受地震所致财产直接损失的损失频率为 1/50，则该建筑物同时遭受地震、火灾所致财产损失的概率为 $1/20 \times 1/50$，即 0.001。

3)一个风险单位遭受单一损失原因所致多种损失形态的损失频率。例如，衡量一幢建筑物遭受火灾所致财产损失、责任损失和人员损失的损失频率。这种损失频率低于一个风险单位遭受单一损失原因所致单一损失形态的损失频率。

4)多个风险单位遭受单一损失原因所致单一损失形态的损失频率。例如，某一公司有 8

辆汽车，这 8 辆汽车是相对独立的，每辆车发生碰撞所导致财产直接损失的频率为 1/10，则 8 辆车中有 2 辆发生碰撞导致财产直接损失的频率为 $C_8^2\left(\frac{1}{10}\right)^2\left(\frac{9}{10}\right)^6$，或者 8 辆车中至少有 2 辆发生碰撞，导致财产直接损失的频率为 $1-C_8^1\left(\frac{1}{10}\right)^1\cdot\left(\frac{9}{10}\right)^7$。

5）多个风险单位遭受多种损失原因所致多种损失形态的损失频率，例如，某企业有 6 个仓库，要衡量 6 个仓库遭受火灾、爆炸、台风等损失原因所致财产直接损失、责任损失和人身伤亡的损失频率。

不论风险单位、损失原因和损失形态的组合如何，风险管理人员为了风险管理的目的可将损失频率分为四类：几乎不会发生，不太可能发生，频率适中，肯定发生。

2.损失程度的衡量

前面提到，衡量风险要同时考虑所致的损失频率的损失程度，但考虑一个风险的严重性时一般以损失程度为合理依据。因此，对损失程度的衡量在风险管理中是极为重要的。

在衡量损失程度时需要考虑下面三个方面的问题：

第一，同一损失原因所致的各种损失形态。不仅要考虑损失原因所致的直接损失，而且也要考虑其相关的间接损失，通常间接损失比直接损失更严重。

第二，一个损失原因所涉及的风险单位数。一个损失原因所涉及的风险单位数越多，其损失的严重程度就越大。

第三，考虑损失的时间性及损失金额。例如，在 20 年中，每年损失 1 万元，连续发生 20 年损失，与第一年一次就发生 20 万元的损失相比较，显然后者的严重程度大于前者。

衡量损失程度的概念相当多，尤其是近期提出的许多新概念。理查德·普鲁堤（Richard Pronty）提出了三种衡量损失严重程度的概念：最大可能损失、最大可信损失以及年度预期损失。近来有些学者在理查德·普鲁堤的概念的基础上提出了修正和创新的概念。例如，阿兰·弗雷德兰（Alan Friedlander）提出衡量损失程度应考虑风险单位本身及外界的防护设施，不同防护设施下风险所致的最大损失是不会相同的。另一衡量损失程度的概念是由戴维·柯米斯（David Cummins）和雷纳德·弗雷费尔德（Leonard Frdifelder）提出的年度最大可信总损失。下面介绍这些衡量损失程度的概念和方法。

（1）最大可能损失

最大可有损失是指单一风险单位在企业生存期间在每一事件发生下所致最坏情况下的损失。这里需注意的是“每一事件的发生”强调的是发生的事实而不管该事件的发生是可预料的还是不可预料的，而意外事故的发生一定是不可预料的。最大可能损失是以企业生存期间为观察期所致最坏情况下的损失。例如，某企业拥有一幢建筑物价值 600 万元，那么其最大可能损失是 600 万元，因为在企业的生存期间，最坏的情况是某次事件导致该建筑物全损。

（2）最大可信损失

最大可信损失是指单一风险单位在每一事件发生下所遭受的可能最大损失。最大可信损失并不以企业生存期为观察期，其数值的大小不超过最大可能损失，并会因风险管理人员主观衡量不同而不同。例如，某企业拥有一幢价值 600 万元的建筑物，根据以往各年的统计资料，损失不超过 500 万元的概率为 95%，损失不超过 400 万元的概率为 90%。现在甲、乙、丙三个风险管理人员衡量该幢建筑物的最大可信损失，风险管理人员甲认为，损失不超过 500 万元的可能性高达 95%，损失超过 500 万元的机会相当小，因此甲认为最大可信损失为 500 万元。而风险管理人员乙认为损失不超过 400 万元。而风险管理人员丙认为，有可能发生大火导致建筑物的全损,因此丙认为最大可信损失为600万元。可见最大可信损失会因风险管理人员的主观衡量不同而不同。

(3)年度预期损失

年度预期损失是指在客观条件不变的情况下,经过长期观察的年度平均损失,它等于年平均事故发生与每次事故的平均损失金额的乘积。例如,在长期观察下,年平均事故发生次数为10次,每次事故的平均损失金额为1000元,则年度预期损失为1万元。

(4)考虑风险防护设施的损失程度的衡量

显然,在其他条件相同而防护设施不同的情形下,一次事件所造成的最大潜在损失是不会相同的。为此,阿兰·弗雷德兰提出每一幢建筑物发生一次火灾,其财产直接损失的程度可根据建筑物的火灾防护设施情况分成如下四种:

1)正常损失预期值。这是指建筑物在最佳防护系统下,一次火灾所致的最大损失。最佳防护系统是指当火灾发生时,建筑物本身和外部的消防系统和消防设施都能正常操作,且都能发挥预期功能。

2)可能最大损失。这是指建筑物本身和外部虽然都有良好的消防系统和消防设备,但当火灾发生时,本身或外部的消防设备部分失灵、部分供水不足或其他原因所致的无法发挥其预期功能,这种情况下所造成的最大损失称为可能最大损失。

3)最大可预期损失。这是指当火灾发生时,建筑物本身的消防设施无法发挥其预期功能,致使火势蔓延,直烧至防火墙才隔绝了火势,或将所有可燃物烧尽,或直至公共消防队赶到现场灭火为止,其所造成的最大损失称为最大可预期损失。

4)最大可能损失。这是指建筑物自有和外界的公共消防设施在火灾发生时均无法正常操作,而没有发挥其预期功能情况下的最大损失。

按照定义,上面四种损失中,正常损失预期值发生的概率最大,其次分别为可能最大损失、最大可预期损失、最大可能损失。而就企业损失金额而言,最大可能损失最大,其次分别为最大可预期损失、可能最大损失、正常损失预期值。因此,就损失的严重程度而言,最大可能损失对企业是最不利的。

(5)年度最大可信总损失

年度最大可信总损失是指在某一特定年度中,单一风险单位中多个风险单位遭受一种或多种事故所致的最大总损失。年度最大可信总损失与最大可信损失既有相同之处,也有不同的地方。其相同之处是两者所探讨的损失形态有多种,并且两者均因风险管理人员的主观衡量不同而不同。两者不同之处在于:年度最大可信总损失所观察的损失原因仅一种;年度最大可信总损失所探讨的风险单位可以是一个也可以是多个,而最大可信损失所探讨的风险单位仅一个;最大可信损失强调的是一个风险单位在每一事件中遭受的个别损失的严重程度,而年度最大可信总损失则是总损失的严重程度的概念。在衡量年度最大可信总损失时必须注意它与上年度预期总损失是不同的,年度预期损失是平均损失,它并不像年度最大可信总损失那样会因风险管理人员的主观衡量不同而不同。

3.概率分布在风险衡量中的应用

用概率分布来描述风险所致损失的分布情况,在风险管理上,三种概率分布是非常有用的。第一,每年总损失的金额概率分布;第二,每年损失次数的概率分布;第三,每次损失金额大小的概率分布。

(1)每年总损失金额

每年总损失金额的概率分布,表明企业第二年可能遭受的损失大小及其发生的概率。从每年总损失金额的概率分布,可分析出企业在遭受此损失原因时会出现哪些损失结果,企业风险管理人员可能关心损失大于或等于某一金额的损失,超过此金额的损失会给企业带来非常严重的影响,这样的损失称为巨灾损失。根据总损失金额的概率分布可衡量出巨额损失发生的概率并对将来的损失进行预测。

(2)每年损失发生的次数

从损失发生的次数的概率分布,可以衡量出损失发生 n 次以上或以下的概率,计算损失发生的期望次数,并对每年的损失发生次数进行预测。

(3)每次损失金额

根据每次损失金额的概率分布,可计算每次损失的期望值,并对每次损失金额进行预测。

3.3.4 效用和效用函数

有些风险事件后果,即收益和损失大小很难计算。即使能够计算出来,同一数额的收益或损失在不同人的心目中地位也不一样。为了反映决策者价值观念方面的差异,需要考虑效用和效用函数。

1.效用

在西方经济学以及日常生活中广泛使用效用的概念。效用与马克思主义经济学中的使用价值概念相似。效用就是当一种有形或无形的东西使个人的需要得到一定程度的满足或失去时,个人给予这个有形或无形的东西的评价。这个评价值就是这个有形或无形东西的效用值。人不同,评价也不同。因此,效用值是一个相对的概念。

2.效用函数

风险事件后果若能量化,则可换算成一定的金额,用变量 x 来表示。不同数额的收益或损失在同一个人的心目中有不同的效用值。因此效用值是收益或损失大小 x 的函数,叫效用函数,可用变量 $U(x)$来表示。但是效用值 $U(x)$并不与收益或损失成简单的线性关系。到底成何种关系,则因人而异。经济学家和管理人员将效用作为指标,衡量人们对风险以及其他事物的主观评价、态度、偏好和倾向等。在随机型决策中,效用被用来量化决策者对待风险的态度。由于效用值是相对的,所以一般可规定:决策者最愿意接受的收益对应的效用值为 1,而最不愿意接受的损失对应的效用值为 0。

3.效用曲线

在直角坐标系里,以横坐标表示收益或损失的大小、纵坐标表示效用函数值所得曲线叫做效用曲线。图 3.10 中画出了三类决策者的效用曲线,反映了他们对待风险的不同态度。一般可分为保守型、中间型和冒险型三种。具有中间型效用曲线的决策者对待风险后果的态度,即收益或损失的效用值是与收益或损失的大小成正比的。具有保守型效用曲线的决策者对待风险不利后果的态度是对损失的效用值特别敏感。也就是说,损失稍微增加一点儿,效用值就下降很多;相反,他对有利后果所抱的态度,即收益的效用

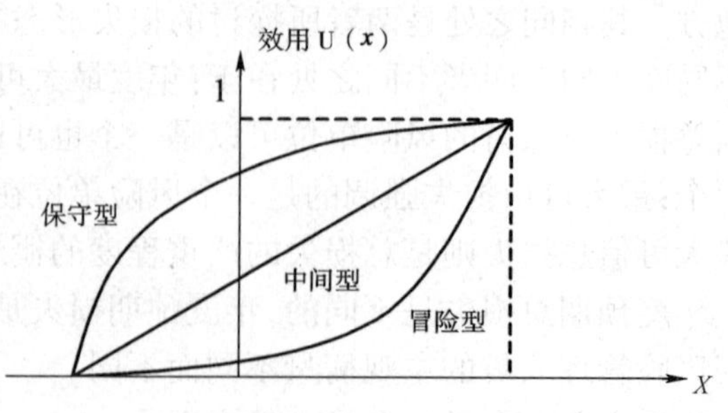

图 3.10 损益值

x-方案的期望收益值,表示风险事件后果(收益或损失)用金额量化;$U(x)$-方案的效用值,即出现收益值 x 时的概率如假定方案 A 获得 200 元的概率为 0.6,则 $U(200)=0.6$

值比较迟钝。也就是说,当收益增加很多时,效用值才增加一点儿。保守型的决策者难于接受风险的不利后果,对追求高的收益兴趣不大。具有冒险型效用曲线的决策者对待风险损失的效用值比较迟钝。也就是说,损失尽管已增加了很多,但效用值却减少不多;相反,他对待有利后果的态度,即收益的效用值特别敏感。也就是说,当收益仅仅增加一点儿时,效用值就增加了很多。冒险型的决策者可以接受风险的不利后果,愿意追求高的收益。

效用、效用函数和效用曲线在情报价值的计算中考虑决策者的主观因素时很有用。不同的人有不同的效用曲线。

3.3.5 确定型风险衡量

风险衡量就是为风险决策作出选择,根据决策的性质不同,把风险衡量分为两类:确定型风险衡量和非确定型风险衡量,非确定型风险衡量又包括不确定型和随机型风险衡量。

假定项目各种状态出现的概率为1,只计算和比较各种方案在不同状态下的后果,进而选择出风险不利后果最小、有利后果最大的方案的过程可称为确定型风险衡量。确定型风险衡量是指具备四个条件的风险:

1)存在决策者希望达到的一个明确目标,如利润最大,或亏损最小;

2)只存在一个确定的自然状态;

3)存在着可供决策者选择的两个或两个以上的行动方案;

4)不同的行动方案在确定状态下的损益值可以计算出来。

其中有些也用于项目管理其他方面,例如项目经济评价使用的盈亏平衡分析、敏感性分析和组合分析。

1.盈亏平衡分析

盈亏平衡分析研究项目产品或服务数量、成本和利润三者之间的关系,以收益与成本平衡,即利润为零时的情况为基础,测算项目的生产负荷状况,计量项目的风险承受能力。盈亏平衡点越低,表明项目适应市场变化的能力越强,承受风险的能力越大。

设项目正常运转时每年向市场提供产品或服务的数量为 Q,单价为 p,单位成本(变动成本)为 w,税率为 r,年固定成本为 F。于是

项目年总收入为 $$T_r = pQ \tag{3.11}$$

年总成本为 $$T_c = wQ + rQ + F \tag{3.12}$$

年总利润为 $$P = T_r - T_c = pQ - wQ - rQ - F = (p - w - r)Q - F \tag{3.13}$$

(1)盈亏平衡点

年总利润 P 等于零,即 $T_r = T_c$ 时的产品或服务的数量 Q,单价 p,变动成本 w,税率 r,年固定成本 F 称为盈亏平衡点或盈亏界限。这样,可以有五种盈亏平衡点或盈亏界限。这里只讨论产量盈亏界限。产量盈亏界限为

$$Q_b = F/(p - w - r) \tag{3.14}$$

项目年总收入 T_r 和年总成本 T_c 同产量的关系以及产量盈亏界限 Q_b 表示在图3.11中。

从图中可以看出,当实际年产量达到盈亏界限时,项目不会亏损;超过产量盈亏界限时,项目就能盈利;而达不到产量盈亏界限时,项目就要亏损。从风险管理的角度,项目管理班子要设法确保项目的产出达到甚至超过产量盈亏界限。

(2)生产负荷率

设项目的年设计产出能力为 Q_t,则比值为

$$BEP(Q) = Q_b/Q_t \tag{3.15}$$

该比值叫做项目的生产负荷率。生产负荷率是衡量项目生产负荷状况的重要指标。在项目的多种方案比较中，生产负荷率越低越好。一般认为，当生产负荷率不超过 0.7 时，项目可承受较大风险。

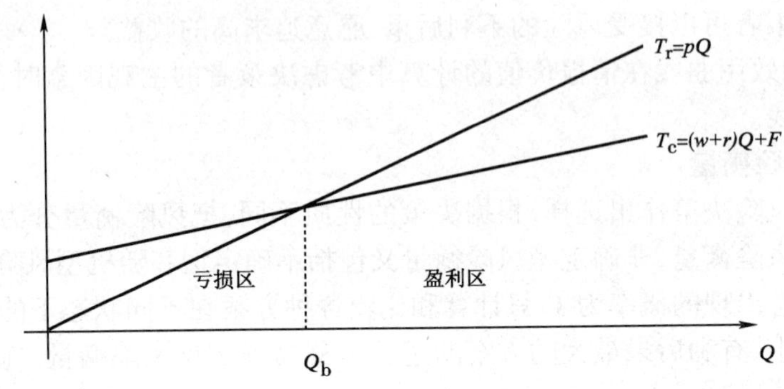

图 3.11　T_r 和 T_c 同产量的关系以及产量盈亏界限 Q_b

盈亏平衡分析中，项目年总收入和年总成本都是产量 Q 的线性函数，所以又叫线性盈亏平衡分析。有些项目年总收入和年总成本可以是产量 Q 的非线性函数，这时盈亏平衡分析叫非线性盈亏平衡分析。

2.敏感性分析

敏感性分析是通过研究项目主要不确定因素发生变化时，项目经济效果指标发生的相应变化，找出项目的敏感因素，确定其敏感程度，并分析该因素达到临界值时项目的承受能力。

通过敏感性分析，可以知道是否需要用其他方法做进一步的风险分析。如果敏感性分析表明，项目变数、前提或假设即使发生很大的变动，项目的性能都不会出现太大的变化，那么就没有必要进行费时、费力、代价高昂的概率分析。

敏感性分析只研究一个变数、前提或假设发生变动，而其他变数、前提或假设不变时项目性能的变化。

3.组合分析

敏感性分析一次只让一个变数变动，但实际情况一般是几个变数同时变动，为了反映这种现实，可以让几个变数同时变动，各变数的变动幅度可以取不同的组合，然后计算它们共同变动时项目性能的变化，这种做法叫做组合分析。不难想象，如果项目变数多，则组合方式将数不胜数。在实际应用时，可以根据经验，选择有限的几种最不利组合进行计算。

盈亏平衡分析、敏感性分析和组合分析，都不考虑变数变动的概率。它们虽然能够回答哪些变数或假设对项目性能影响大，但不能回答哪些变数或假设最有可能发生变化以及变化的概率，这是它们在风险衡量方面的缺点。

3.3.6　非确定型风险衡量

现在考察“值不值得”为提高风险衡量的确定性而花钱买情报。情报就是为了明确风险事件发生的概率以及各种后果而收集的数据、资料以及其他信息。显然，情报掌握得越多、风险衡量的不确定性就越少。然而，为了掌握更多的情报，必须付出更大的代价。

1.随机型风险衡量

随机型风险衡量也叫风险型衡量或统计型衡量，它具备五个统计：

1)存在着决策者希望达到的目标；

2)存在着两个或两个以上的行动方案供决策者选择，通常最后只选一个方案；

3)存在着两个或两个以上的不以决策者的主观意志为转移的自然状态；

4)不同的行动方案在不同的自然状态下的相应损益值可以计算出来；

5)在几种不同的自然状态中究竟将出现哪知自然状态，决策者不能肯定，但是各种自然状态出现的概率，决策者可以预先估计或计算出来。

对于随机型风险衡量，有两种基本估计原则和两种衡量方法。

(1)最大可能原则

根据概率论的原理，一个事件出现的概率最大，发生的可能性就越大。基于这种原理，在随机型风险衡量中选择一个概率最大的自然状态进行决策，其他自然状态则不予理会。这样，随机型风险衡量实际上已转变为确定型风险衡量，这就是最大可能原则。实际上，确定型风险衡量是随机型风险衡量的特例，它只不过是把确定的自然状态看作必然事件，即其发生的概率为1，把其他自然状态看作不可能事件而其发生的概率为0的随机型风险衡量的特例。

如果在某一随机型风险衡量问题中，一种自然状态出现的概率比其他状态出现的概率大，而各种自然状态下损益值差别不很大，在这种情况下，最大可能原则是一个有效的决策准则。但如果有一个风险，其可能发生的自然状态出现的概率都很小，而且很接近，则不宜采用这种原则。

(2)期望值原则

期望值原则假定决策者是风险中性者，他仅根据损益的期望值的大小来衡量。如果衡量的目标是投资收益率最大化，那么可以把每个投资方案的期望收益率求出加以比较。收益率最高的方案便是最好的投资方案。

期望值原则是一种常用的衡量准则。

(3)贝叶斯后验概率法

在没有客观数据可用时，除了主观概率还有其他一些方法可以确定风险后果出现的概率，例如专家估计法。这些在没有历史数据可用时主观确定的概率，又称先验概率。主观概率背后总是隐藏着不确定性。要减少不确定性，就要收集资料；进行实验、建立数学模型、计算机模拟、进行市场调查、文献调查等。在获得了有关信息之后，可利用概率论中的贝叶斯公式来改善对风险后果出现概率的衡量。改善后的概率称为后验概率。

根据贝叶斯准则，事件 A 仅当事件 $B_1,B_2,\cdots,B_n$ 中任一事件出现时才可能出现，如果事件组 $B_1,B_2,\cdots,B_n$ 为完备事件组，即满足：(1) $B_1,B_2,\cdots,B_n$ 互不相容，且 $P(B_i)>0(i=1,2,\cdots,n)$；(2) $U=B_1+B_2+\cdots+B_n$(完全性)，则对任一事件 A 有：$A=AU=A(B_1+B_2+\cdots+B_n)=AB_1+AB_2+\cdots+AB_n$，由此得事件 A 的概率为

$$P(A)=P(AB_1)+P(AB_2)+\cdots+P(AB_n)=\sum_{i=1}^{n}P(B_i)P(A\mid B_i) \tag{3.16}$$

上式称为全概率公式，由概率乘法 $P(A|B_i)=P(A)P(B_i|A)=P(B_i)P(A|B_i)$ 得到 $P(B_i|A)=[P(B_i)P(A|B_i)]/P(A)$，再由全概率公式可得出：

$$P(B_i|A)=P(B_i)P(A|B_i)/[\sum_{i=1}^{n}P(B_i)P(A|B_i)] \tag{3.17}$$

上式即为贝叶斯公式，右端的 $P(B_i)$ 为前验概率，左端的 $P(B_i|A)$ 表示事件 B_i 在事件 A 发生条件下的条件概率，即后验概率，即后验后果 B_i 出现的后验概率。

实践证明，相关信息的确可减少不确定性，改善对风险概率的衡量，使主观概率更接近客

观实际。贝叶斯公式还可以用来计算情报的价值。

2.不确定型风险衡量

著名的经济学家弗兰克·奈特认为,当各种可能出现的自然状态的概率可以估计时,这种风险估计称为随机型风险估计;而当可能出现的自然状态的概率无法确定时,这种估计称为不确定型估计。这就意味着随机型风险衡量中的第五个条件对不确定型风险衡量来说不具备。在这种情况下,衡量准则显得非常重要,不同的决策者可能偏好不同的衡量准则,而不同的衡量准则有可能导致不同的评价结果。常用的不确定型衡量准则有五种。

下面用同一案例说明这五种不确定型风险衡量准则。

假如某面包店每天面包的需求量可能是100个、150个、200个、250个和300个中间的某一数量,但其概率分布无法知道。假如一个面包当天没有卖掉,只能在当天结束时以15分钱处理掉,新鲜面包每个售价49分,每个面包的成本是25分,假如进货量定为以上5种需求量中的一个,现在需要确定面包店的进货量。这里定义价格减去成本为损益值,估计的目标是使损益值最大。当实际需求量不小于进货量时,所有的进货都能出售,每个面包能获得24分的损益,而当实际需求量小于进货量时,出售的面包每个能获得24分的损益,而未能出售的面包每个获得-10分的损益,对每种进货量及其不同需求状态进行计算,可能损益值如表3.5所示。

损 益 值

表3.5

需求量 / 进货量	Q_1 (100)	Q_2 (150)	Q_3 (200)	Q_4 (250)	Q_5 (300)
A_1(100)	2400	2400	2400	2400	2400
A_2(150)	1900	3600	3600	3600	3600
A_3(200)	1400	3100	4800	4800	4800
A_4(250)	900	2600	4300	6000	6000
A_5(300)	400	2100	3800	5500	7200

(1)拉普拉斯(Laplace)原则

当决策者无法确定每一种需求量出现的概率时,采用对所有自然状态一视同仁的态度,即认为所有自然状态出现的概率是相同的。这种由法国数学家拉普拉斯首先提出的衡量准则又称为等可能性准则。根据这一准则,5种需求量出现的概率均为0.2,这样,每一种进货量的期望损益值分别为:2400、3260、3780、3960、3800。从每一种进货量的期望损益值看,每天进250个面包(A_4)是最合理的方案。

(2)小中取大原则

又称悲观原则、华尔德(Wald)准则。它是一种悲观、保守的估计态度。根据这个原则,决策者总是考虑每个行动方案中最悲观的结果,并在所有最悲观的结果中选择一个损益值最大的方案作为最合理的方案,所以该原则又称最大最小原则。该原则先在各方案的损害值中找出最小的,然后在各方案最小损害值中找出损益值最大者对应的那个方案。

仍以上述面包店为例,考虑每一种进货方案的最小损益值,分别是2400、1900、1400、900、400,其中最大的损益值为2400,与之相应的最合理的行动方案是进货量为100个面包。

(3)大中取大原则

又称乐观原则。这个方法是先在各方案损益值中找出最大的,然后在各最大损益值中找出最大者对应的那个方案。应用乐观原则是冒很大风险的,要十分慎重。一般只有在没有损失或损失不大时或者有十分把握时才可采用。

在乐观原则基础上改进，可得到乐观系数原则，即赫威斯(Hurwicz)原则。这个准则的特点是对客观条件估计既不那么乐观，也不那么悲观，而是用一个系数平衡一下，表示乐观程度的系数则称为乐观系数。通常乐观系数 α 用一个介于 0 和 1 之间的系数表示。乐观系数法用乐观系数乘以最乐观的损益值，再加上用 $(1-\alpha)$ 乘以最悲观的损益值，其和为这个方案的损益值，最大者为最合理的方案。

如果乐观系数改变，则衡量结果完全可能改变，这就意味着根据乐观系数原则进行衡量的结果取决于乐观系数的大小。

(4)遗憾原则

又称最小后悔原则、萨万奇(Savage)准则。

决策者在制定决策后，若事实未能符合理想状态，必将有后悔的感觉，这个准则的实质是后悔最小的方案为最合理的方案。这个准则进行决策，首先要求出每个方案在每种自然状态下的后悔值，后悔值为每种状态的最高值与其他值之差。

例如，当实际市场需求量只有 100 个面包时，当进货量为 100 时，决策者就不会后悔，即后悔值为 0；当进货量为 150 个时，决策者将后悔，后悔值为两者损益值之差，即 500；当进货量为 200 个时决策者也后悔，后悔值 1000。其他后悔值依次类推，每个方案最大的后悔值中最小的后悔值所对应的方案，就是该准则下最合理的方案。

(5)最大数学期望原则

首先计算出各方案的所有后果的数学期望，然后挑出其中的最大者。数学期望最大者对应的那个方案就是最合理的方案，从表 3.5 可知，在最大数学期望原则下，最合理方案是最大期望值 7200 对应的 A_5。

思 考 题

1.风险辨识过程分哪几个步骤？

2.衡量风险损失时应考虑哪些概率分布？

3.说明风险因素预先分析法的四个步骤。

4.如何通过保险调查法、保单对照法和财务报表分析法来识别风险？

5.说明风险衡量的理论基础。

6.简述损失概率的时间说和空间说。

7.简述损失幅度一般衡量的几种方法间的区别和联系。

第4章 风险评价

本章提要：本章首先介绍了风险评价的步骤、作用、目的及其评价的基准。风险评价的方法分为定性方法与定量方法，本章主要介绍了定性分析方法中的主观评分法和层次分析法，定量分析方法中的等风险图法，决策树法，网络模型法及蒙特卡罗模拟方法，并举例说明其方法过程。

4.1 风险评价的目的与评价基准

4.1.1 风险评价的目的

1.风险评价的步骤

系统而全面地识别工程风险只是风险管理的第一步，对认识的工程风险还要作进一步的分析，也就是风险评价。风险评价可以采用定性和定量两大类方法。定性风险评价方法有专家打分法、层次分析法等，其作用在于区分出不同风险的相对严重程度以及根据预先确定的可接受的风险水平作出相应的决策。定量风险评价方法也有许多种，如等风险图法、决策树法、模糊数学法、网络模型法。

风险评价的步骤为：

1)确定风险评价基准。风险评价基准就是项目主体针对每一种风险后果确定的可接受水平。单个风险和整体风险都要确定评价基准，可分别称为单个评价基准和整体评价基准。风险的可接受水平可以是绝对的，也可以是相对的。

2)确定项目整体风险水平。项目整体风险水平是综合了所有的个别风险之后确定的。

3)将单个风险与单个评价基准、项目整体风险水平与整体评价基准对比，看一看项目风险是否在可接受的范围之内，进而确定该项目应该就此止步呢，还是继续进行。

2.风险评价的作用

风险评价的作用主要体现在：

一是更准确地认识风险。风险识别的作用仅仅在于找出工程所有可能面临的风险因素和风险事件，其对风险的认识还是相当肤浅的。通过风险评价，可以确定工程各种风险因素和风险事件发生的概率大小或概率分布，及其发生后对工程目标影响的严重程度或损失严重程度。其中，损失严重程度又可以从两个不同的方面来反映：一方面是不同风险的相对严重程度，据此可以区分主要风险和次要风险；另一方面是各种风险的绝对严重程度，据此可以了解各种风险所造成的损失后果。

二是保证目标规划的合理性和计划的可行性。在工程目标规划的内容中，工程数据库对目标规划的作用很大。工程数据库中的数据都是历史数据，是包含了各种风险用于工程实施全过程的实际结果。但是，工程数据库中通常没有具体反映工程风险的信息，充其量只有关于重大工程风险的简单说明。也就是说，工程数据库只能反映各种风险综合作用的结果，而不能反映各种风险各自作用的后果。由于工程风险的个别性,只有对特定工程的风险进行定量评价,才能正确反映各种风险对工程目标的不同影响,才能使目标规划的结果更合理、更可靠,使在此基础上制定的计划具有现实的可行性。

三是合理选择风险对策,形成最佳风险对策组合。不同风险对策的适用对象各不相同。风险对策的适用性需从效果和代价两个方面考虑。风险对策的效果表现在降低风险发生概率和降低损失严重程度,有些风险对策在这一点上较难准确地量度。风险对策一般都要付出一定的代价,如采取损失控制的措施费,投保工程险时的保险费等,这些代价一般都可以准确地量度。而风险评价的结果是各种风险的发生概率及其损失严重程度。因此,在选择风险对策时,应将不同风险对策的适用性与不同风险的后果结合起来考虑,对不同的风险选择最适宜的风险对策,从而形成最佳的风险对策组合。

3.风险评价的目的

风险评价的目的可归纳为:

1)对项目诸风险进行比较和评价,确定它们的先后顺序。图 4.1 是两个风险不确定性和后果大小的评价。风险管理阶段需要知道各个风险的先后顺序。

2)表面上看起来不相干的多个风险事件常常是由一个共同的风险来源所造成。例如,若遇上未曾预料到的技术难题,则项目会造成费用超支、进度拖延、产品质量不合要求等多种后果。风险评价就是要从项目整体出发,弄清各风险事件之间确切的因果关系,只有这样,才能制订出系统的风险管理计划。

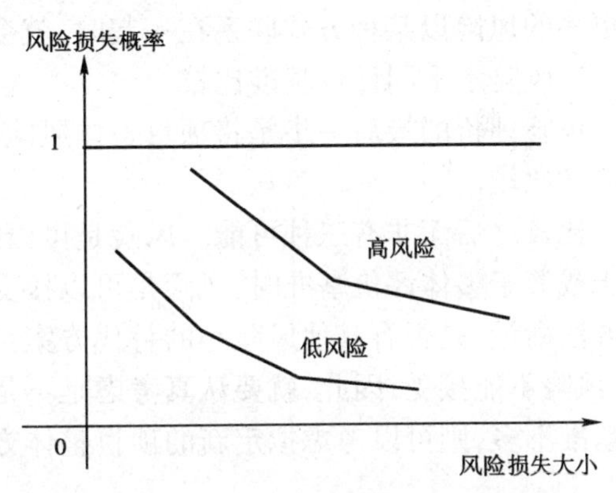

图 4.1　风险评价

3)考虑各种不同风险之间相互转化的条件,研究如何才能化威胁为机会。还要注意,原以为是机会的在什么条件下会转化为威胁。

4)进一步量化已识别风险的发生概率和后果,减少风险发生概率和后果估计中的不确定性。必要时根据项目形势的变化重新分析风险发生的概率和可能的后果。

4.1.2　评价基准

1.评价基准

大多数情况下,项目达到了事先设定的目标,就可以认为项目成功。

项目目标多种多样,例如:工期最短、利润最大、成本最小、风险损失最少、销售量最大、周期波动最小、树立最好的形象、使服务质量达到最好、使公司的威信达到最高、员工最大程度的满意、生命和财产损失最低等。

以上各目标多数可以计量,可以选作评价基准。如"销售量最大"可以把某个销售收入金额或产品的某个售出数目定做评价基准。又如"使公司的威信达到最高"的量化,可以把公司在报刊杂志上被提到的某个具体次数定做评价基准。

美国航空航天局制定了一套相应风险评价基准。根据这套相对风险评价基准计量航天飞机研制和发射的风险。

该套相对风险评价基准显示出,研制开始阶段的风险水平要比发射时可接受的水平高,虽然研制开始分阶段的风险水平虽然很高,但是研制人员相信,它一定会随着研制工业的进行而减小。只要坚信成功的概率一定会随着研究工作的开展而增加,则研制开始时40%的成功概率,60%的失败概率就能够让决策者下决心把这个项目干下去。

2.整体风险水平

确定了风险评价基准之后,下一步就要确定项目整体风险水平。为此,有必要弄清各单个风险之间的关系、相互作用以及转化因素对这些相互作用的影响。

风险的可预见性、发生概率和后果大小三个方面可以多方式组合,使项目的整体风险评价变得十分复杂。帕托二八原理表明,20%的风险构成了对项目严重威胁的80%。一般情况下,项目面临的各种风险的严重性和发生频率都呈现这种分布规律,即后果严重的风险出现的机会少,可预见性低;出现机会多的风险,后果不严重,可预见性也相当高。项目的所有风险中只有一小部分对项目威胁最大,才会造成项目停顿。但是,如果一种风险虽然可预见性很高,但损失或损害后果却相当严重,那么我们就必须要考虑其中是否有风险的耦合作用。当两个或更多的风险以某种方式联系在一起时,就会发生耦合作用。

3.风险水平同评价基准比较

风险评价的最后一步是将项目整体风险水平同整体评价基准、各单个风险水平同单个评价基准比较。

比较之后无非有三种可能。风险是可以接受的、不能接受和不可行的。当项目整体风险小于或等于整体评价基准时,风险是可以接受的,项目可以按计划继续进行成本效益分析或其他方法衡量,是否有其他风险小的替代方案可用。当项目整体风险比整体评价基准大出很多时,风险不能接受,因此,就要认真考虑是不是放弃这个项目。如果项目整体风险大出整体评价基准不多,则可以考虑拟定新的项目整体方案。

4.2 定性风险评价方法

4.2.1 主观评分法

风险评价方法有定性和定量两类。最简单的定性风险评价方法莫过于在项目的所有风险中找出后果最严重,判断这最严重的后果是否低于项目整体评价基准。例如从经济风险的角度,看一个投资项目失败时所造成的损失是否低于30万人民币。这种方法用不着收集很多资料,也用不着估算风险发生的概率,是一种最简单,最保守的方法。这种方法可以确定一个风险可以接受的水平上限。此法实际上是假定最严重的风险存在于整个项目期间,忽略了时间因素。再者,此法太绝对,其结论要么是项目干下去,要么是不干。否认了进行风险管理的必要性。

对上述方法略加改善,就可以得到另外一种方法。该法利用风险识别时加工过的信息和资料把那些引起大麻烦、须时时当心的风险找出来,被视为最重要的放在前面,对照风险评价基准,把未达到评价基准的删除掉。使用该法时要注意:不能以为未列出来的风险就不会对项目整体风险评价产生重大影响;要留意风险的耦合作用,耦合作用往往掩盖了风险之间的真实关系;列出的风险及其优先顺序只是暂时的情况,它们的内容和顺序随时都会发生变化。

主观评分法以上述两种方法为基础,为每一单个风险赋予一个权值,例如从0到10之间的一个数。0代表没有风险,10代表风险最大。然后把各个风险的权值加起来,再同风险评价基准进行比较。

例4.1 某项目要经过5项工作。表4.1的横向是项目识别出来的前5个风险,表的竖向是项目的5项工作。假定项目整体评价基准为0.6。

权值分析的主观评分法　　表4.1

风险类型 / 项目工作	费用风险	工期风险	质量风险	组织风险	技术风险	工作风险权值和
可行性研究	5	6	3	8	7	29
设计	4	5	7	2	8	26
试验	6	3	2	3	8	22
安装	9	7	5	2	2	25
试运行	2	2	3	1	4	12

表中的最大风险权值是9,因此,最大风险权值和=行数×列数×表中最大风险权值=5×5×9=225。各工作风险权值和=29+26+22+25+12=114,该项目整体风险水平=114/225=0.5067。将此结果与事先给定的整体评价基准0.6比较后可知,该项目整体风险水平可以接受,可以进行下去。

4.2.2 层次分析法

主观评分法容易使用,其用途大小则取决于填入表中数值的准确性。而且主观评分法也存在上述两种方法的问题。但不管怎样,主观评分法允许同时考虑诸多因素,允许提出更多的问题进行分析。

在工程风险分析中,层次分析法(AHP)提供了一种灵活的、易于理解的工程风险评价方法。一般都是在工程项目投标阶段使用AHP来评价工程风险。它使风险管理者能对拟建项目的风险情况有一个全面认识,判断出工程项目的风险程度。

应用AHP方法进行风险分析的过程如图4.2,共有八个步骤:

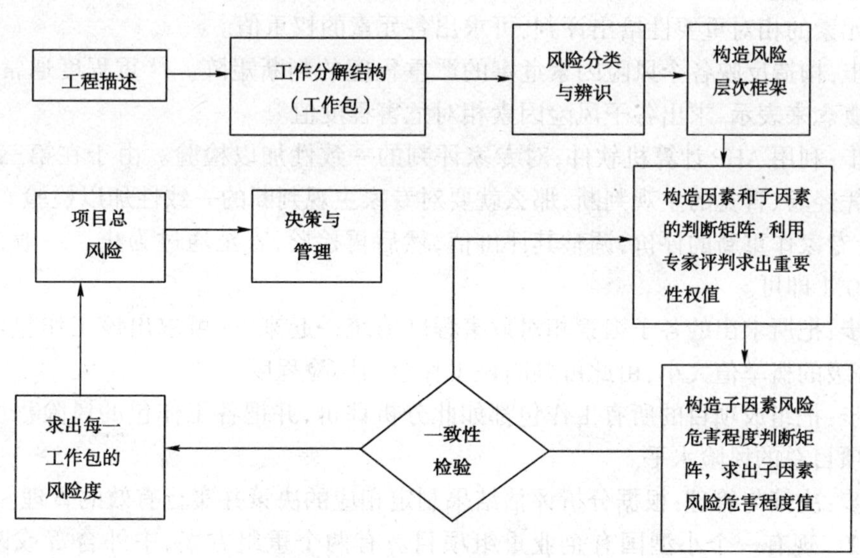

图4.2　AHP法风险分解过程

第一步:通过工作分解结构(WBS),即工作相似性原则把整个项目分解成可管理的工作包,然后对每一工作包进行风险分析。

第二步：首先，对每一个特定的工作包进行风险分类和辨识，常用的方法是专家调查法，如德尔裴法(Delpi)；然后，构造出该工作包的风险框架图，如图4.3所示。

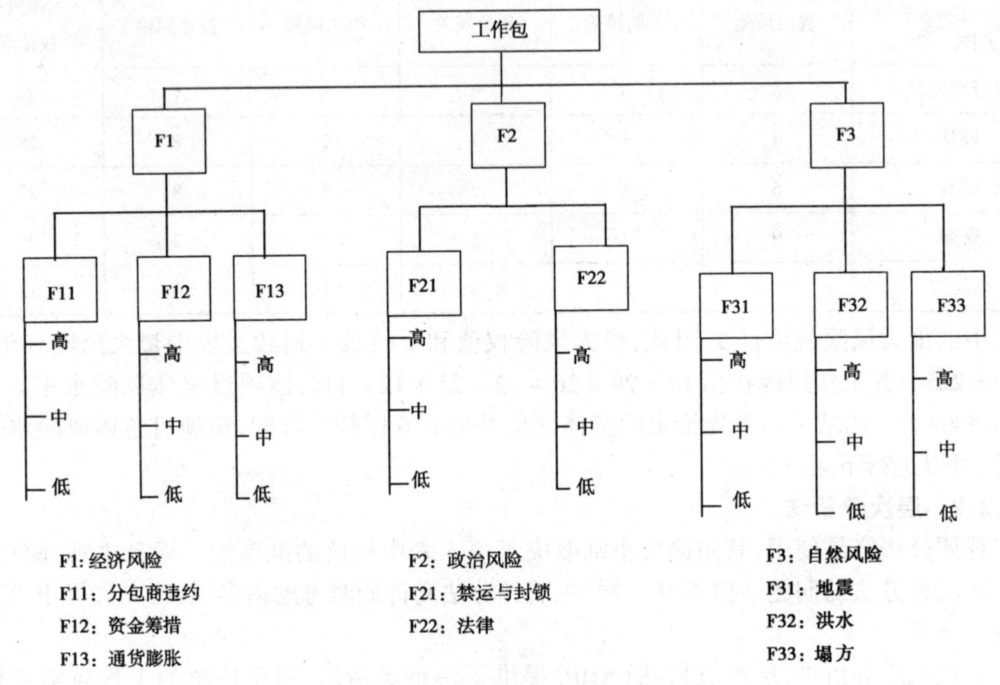

图4.3 AHP法风险分析框架

第三步：构造因素和子因素的判断矩阵，请专家按照表4.2所示的规则对因素层和子因素层间各元素的相对重要性给出评判，可求出各元素的权重值。

第四步：构造反映各个风险因素危害的严重程度的判断矩阵。严重程度通常用高、中、低风险三个概念来表示，求出各子风险因素相对危害程度值。

第五步：利用AHP计算机软件，对专家评判的一致性加以检验。由于在第三、四步中，均采用专家凭经验、直觉的主观判断，那么就要对专家主观判断的一致性加以检验。如检验不通过，就要让专家作重新的评价，调整其评价值，然后再检验，直至通过为止。一般，一致性检验率不超过0.1即可。

第六步：把所求出的各子因素相对危害程度值统一起来，就可求出该工作包风险处于高、中、低各等级的概率值大小，由此可判断该工作包的风险程度。

第七步：把组成项目的所有工作包都如此分析评价，并把各工作包的风险程度统一起来，就可得出项目总的风险水平。

第八步：决策与管理：根据分析评估结果制定相应的决策并实行有效的管理。

例4.2 现有一个小型国有企业重组项目。有两个重组方案，中外合资或改成股份制。该项目识别出三个风险：经济风险、技术风险和社会风险。经济风险主要指国有资产流失；技术风险指企业重组后生产新产品，技术上的把握性；社会风险指原来的在职和退休职工的安排问题等。现在要求企业决策者回答问题是，哪一个重组方案的风险较大？

本例中的三种风险，不易量化。此外，要确定两个方案应避免哪一个，不能只考虑一种，三种都要考虑。

(1)层次结构模型

层次分析法处理问题的步骤是,先确定评价的目标,再明确方案评价的准则,然后把目标、评价准则连同运行方案处于不同的层次,彼此之间有无关系用线段表示。评价准则可以细分为多层。本例的层次结构模型见图 4.4。

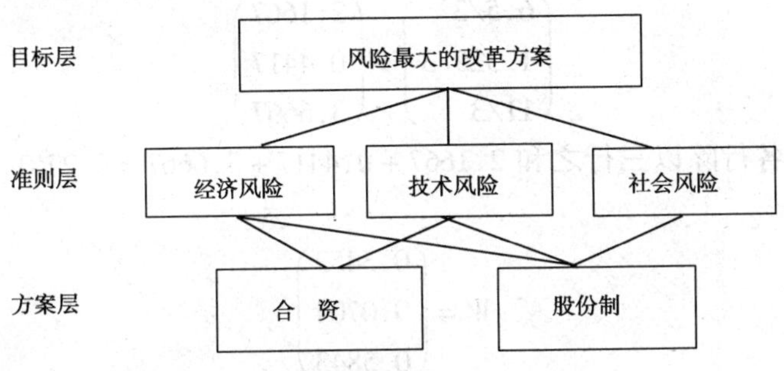

图 4.4　企业重组方案风险评价

(2)因素两两比较的标度

层次结构模型做出之后,评价者根据自己的知识、经验和判断,从第一个准则层开始向下,逐步确定各层诸因素相对于上一层各因素的重要性权数。层次分析法使用两两比较的方法,两两比较,孰轻孰重以表 4.2 中的标度表示。

评　判　准　则　　　　表 4.2

标度 a_{ij}	定　义	标度 a_{ij}	定　义
1	i 因素与 j 同样重要	9	i 因素比 j 因素重要得很多
3	i 因素比 j 因素略重要	2,4,6,8	i 与 j 两因素重要性比较结果处于以上结果的中间
5	i 因素比 j 较重要	偶数	i 与 j 两因素重要性比较结果是 i 与 j 两因素重要性比较结果的倒数
7	i 因素比 j 因素重要得多		

(3)判断矩阵

有了两两比较,孰轻孰重的标度,就可以具体地确定各层不同因素的重要性权数。先看评价准则层。该层有经济风险、技术风险和社会风险三个因素,评价者从评价目标“风险最大的重组方案”的角度,将这三个因素的重要性两两相比,得到的结果写在下面判断矩阵 A 中:

$$A=\begin{pmatrix}1 & 5 & 1/2\\ 1/5 & 1 & 1/8\\ 2 & 8 & 1\end{pmatrix}$$

再看方案层。该层有两个因素,合资和实行股份制。评价者分别从“经济风险”、“技术风险”和“社会风险”的角度,将这两个因素的重要性两两相比,得到的结果写在下面三个的判断矩阵 A_1、A_2 和 A_3 中:

$$A_1=\begin{pmatrix}1 & 4\\ 1/4 & 1\end{pmatrix},A_2=\begin{pmatrix}1 & 1/5\\ 5 & 1\end{pmatrix},A_3=\begin{pmatrix}1 & 5\\ 1/5 & 1\end{pmatrix}$$

(4)判断矩阵特征向量的计算

判断矩阵写出后,就要计算判断矩阵的特征向量。A、A_1、A_2、A_3 的特征向量分别用 W、W_1、W_2,W_3 表示。下面以 W 为例介绍特征向量的一种计算方法。

1)计算 A 的各行之和。

$$\begin{pmatrix} 1+5+1/2=13/2 \\ 1/5+1+1/8=53/40 \\ 2+8+1=11 \end{pmatrix}=\begin{pmatrix} 6.5 \\ 1.325 \\ 11 \end{pmatrix}$$

2)计算各行的平均值,因为 A 有 3 列,所以求平均值时用 3 除。

$$\begin{pmatrix} 6.5/3 \\ 1.325/3 \\ 11/3 \end{pmatrix}=\begin{pmatrix} 2.1667 \\ 0.4417 \\ 3.6667 \end{pmatrix}$$

3)标准化,即将各行除以三行之和 $2.1667+0.4417+3.6667=6.2751$,于是得到 A 的特征向量:

$$W=\begin{pmatrix} 0.3453 \\ 0.0704 \\ 0.5843 \end{pmatrix}$$

特征向量 W 中的三个数可知,从评价目标“风险最大的重组方案”的角度,社会风险最重要,经济风险次之,技术风险第三。另外,这三个因素之间的差异在 W 中也是一目了然。

至于 A_1、A_2 和 A_3 的特征向量 W_1、W_2 和 W_3,按照上面同样的三个步骤,计算结果如下:

$$W_1=\begin{pmatrix} 0.8 \\ 0.2 \end{pmatrix},W_2=\begin{pmatrix} 0.1667 \\ 0.8333 \end{pmatrix},W_3=\begin{pmatrix} 0.8333 \\ 0.1667 \end{pmatrix}$$

W_1 中的两个数可知,从“经济风险”的角度,“合资”方案比“实行股份制”风险大。W_2 表明,从“技术风险”的角度,“合资”方案比“实行股份制”风险小。W_3 表明,从“社会风险”的角度,“合资”方案比“实行股份制”风险大。

(5)综合矩阵

特征向量 W_1、W_2 和 W_3 分别从“经济风险”、“技术风险”和“社会风险”的角度比较了合资和实行股份制两个方案。那么,从评价目标“风险最大的重组方案”的角度来看,这两个方案哪个风险大呢?为了回答这个问题,我们先用特征向量 W_1、W_2 和 W_3 构造一个所谓“综合矩阵” C,即

$$C=(W_1,W_2,W_3)=\begin{pmatrix} 0.8 & 0.1667 & 0.8333 \\ 0.2 & 0.8333 & 0.1667 \end{pmatrix}$$

然后,用矩阵 C 乘以特征向量 W,得到一个新向量 W_f,即

$$W_f=CW=\begin{pmatrix} 0.8 & 0.1667 & 0.8333 \\ 0.2 & 0.8333 & 0.1667 \end{pmatrix}\begin{pmatrix} 0.3453 \\ 0.0704 \\ 0.5843 \end{pmatrix}=\begin{pmatrix} 0.7749 \\ 0.2191 \end{pmatrix}$$

向量 W_f 表明,从评价目标“风险最大的重组方案”的整体角度,即综合了“经济风险”、“技术风险”和“社会风险”三个方面之后,“合资”方案比“实行股份制”风险大。

(6)判断矩阵的一致性检验

由于层次分析法用的是两两比较法,所以会出现判断不一致的情况。

何为不一致?现举一例。三个对象,甲、乙、丙。经过两两比较,很可能有人会得出如下结果:甲比乙好,乙比丙好,丙比甲好。这就是判断的不一致。根据判断不一致的判断矩阵算出来的特征向量,会使人得出错误的结论。因此,需要对判断矩阵进行判断一致性检查。为此,计算一致性指标 C_I,其定义是

$$C_I = \frac{\lambda_{max} - n}{n - 1}$$

式中：n——判断矩阵的阶数；

λ_{max}——判断矩阵的最大特征值。

然后，从表4.3查取随机性指标 C_R，并计算比值 C_I/C_R，当 $C_I/C_R < 0.1$ 时，可认为判断矩阵的一致性达到了要求。否则，需要重新进行判断，写出新的判断矩阵。

随机性指标 C_R 数值 表4.3

n	1	2	3	4	5	6	7	8	9	10	11
C_R	0	0	0.58	0.9	1.12	1.24	1.32	1.41	1.45	1.49	1.51

计算 λ_{max} 的方法如下：

1）计算向量 A_ω。

$$A_\omega = AW$$

2）计算 λ_{max}。

$$\lambda_{max} = \frac{1}{n}\sum_{i=1}^{n}\frac{(A_\omega)_i}{W_i}$$

对于本例，则有

$$A_\omega = \begin{bmatrix} 0.98945 \\ 0.21250 \\ 1.83810 \end{bmatrix}$$

$$\lambda_{max} = \frac{1}{3}\left(\frac{0.9895}{0.3453} + \frac{0.2125}{0.0704} + \frac{1.8381}{0.5843}\right) = 3.01$$

由此得 $C_I = 0.005$，从表4.3查得 $C_R = 0.58$，于是

$$C_I/C_R = 0.005/0.58 = 0.01 < 0.1$$

所以判断矩阵 A 的一致性达到了要求。

判断矩阵是个人进行两两比较后写出的，所以，不同的人判断矩阵可能不同。由于层次分析法结论的质量依赖于使用者的知识、经验和判断。如果有可能，应多找几个知识广博、经验丰富和判断力强的人共同确定判断矩阵中的标度。

4.3 定量分析法

定量分析的方法有很多，本书第三章所介绍的风险识别的一些定量方法，同样可以在风险评价的一些方面应用，本章就不再述及。

4.3.1 等风险图法

1.风险量函数

在定量评价建设工程风险时，首要工作是将各种风险的发生概率及其潜在损失定量化，这一工作也称为风险衡量。

为此，需要引入风险量的概念。所谓风险量，是指各种风险的量化结果，其数值大小取决于各种风险的发生概率及其潜在损失。如果以 r 表示风险量，p 表示风险的发生概率，q 表示潜在损失，则 r 可以表示为 p 和 q 的函数，即

$$r = f(p, q) \tag{4.1}$$

式(4.1)反映的是风险量的基本原理,具有一定的通用性,其应用前提是能通过适当的方式建立关于 p 和 q 的连续性函数。但是,这一点不是很容易做到的。在风险管理理论和方法中,在多数情况下是以离散形式来定量表示风险的发生概率及其损失,因而风险量 r 相应地表示为:

$$r = \sum p_i \cdot q_i \tag{4.2}$$

式中:$i = 1, 2, \cdots, n$,表示风险事件的数量。

与风险量有关的另一个概念是等风险量曲线,就是由风险量相同的风险事件所形成的曲线,如图 4.5 所示。

2. 等风险图法

等风险图的方法把已识别的风险分为低、中、高三类。低风险指对项目目标仅有轻微不利影响,发生概率也小(小于 0.3)的风险。中等风险指发生概率大(从 0.3 到 0.7),且影响项目目标实现的风险。高风险指发生概率很大(0.7 以上),对项目目标的实现有非常不利影响的风险。

用 P_f 和 P_s 分别表示项目失败和成功的概率。于是有 $P_s = 1 - P_f$。再用 C_f 和 C_s 分别表示项目失败的后果非效用值和成功的后果效用值。根据效用理论,C_f 和 C_s 满足关系:$C_f + C_s = 1, 0 < C_f < 1, 0 < C_s < 1$,且 $C_f = q_f/(q_f + q_s)$,$C_s = q_s/(q_f + q_s)$,q_s 为成功的收获额。等风险图法用风险系数评价项目风险水平。项目风险系数用 R 表示,其定义是:

$$\begin{aligned} R &= 1 - P_s C_s = 1 - (1 - P_f)(1 - C_f) \\ &= P_f + C_f - P_f C_f \end{aligned} \tag{4.3}$$

显然有 $0 < R < 1$。等风险图可按下法绘出:先让 R 取 0~1 之间的一个数,比如 0.1,接着,让 P_f 和 C_f 在 0~1 之间取多种不同组合。然后把不同的组合点画在以 C_f 为横轴,以 P_f 为竖轴的平面坐标图上。把各点连起来就可以得到一条曲线。曲线连出后,让 R 换取一个数,接着,再让 P_f 和 C_f 在 0~1 之间取多种不同组合。然后再把这不同的组合点画在同一个平面坐标图上。把各点连起来又可以得到一条曲线,如此下去,就可以画出图 4.5 那样的等风险图。

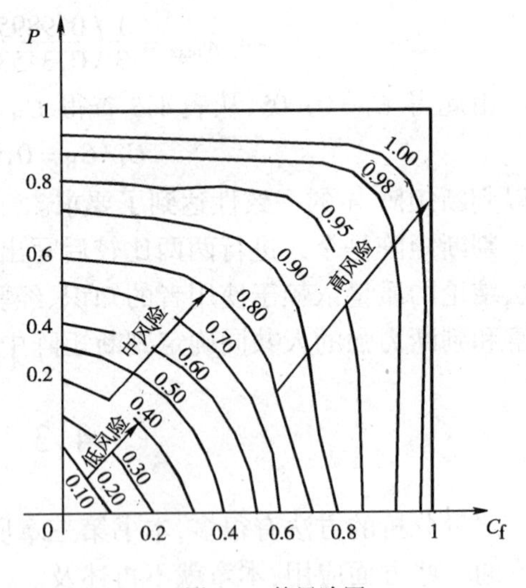

图 4.5 等风险图

有了等风险图,就可以把具体项目的风险系数拿来与之对照。项目的风险系数按公式(4.3)计算。至于公式(4.3)中的 P_f 和 C_f,也不难计算。首先把项目各个风险的发生概率算出来,然后让 P_f 取其平均。即

$$P_f = (P_{f1} + P_{f2} + \cdots + P_{fn})/n\text{(其中 } n \text{ 是风险个数)} \tag{4.4}$$

对于 C_f,也同样处理。首先把项目的各风险后果非效用值算出来,然后让 C_f 取其平均,即

$$C_f = (C_{f1} + C_{f2} + \cdots + C_{fn})/m\text{(其中 } m \text{ 是风险的后果个数)} \tag{4.5}$$

下面举一个简化了的例子说明等风险图法的用法。

例 4.3 假设有一个高速收费公路，该项目能否按时建成并收回投资，主要风险来自于征地、资金筹集、设计和施工以及将来使用此路的车辆数目。这些风险给项目可能造成的后果有：工期拖延、费用超支和收入不佳。

首先，根据一般高速公路的历史数据估计出四个主要风险的概率分布和三种不良后果的严重程度分布，结果分别列在表 4.4 和表 4.5 中。表 4.5 中，后果的严重程度分五级。最轻微的是 0.1，最严重的是 0.9。

项目四个主要风险的概率分布 表 4.4

征地受阻	资金不到位	设计与施工	过往车辆数	问题发生概率
严重受阻，必须改线	投资方撤出	严重拖延，须重新设计	不到预测的 40%	0.1
严重受阻，局部改线	投资方资金不足	严重拖延，局部重新设计	不到预测的 50%	0.3
严重受阻	同银行谈判不顺	施工严重拖延	不到预测的 60%	0.5
一般受阻	建设债券发行不顺	施工一般拖延	不到预测的 70%	0.7
轻微受阻	汇率发生不利变动	施工轻微拖延	不到预测的 80%	0.9

一般高速公路项目四个主要风险的概率分布和三种不良后果的严重程度分布求得之后，项目管理人员还要根据具体情况确定本项目的四个主要风险的概率和三种不良后果的严重程度。假定项目管理人员的估计是：

风险后果的严重程度分布 表 4.5

费用超支	工期拖延	年现金流入不足	后果严重程度分布
超过预算不多	拖延不到一个月	达到了预计的 60%	0.1
超过预算 1% ~ 5%	拖延不到半年	达到了预计的 50%	0.3
超过预算 5% ~ 20%	拖延不到一年	达到了预计的 40%	0.5
超过预算 20% ~ 50%	拖延不到两年	达到了预计的 30%	0.7
超过预算 50% 以上	拖延两年以上	达到了预计的 20%	0.9

$P_{f1} = 0.5$，征地严重受阻；

$P_{f2} = 0.7$，建设债券发行不顺；

$P_{f3} = 0.3$，严重拖延，局部重新设计；

$P_{f4} = 0.1$，使用此路的车辆数不到预测数的 40%；

$C_{f1} = 0.5$，超过预算 18%；

$C_{f2} = 0.7$，工期拖延不到两年；

$C_{f3} = 0.9$，年现金流入未达到预计的 20%。

有了以上估计，分别按式(4.4)、式(4.5)计算 P_f 和 C_f，得

$$P_f = (0.5 + 0.7 + 0.3 + 0.1)/4 = 0.4$$

$$C_f = (0.5 + 0.7 + 0.9)/3 = 0.7$$

然后按式(4.3)计算项目风险系数，得

$$R = P_f + C_f - P_f \times C_f = 0.4 + 0.7 - 0.4 \times 0.7 = 0.82$$

对照图 4.5 可知,假定项目管理班子的估计是正确的,则该项目风险很大。

从例 4.3 可知,等风险图法的主要工作量就是根据历史数据估计风险的概率分布和各种不良后果的严重程度分布。但是,历史数据常常不易找到。在缺乏数据时,就不能不求助于主观判断。因此,使用等风险图法也同样要避免主观因素的影响。

3. 风险概率的衡量

衡量工程风险概率有两种方法:相对比较法和概率分布法。一般而言,相对比较法主要是依据主观概率,而概率分布法的结果则接近于客观概率。

(1)相对比较法

相对比较法由美国风险管理专家提出的,表示如下:

①"几乎是 0":这种风险事件可认为不会发生;

②"很小的":这种风险事件虽有可能发生,但现在没有发生并且将来发生的可能性也不大;

③"中等的":即这种风险事件偶尔会发生,并且能预期将来有时会发生;

④"一定的":即这种风险事件一直在有规律地发生,并且能够预期未来也是有规律地发生。在这种情况下,可以认为风险事件发生的概率较大。

在采用相对比较法时,工程风险导致的损失也将相应划分成重大损失、中等损失和轻度损失,从而在风险坐标上对工程风险定位,反映出风险量的大小。

(2)概率分布法

概率分布法可以较为全面地衡量工程风险。因为通过潜在损失的概率分布,有助于确定在一定情况下哪种风险对策或对策组合最佳。

概率分布法的常见表现形式是建立概率分布表。为此,需参考外界资料和本企业历史资料。外界资料主要是保险公司、行业协会、统计部门等的资料。但是,这些资料通常反映的是平均数字,且综合了众多企业或众多工程的损失经历,因而在许多方面不一定与本企业或本工程的情况相吻合,运用时需作客观分析。本企业的历史资料虽然更有针对性,更能反映工程风险的个别性,但往往数量不够多,不能满足概率分析的基本要求。另外,即使本企业历史资料的数量、连续性均满足要求,其反映的也只是本企业的平均水平,在运用时还应当充分考虑资料的背景和拟建工程的特点。由此可见,概率分布表中的数字是因工程而异的。

理论概率分布也是风险衡量中所经常采用的一种估计方法。即根据工程风险的性质分析大量的统计数据,当损失值符合一定的理论概率分布或与其近似吻合时,可由特定的几个参数来确定损失值的概率分布。理论概率分布的模拟过程如图 4.6 所示。

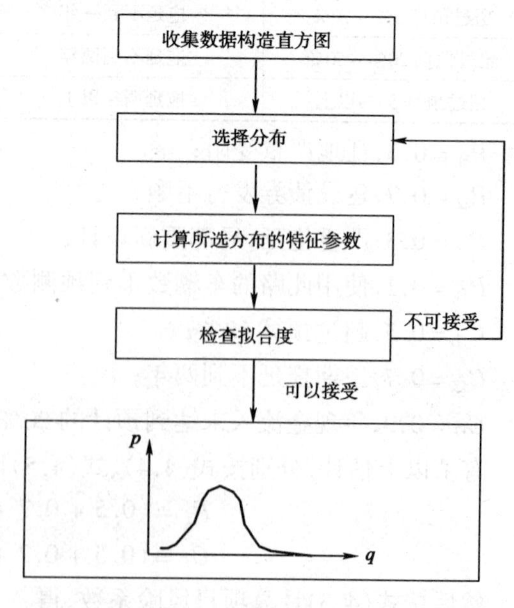

图 4.6 模拟理论概率分布过程

4.3.2 决策树法

决策树用树表示项目所有可供选择的行动方案、行动方案之间的关系、行动方案的后果以及这些后果发生的概率。利用决策树可以计算出可供选择的行动方案后果的数学期望,进而对项目的风险进行评价,做出该项目应该就此止步呢,还是继续进行。

在决策树中,树根表示构想项目的初步决策,叫做决策点。从树根向右画出若干树枝。每条树枝都代表一个行动方案,叫做方案枝。方案枝右端叫状态结点。从每个状态结点向右又伸出两个或更多的小树枝,代表该方案的两种或更多的后果,每条小树枝上都注明该种后果出现的概率,故称概率枝。小树枝右端是树叶,树叶处注明该种后果的大小。后果若是正的,表示收益;若是负的,表示损失。

例 4.4 某公司现有设备已使用了 20 年,技术已经落后,应该更新。为此提出了两个改造方案。方案甲是马上更新,并扩大生产规模;方案乙是先更新设备,三年后再根据市场销售情况扩大生产规模。方案甲需要投资 300 万元。方案乙,现在更新设备需要投资 175 万元,三年后扩大生产规模另需投资 200 万元。

方案甲,如果产品销路好,前三年每年可盈利 60 万元,后七年每年可盈利 75 万元;销路不好时每年只能盈利 15 万元。

方案乙,前三年若销路好,每年可盈利 30 万元,销路不好,每年只能盈利 22.5 万元。后七年,扩大生产且销路好时每年盈利 75 万元,销路不好,每年盈利 15 万元;不扩大生产,销路好时每年盈利 30 万元,销路不好,每年盈利 22.5 万元。

根据市场调查以及历年的销售数据对产品上市后的销售情况进行了预测,结果列在表4.6和表 4.7 中。试对这一技术改造项目的风险进行评价。

前 三 年 表 4.6

销售情况	概率
销路好	0.7
销路不好	0.3

后 七 年 表 4.7

销售情况	前三年销路好	前三年销路差
销路好	0.85	0.10
销路差	0.15	0.90

根据该项目的情况,先画出决策树如图 4.7。然后再计算各状态结点处风险后果的期望值如下:

状态结点 5: $0.85\times75\times7+0.15\times15\times7=462$

状态结点 6: $0.85\times30\times7+0.15\times22.5\times7=202.13$

状态结点 7: $0.10\times75\times7+0.90\times15\times7=147$

状态结点 8: $0.10\times30\times7+0.90\times22.5\times7=162.75$

状态结点 9: $0.85\times75\times7+0.15\times15\times7=462$

状态结点 10: $0.10\times75\times7+0.90\times15\times7=147$

决策结点 3: $\max\{462-200,202.13-0\}=262$

决策结点 4: $\max\{147-200,162.75-0\}=162.75$

状态结点 1: $0.7\times30\times3+0.7\times262+0.3\times22.5\times3+0.3\times162.75=315.48$

状态结点 2: $0.7\times60\times3+0.7\times462+0.3\times15\times3+0.3\times147=507$

决策结点 0: $\max\{315.48-175,507-300\}=207$

因此,对该项目的风险评价结果是:采取方案甲,更新设备与扩大生产规模同时进行。

4.3.3 模糊数学法

在经济评价过程中,有很多影响因素的性质和活动无法用数字来定量地描述,它们的结果也是含糊不定的,无法用单一的准则来评判。为解决这一问题,美国学者 L. A. Zadeh 于 1965 年首次提出模糊集合的概念,对模糊行为和活动建立模型。对于复杂事物来说,边界往往具有

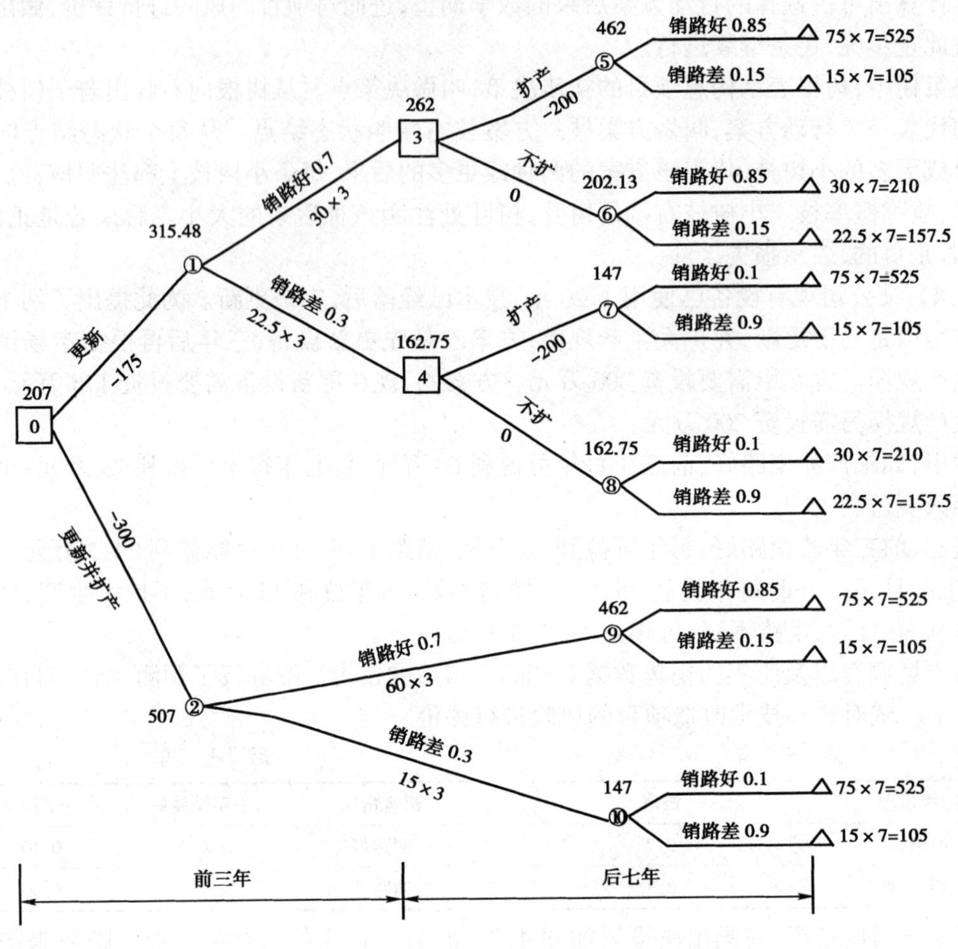

图4.7 两阶段风险评价二级决策树

很大的模糊性。在日常生活中也常听到"似……又似……"这类模糊的判断语言。模糊数学从二值逻辑的基础上转移到连续逻辑上来，把绝对的"是"与"非"变为更加灵活的东西，在相当的限阈上去相对地划分"是"与"非"，这并非让数学放弃它的严格性去迁就模糊性，相反，是以严格的数学方法去处理模糊现象。

模糊数学的优势在于：它为现实世界中普遍存在的模糊、不清晰的问题提供了一种充分的概念化结构，并以数学的语言去分析和解决它们。它特别适合用于处理那些模糊、难以定义的并难以用数字描述而易于用语言描述的变量。正因为这种特殊性，模糊数学已广泛用于各种经济评价中。

工程项目中潜在的各种风险因素很大一部分难以用数字来准确地加以定量描述，但都可以利用历史经验或专家知识，用语言生动地描述出它们的性质及其可能的影响结果。并且，现有的绝大多数风险分析模型都是基于需要数字的定量技术，而与风险分析相关的大部分信息却是很难用数字表示的，却易于用文字或句子来描述，这种性质最适合于采用模糊数学模型来解决问题。

模糊数学处理非数字化、模糊、难定义的变量有独到之处，并能提供合理的数学规则去解决变量问题，相应得出的数学结果又能通过一定的方法转为语言描述。这一特性极适于解决工程项目中普遍存在的潜在风险，因为绝大多数工程的风险都是模糊的、难准确定义且不易用语言描述的。

4.3.4 网络模型法

时间进度和成本费用都是项目管理的重点，越来越广泛地使用网络模型。网络模型有关键路线法(CPM)、计划评审技术(PERT)和图形评审技术(GERT)。使用网络模型进行风险评价，主要是揭示项目在费用和时间进度方面的风险。

CPM 假定项目各工序时间是确定的，即只要工序的条件不变，为完成该工序所需时间就不变。不能反映风险因素对项目总工期的影响，因此在风险评价方面的作用不大。本书只介绍风险评价的 PERT 方法。

PERT 也是找出项目工序的关键路线。但认为，项目各工序时间和总工期都是随机变量。根据概率论假定总工期服从正态分布。PERT 注重对工序的评价和审查，多应用于研究与开发项目。这类项目一般都缺少先例，各工序开始、结束以及持续时间都是不确定的。PERT 把这种不确定性带来的工期和成本风险归因于随机性，因此，通过对这种随机性的分析和评价揭示出项目工期和成本的风险情况。此外，PERT 还通过确定各工序之间的逻辑关系和核实工序时间以及所用资源识别出有关风险。

假设以项目总工期 t 不超过限定工期 S_d 的概率 p 作为项目进度风险评价基准，则可以用下式做项目总工期风险评价：

若 $P\{t < S_d\} > p$，则该风险是可以接受的，

若 $P\{t < S_d\} < p$，则该风险是不可以接受的。

其中

$$P\{t < S_d\} = \int_{-\infty}^{t} \frac{1}{\sqrt{2\pi}\sigma} e^{\frac{-(x-T)^2}{2\sigma^2}} dx$$

$$= \int_{-\infty}^{x} \frac{1}{\sqrt{2\pi}} e^{-\frac{u^2}{2}} du \text{，积分上限 } x = \frac{S_d - T}{\sigma}$$

例 4.5 某单位内部通信系统需要改造。该改造项目有 7 道工序。各道工序的名称、工序时间分布、逻辑关系表示在表 4.8 中。根据表 4.8 可画出图 4.8 那样的 PERT 网络图。网络的关键路线已用粗线标明(求关键路线时，把工序时间的数学期望当成确定的量，从而把 PERT 网络当做 CPM 网络来处理)。假设以“项目总工期 t 不超过限定工期 34 天的概率为 0.9”作为项目进度风险评价基准。试对项目总工期风险进行评价。

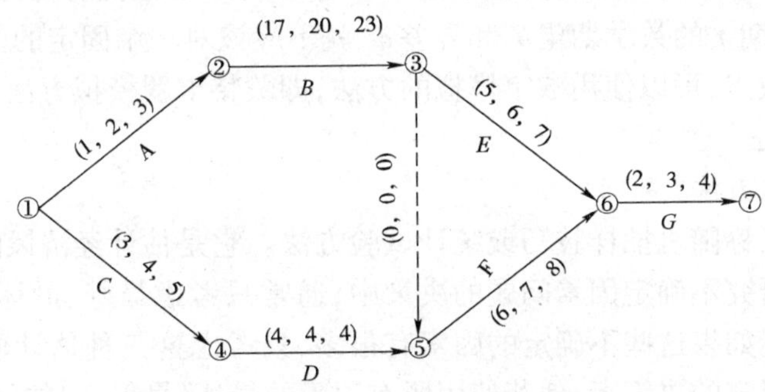

图 4.8 通信系统改造项目网络图

解 项目总工期 t 的数学期望 T 等于关键路线上各工序时间数学期望之和，即

$$T = E\{t\} = E\{t_{12}\} + E\{t_{23}\} + E\{t_{35}\} + E\{t_{67}\}$$
$$= 2 + 20 + 0 + 7 + 3 = 32$$

通信系统改造项目工序一览表 表 4.8

工序代号	工序名称	紧前工序	紧后工序	工序时间分布(a,m,b)	工序时间数学期望	工序时间方差	是否关键路线
$A(1\sim2)$	清理线路,并放线		B	(1,2,3)	2	1/9	Y
$B(2\sim3)$	开挖、铺设干线管	A	E,F	(17,20,23)	20	1	Y
$C(1\sim4)$	通知各用户		D	(3,4,5)	4	1/9	N
3~5	虚工序	B	F	(0,0,0)	0	0	Y
$D(4\sim5)$	室内接线	C	F	(4,4,4)	4	0	N
$E(3\sim6)$	铺干线并与市线接通	B	G	(5,6,7)	6	1/9	N
$F(5\sim6)$	开挖、铺设进户线管	B,D	G	(6,7,8)	7	1/9	Y
$G(6\sim7)$	室内、室内接通	E,F		(2,3,4)	3	1/9	Y

项目总期 t 的方差 σ^2 等于关键路线上各工序时间方差之和,即

$$\sigma^2 = \sigma_{12}^2 + \sigma_{23}^2 + \sigma_{35}^2 + \sigma_{56}^2 + \sigma_{67}^2$$
$$= 1/9 + 1 + 0 + 1/9 + 1/9 = 4/3$$

限定工期 $S_d = 34$ 天,则换算成标准化值后得:

$$x = (S_d - T)/\sigma = (34 - 32)/1.155 = 1.732$$

把 $x = 1.732$ 作为正态概率积分的上限,查标准正态分布表,得到 $P\{t < 34\} = 0.9582$。这就是说,通信系统在 34 天内完成改造的概率是 95.82%。

项目进度风险评价基准,即项目总工期 t 不超过限定工期 34 天的概率 $p = 90\%$。两者比较之后可知,通信系统改造项目以 95.82%的概率在 34 天内完工是可以接受的。

此例说明按照上面的步骤用 PERT 进行项目进度风险评价比较方便,附加的工作量不大。因为进度风险评价可以同进度计划结合起来进行。但是,按上面的步骤用 PERT 进行进度风险评价时必须注意以下几点:

1)以上的步骤假设了各工序时间都服从三点分布,但实际的工序时间不一定都是这样。

2)在考虑项目总工期 t 的概率分布时,是以按肯定型的 CPM 解法求得的关键路线为基础。实际上,由于各工序时间的随机性,不仅项目总工期 t 是随机的,而且关键路线也是随机的。因此,项目总工期 t 的数学期望 T 和方差 σ^2 就不应该对一个固定的关键路线来计算。

为了克服上述缺点,可以使用数字模拟的方法,即蒙特卡罗模拟方法。

4.3.5 其他方法

1.蒙特卡罗模拟方法

蒙特卡罗方法又称随机抽样技巧或统计试验方法。它是估计经济风险和工程风险常用的一种方法。在一般研究不确定因素问题的决策中,通常只考虑最好、最坏和最可能三种估计,如敏感性分析方法。如果这些不确定的因素有很多,只考虑这三种估计便会使决策发生偏差或失误。例如一个保守的决策者,他若使用所有因素的最坏(最保守)的估计,所得出的决策便可能过于保守,会失掉不应失掉的机会;同理,如果一个乐观的决策者,他若使用所有因素的最好(最乐观)的估计,便可能得出过于乐观的估计,他所冒的风险要比他原来所估计的大得多,也会造成决策的失误或偏差。而蒙特卡罗方法的应用就可以避免这些情况的发生,使在复杂

情况下的决策更为合理和准确。

使用蒙特卡罗模拟技术分析工程风险的基本过程如下：

第一步：编制风险清单。通过结构化方式，把已辨识出来的影响项目目标的重要风险因素构造成一份标准化的风险清单。在这份清单中能充分反映出风险分类的结构和层次性。

第二步：采用专家调查法确定风险因素的影响程度和发生概率。这一步可以制定出风险评价表。

第三步：采用模拟技术，确定风险组合。这一步就是要对上一步专家的评价结果加以定量化。在对专家观点的统计评价中，关联量相对地增加很快，这样完整、准确的计算就不太可能。因此，可以采用模拟技术评价专家调查中获得的主观数据，最后在风险组合中表现出来。

第四步：分析与总结。通过模拟技术可以得到项目总风险的概率分布曲线。从曲线中可以看出项目总风险的变化规律，据此确定应急费的大小。

应用蒙特卡罗模拟技术可以直接处理每一个风险因素的不确定性，并把这种不确定性在成本方面的影响以概率分布的形式表示出来。可见，它是一种多元素变化方法，在该方法中所有的元素都同时受风险不确定性的影响，由此克服了敏感性分析方法受一维元素变化的局限性。另外，可以编制计算机软件来对模拟过程进行处理，大大节约了时间。该技术的难点在于对风险因素相关性的辨识与评价。总之，该方法无论在理论上，还是在操作上都较前几种方法有所进步，并且这种技术既有对项目结构分析，又有对风险因素的定量评价，因此比较适合在大中型项目中应用。

例 4.6 图 4.9 中的网络只有三个工序。设三个工序时间都是取二值的离散型随机变量。根据历史统计数据，确定出这三个随机变量的概率分布，结果列在表 4.9 中。试用数字模拟方法评价这一网络所代表的项目进度风险。

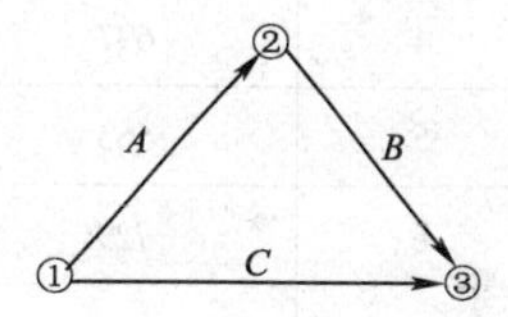

图 4.9 蒙特卡罗模拟方法的简单例子

解 确定了工序时间的概率分布之后，就可以从 0～9 这十个数中随机抽样。由于有三个工序，所以每次抽三回。第一、第二和第三回抽到的数分别代表工序 A、B 和 C。每抽一次，就组成一个三位随机数，百、十和个位上的数分别代表工序 A、B 和 C。

工序 A，抽到的数若是 0～4 这 5 个数中的任何一个，则工序 A 的时间是 20 周，若抽到 5～9 这 5 个数中的任何一个，则工序 A 的时间是 30 周。

工序 B，抽到的数若是 0～5 这 6 个数中的任何一个，则工序 B 的时间是 15 周，若抽到 6～9 这 4 个数中的任何一个，则工序 B 的时间取 25 周。

工序时间的概率分布及其随机数 表 4.9

工序代号	工序时间(周)	概　率	代表工序时间取值的随机数
A	20	0.5	0,1,2,3,4
	30	0.5	5,6,7,8,9
B	15	0.6	0,1,2,3,4,5
	25	0.4	6,7,8,9
C	40	0.5	0,1,2,3,4
	50	0.5	5,6,7,8,9

对于工序 C，若抽到 0～4 这 5 个数中的任何一个，则工序 C 时间取 40 周，抽到的数若是 5～9这 5 个数中的任何一个，则工序 C 的时间取 50 周。

例如,554 这个随机数代表 A、B 和 C 工序的时间分别取 30、15 和 40 周。因此关键路线是 $A \sim B$。

从 0~9 这十个数中随机抽样的过程叫产生随机数,也叫模拟抽样。产生随机数可以由人抽样,也可以编出计算机程序让计算机抽样。人抽样时,做好 0~9 十个数码,放入暗箱中。抽完一次并记下一个三位随机数后,就把这三个数码再放回到暗箱中。

上述产生随机数的过程反复进行多次,次数尽可能地多。达到一定次数之后,对抽样结果进行统计,进而对项目时间进度风险进行评价。表 4.10 就是 20 次模拟抽样的结果。从表中可以看到,工序 A、B 组成关键路线有 11 次,占 20 次模拟抽样的 55%,因此工序 A、B 组成关键路线的概率可估为 0.55。工序 C 成为关键路线有 9 次,因此 C 成为关键路线的概率可估为 0.45。这个结果表明,关键路线的确是随机的。因此不能先把关键路线看成是确定的。另一方面,它还提醒我们注意那些在关键路线上出现概率很高的工序,防止因为它们拖延而影响项目总工期。

工序时间的概率分布及其随机数 表 4.10

模拟抽样编号	抽样产生的随机数	A 工序时间(周)	B 工序时间(周)	C 工序时间(周)	关键路线	项目总工期(周)
1	554	(30)	(15)	40	A,B	45
2	135	20	15	(50)	C	50
3	575	(30)	(25)	50	A,B	55
4	697	(30)	(25)	50	A,B	55
5	563	(30)	(25)	40	A,B	55
6	729	30	15	(50)	C	50
7	848	30	15	(50)	C	50
8	431	20	15	(40)	C	40
9	767	(30)	(25)	50	A,B	55
10	416	20	15	(50)	C	50
11	025	20	15	(50)	C	50
12	896	(30)	(25)	50	A,B	55
13	462	(20)	(25)	40	A,B	45
14	700	(30)	(15)	40	A,B	45
15	077	20	25	(50)	C	50
16	007	20	15	(50)	C	50
17	000	20	15	(40)	C	40
18	585	(30)	(25)	50	A,B	55
19	543	(30)	(15)	40	A,B	45
20	553	(30)	(15)	40	A,B	45

注:括号内数字表示该工序成为关键工序时的时间。

我们还可以根据表 4.10 最右一列的数字估计项目总工期 t 的概率分布。例如，在 20 次模拟抽样中项目总工期 t 有两次为 40 周，所以，项目总工期 t 等于 40 周的概率是 $2/20 = 0.1$；同样，项目总工期 t 等于 45 周的概率是 $5/20 = 0.25$ 等。如此求得的项目总工期 t 的概率分布在表 4.11 中。该结果是评价项目总工期和成本风险的重要依据。

项目总工期 t 的概率分布 表 4.11

项目总工期 t(周)	模拟结果(次)	概率估计	概率估计累计值
40	2	0.10	0.10
45	5	0.25	0.35
50	7	0.35	0.70
55	6	0.30	1.00

若限定工期 $S_d = 50$ 天，则根据表 4.11 可以得到 $P\{t < 50\} = 0.70$ 即图 4.9 中的项目在 50 天内完工的概率是 70%。

2. CIM 模型(Controlled Interval and Memory Models)

CIM 模型是对概率或概率分布进行叠加的控制区间和记忆模型的简称。这种方法用直方图替代变量的概率分布，用和代替概率函数的积分。

工程成本的风险是由各单项成本或其他投入成本的不确定性引起的。因此，弄清楚工程项目的成本组成和影响各组成成本的不确定性因素是进行风险分析的前提。成本组成的划分有总成本、分项成本、子项成本等，可以划分得很细，具体情况要视计算精度、计算条件和掌握的资料来确定。工程项目的不确定性风险因素的存在形式也是各种各样，有明显的、有隐蔽的、有比较重要的，也有较为次要的，为了尽可能不遗漏工程中的各种不确定性因素，通常采用“分类分级”的方法来寻找。找出以后，再分析每一不确定性因素对成本风险的不同影响后果，排除影响微弱的因素，以便简化计算，然后再对其他因素进行估计。

对风险进行分级分类的步骤如下：

第一步：将总成本项分解为一套可供分析的基本成本集合。

最初的分解是将总成本分解为工程的主要项目成本。组成主要项目成本的项目就是一级成本项目。一级成本项目又可分为两类：一类是不能再进行分解的，或者只能用均匀分布的方法分解的一级成本项目，这样的一级成本项目直接就可称为风险分析的基础成本项目。另一类是指不同种类的，具有不同风险特点的成本元素的集合，因此可以继续分解为二级成本项目、三级成本项目等。如果条件允许的话，就这样一直分解下去，分到能较为准确地确定其风险影响为止，使风险分析建立在一个足够进行合理分析、基础成本项目尽量少的组合集上。

第二步：考虑可能影响每一基础成本项目的所有风险，以便计算出基础成本项目的风险影响图。

首先，对每一基础成本项目进行风险辨识，找出影响它的风险因素集合，再估计每一风险因素影响基础成本项目投资的风险概率分布曲线。

在得到影响基础成本项目的所有风险因素的投资风险概率估计值之后，就可以估计出这些风险因素至少出现一个时期基础成本项目的风险概率曲线。这些风险因素在实际中并不是一个接一个地出现，而是可能出现，可能不出现，可能同时出现，可能只出现一个；即出现几率是随机的。根据这一特点，并联模型把这些风险因素连接起来，并用并联概率叠加模型计算基础成本项目的总风险，这种并联概率曲线的叠加称作概率乘法。在实际计算中，这种概率乘法是由一系列的两概率分布连乘组成的，两个风险因素的风险概率曲线相乘，其积再与下一个风险因素的风险概率曲线相乘,如此下去。

第三步:对基础成本项目的风险进行组合,从而确定总成本的风险曲线。

与风险因素的并联连接模型相反,基础成本项目变化的串联连接组成了总成本的风险变化。这些基础成本项目在实际投资中都必然出现,不会漏掉一个,串联连接模型正好反应了这一特点,串联概率叠加模型就是计算这种串联连接变量概率分布的叠加方法,这种串联概率曲线的叠加方法称为概率加法。

总成本风险概率分布就是由一系列的两个变量分布叠加组成。叠加的办法就是采用控制区间和记忆模型简称 CIM 模型。对应前面分析的变量的串联和并联连接关系,CIM 模型又分为串联响应模型和并联响应模型,它们分别进行串、并联连接变量的概率分布叠加的有效方法。

概率分布的组合是大多数风险分析都必须进行的一步工作。

当有两个以上的变量需要进行概率分布叠加时,计算就需要“记忆”,即把前两个概率分布叠加的结果记忆下来,再用控制区间(CIM 方法)与下一个变量的概率分布叠加,如此下去,至叠加完最后一个变量为止。

CIM 模型是一种较成熟的概率分布处理技术。

思考题

1.风险评价的主要作用是什么?

2.风险评价的目的有哪些?

3.何为评价基准?如何确定评价基准?

4.请说明层次分析法的步骤。

5.何为等险量图法?其方法步骤怎样?

6.为什么说模糊数学方法是风险评价的方法?

7.举例说明决策树的应用。

8.何为 PERT 方法?为什么能在风险评价中应用?

9.请说明蒙特卡罗方法的思路。

第5章 风险防范与风险利用

本章提要:风险是客观存在的,但并非不可防范。本章介绍了非保险的风险防范技术,详细地阐述了控制型和理财型风险防范技术的定义、种类、适用条件、注意事项以及具体实施中各种风险防范技术选择的定性、定量分析方法。在指出风险利用可能性的前提下,介绍了可利用的风险种类,利用风险的方法及利用风险注意的问题。

5.1 风险防范

本章主要探讨各种风险防范技术的基本性质与内容。在确定了风险所致损失的严重程度后,就应该进一步分析各种风险防范技术的成本和效益,作为选择风险防范对策的依据。要比较各种技术的成本和效益,就要对各种技术加以了解。这些技术并非新的名词和观念,有些是日常生活已有应用之实,只是并未正视和探究,有些是加以正视了但探究的深度仍不够。

5.1.1 风险规划内容与任务

风险规划就是制定风险防范策略以及具体实施措施和手段的过程。这一阶段要考虑两个问题:第一,风险防范策略本身是否正确、可行;第二,实施风险防范策略的措施和手段是否符合项目总目标。

在风险规划时,首先应当采取主动行动,尽量减少已知的风险,提高项目成功的概率。同时,还不应忘记,风险分析已经用掉了项目的一部分宝贵资源,其效果如何,用掉一部分资源之后会不会增加项目的风险,下一步进行风险管理会不会还要消耗更多的本应投入项目本身的宝贵资源。其次,还必须考虑,为了监视风险并观察、研究是否有新的风险出现,还要付出多大的努力。第三,在项目进行过程中应该定期将风险水平同评价基准对照,逐渐提高风险评价基准,还必须考虑对风险要进行多少次监视,由谁监视,监视范围多大,何时监视,如何提高风险评价基准等问题。

把风险事故的后果尽量限制在可接受的水平上,是风险规划和实施阶段的基本任务。整体风险只要未超过整体评价基准,就可以接受。对于个别风险,则可接受的水平因风险而异。风险后果是否可被接受,要考虑两方面:损失大小和实施风险防范策略的措施和手段的成本。如果风险后果很严重,但是措施和手段不复杂,代价也不大,则此风险后果可被接受。

对于风险,有时候不必采取任何行动。因此,必须善于权衡何时应采取行动,何时应接受风险。另外,风险防范技术的实施往往会影响原定项目管理计划,因此常带有风险。

风险规划的工作成果记入风险管理计划和风险防范技术计划两个文件。本章主要讨论风险防范技术。

5.1.2 风险防范的可能性

从前面章节可以知道风险系指在给定情况下存在的可能结果间的差异。风险包括客观存在与主观判断两项因素。客观存在与主观判断之间的差异大小决定风险的大小。差异大,风险就大;差异小,风险即小;没有差异,也就没有风险。客观存在并不可怕,关键是人们是否已经意识。如果已经意识到客观存在的具体情况,就会采取对应策略,从而适应或改变它。风险的定义决定了风险管理的可能性,也就是说人们可以通过主观努力,尽可能适应客观变化,缩小可能结果间的差异,从而使风险最小化。所谓风险防范技术,即是为达此目的而采取的对应措施和手段。

风险是基于客观存在的分布，而风险管理则是基于主观的判断。如果主客观一致，即可判定预测风险，从而可以有效地防范。既然风险是在给定情况下存在的可能结果间的差异，那么人们就有可能凭经验推断出其发生的规律和概率。虽然这些规律和概率并非一成不变，但通过一定时期内的观察，可判断出其大致规律，从而可以有意识地采取一些手段来防范。

风险具有以下特征,这些特征决定了运用风险管理技术控制风险损失的可能性。

1.风险具有特定的根源

风险并不是秘不可测,它有其特定的根源,有发生的迹象、特定的征候和一定的表现形式。例如战争风险,在开战前常常潜伏着多种爆发战争的因素;经济风险可以通过各种经济现象反映出来,即便社会风险也有其特定的背景和征候。这些根源、迹象、征候和形式常常是可见的或可推测的。通过细心观察、深入分析研究、科学地推测,寻根溯源,一般可以预测风险发生的可能性、发生的概率及其严重程度。

2.风险具有普遍特征

由于风险无时不有、无处不在,且时有重复,人类社会对其并不陌生。人们在进行任何举措之前,本能地做好了应付不测的准备。健康的人会想到某一天可能生病,常备一些药物或购买医疗保险;工厂老板不会相信其机器会永恒运转,会给其设备备用配件;经商者不会认为自己永远过关斩将,不会忽视应急的措施;战场指挥官不会只想进攻、永远冲锋陷阵而不想到退却之策。总之,任何正常人都会有风险意识,都会本能地积极或消极地采取各种预防措施。这种本能乃是基于对风险的普遍特征的起码认识。

3.风险概率具有互斥特征

一个事件的演变具有多种可能,而这些可能性具有互斥性。例如投资一个项目至少有两种可能的结果:盈利或亏本。盈利的可能性加大,亏本的可能性就减小,两种可能性不会同时加大或同时减小。同一事件对于不同的人所产生的机会也是截然不同的。例如建筑材料涨价,工程的成本无疑要加大,建筑材料商则可获得好处,而建造者则只能增加投资。又如派生金融交易,卖方赚了,买方必然亏损。但卖方不会永远只赚不亏,而买方也不会只亏不赚。经营面扩大,成交次数增多,就可能盈亏抵冲,或亏中有盈,或盈中有亏。根据这一规律,人们可以将两种互斥可能有机结合即可避免风险。例如投资多样化,有盈有亏,即可相互抵冲。材料商投资建筑业,工程亏本,但材料却赚钱。做派生金融交易同样如此,买卖兼顾,即可避免单一经营可能面临的风险。

4.风险损失可通过概率测算

一项承包工程可能有多种风险损失,但各种风险发生的概率并不都一样。通过概率计算即可预测风险将可能造成的损失程度。例如某承包人对一项工程的报价为100万元,假定其他因素不变,某一特定风险如自然灾害可能会导致承包该工程亏损5%,即亏损5万元,但这种自然灾害的发生概率只有10%,因此,承包该工程因自然灾害可能蒙受的损失将是100万元$\times 0.05 \times 0.10 = 0.5$万元。采用概率测算,可以基本做到心中有数、应变有方,使自己处于主动。

5.风险具有可转移性

不同的人对同样的风险可产生不同的反应。因为不同的人对风险所具有的承受力不一样。等米下锅的穷人丢失10元钱即有遭受饥饿的危险,而腰缠万贯的富户即使损失100元也会觉得无足轻重。没有补偿能力的人经不住任何损失,而专门从事保险业务的保险公司则因其拥有大量的投保人,某一项损失赔偿对其微不足道,且完全可以从收取的巨额保费中获得补偿。因此,无承受能力的人可以用极小的代价购买保险,从而将风险转移给保险公司以换取自身的安全。承包工程同样如此。一项工程包括多项子工程,总包商可以承担总包风险,而将其中的一些自己不具优势的子项工程转包给专业承包人,从而将该子项工程中潜伏的风险也转移出去。对于该专业承包人来说,这些潜伏的风险则不一定会真正成为风险。

6.风险可以被分隔

风险系由各种因素构成。若干风险因素集中在一起,风险的因素将会很大;但如果将这些因素分散间隔,尽管每个因素都有可能诱发风险,但其概率将大大降低。例如鸡蛋易碎,如果将100个鸡蛋放在一个篮子里,一旦篮子被撞,整篮子鸡蛋可能都将破碎。但如果将100个鸡蛋彼此分隔开,放在若干个甚至100个篮子里,一旦有某个或某几个篮子被碰撞,其结果只能是一个或几个鸡蛋破碎,而不可能全部鸡蛋都破碎。因为100个篮子全部被撞的可能性极小。这个道理是显而易懂的。根据这个道理就不难理解风险可被分隔这一特征。又如国际承包工程是一种多程序、多方位、内容错综复杂的经营活动,投资人可以只考虑其资金筹措中的各种风险,而将工程的设计、实施、管理及运营交给业主,而业主又可以通过发包工程而把工程的实施任务委托给承包人,将技术把关任务委托给监理工程师,机器购买承包人又可以通过分包或转包将工程各子项中潜伏的风险分散转移至各分包人。这样一层层分散、转移,即可调动各方面的积极因素,克服消极因素,大家共同承担风险。

7.有些风险具有可利用性

风险有两类:纯风险和投机风险。纯风险只会造成损失或不造成损失,而不能提供获利机会;但投机风险则既可能造成损失,又可能提供获利机会。例如自然灾害或工伤事故,若发生这类灾害或事故,承包人将蒙受损失。若不发生,则承包人可避免损失,这种风险属于纯风险。但如果投资兴办企业,其两种结果却迥然不同。投资失败会造成重大经济损失,但如果投资成功,则不仅没有损失,而且会获得巨额利润。这种巨额利润是靠利用投资创造利润这一有利机会获得的。因此,投资风险便具有可利用的一面。人们通常把这类可使人获取好处的风险称为投机风险。

5.1.3 风险防范技术的种类

风险防范技术有多种多样,但归纳起来不外乎以下两种最基本的手段:一是控制法;另一是财务法。前者的目的在于降低损失频率缩小损失幅度或改善损失的不利差异;后者的目的则以提供资金以消纳发生损失的成本。两者目的不同,所以具体方法也各不相同。

风险防范控制法(或称风险控制)可细分为如下五种方法:一是风险规避,二是损失预防,三是损失抑制与前者合称为损失控制,四是风险单位分离,其中包括风险单位分割和储备两种方法,五是控制型风险转移。

风险防范财务法(或称风险理财)主要包括三大类:一是风险承担,二是财务型非保险风险转移,三是保险。每一类又分为数个小类,有些性质还介于承担和转移之间。

风险管理技术种类如图5.1所示。

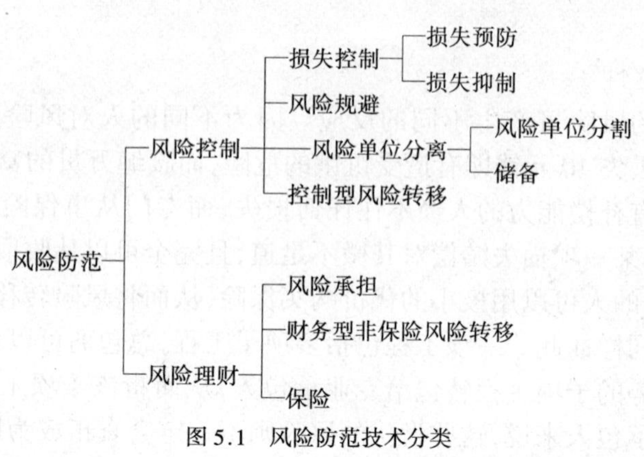

图 5.1　风险防范技术分类

5.2　风险防范技术——风险控制

风险控制指为了降低损失频率缩小损失幅度或减低意外损失的不可预测性所为之的任何行动。在这个定义里,应注意三点:第一,风险控制直接与实际毁损问题有关,也即直接改善风险单位损失的特性使风险可以被人们预测控制,用来降低损失频率和缩小损失幅度。至于如何计算损失,与风险控制对策并无关系。第二,任何特定的风险控制对策会因经济个体的不同而有不同层面的影响。例如,设立天桥对行人而言可免除身体受伤的人身风险;对汽车驾驶者而言,可免除责任风险。第三,任何特定的风险控制仅与所要控制的特定损失有关。例如自动洒水系统仅与特定的火灾毁损有关而与此系统所导致的水灾损失无关,安置氧气瓶可使煤矿工人免除呼吸困难,但也引起爆炸的可能。综合上述三点,风险控制对策属于风险防范技术的积极对策而风险理财对策仅属于消极对策。

下面分项说明风险控制具体种类的性质和内容。

5.2.1　风险规避

风险规避是指为了不产生所要避免的风险,或者是为了完全消除既存风险所采取的行动。简单地说就是企图完全降低损失发生几率直至为零的行动。这个对策是所有风险对策中惟一"完全能自足"的风险对策,即风险如能完全避免就不会产生损失,则其他风险对策就不需要了。因此风险就完整地被人们处理了,所以称它为完全能自足对策。但是风险规避这种对策是有一定的条件和限制的。

按照上述的定义,规避风险常用的形态有三种:

第一,根本不从事可能产生某特定风险的任何行动。例如,为了免除爆炸风险,工厂根本不从事爆竹的制造。或为了免除责任风险,学校彻底禁止学生的郊游活动。

第二,中途放弃可能产生某种特定风险的行动。例如,投资因选址不慎而在河谷建造的工厂,而保险公司又不愿为其承担保险责任。当投资人意识到在河谷建厂将必不可避免要受到洪水威胁,且又别无防范措施时,他只好放弃该建厂项目。虽然他在建厂准备阶段耗费了不少投资,但与其厂房建成后被洪水冲毁,不如及早改弦易辙,另谋理想的厂址。又如某承包人受业主信任而被邀请投标某项具有政治敏感性的工程如军用机场,机场建成后将很可能被业主国政府用于对付另一个与承包人的政府有密切关系的国家,由此而加剧未来的局部战争。承包人如拒绝投标,则有可能刺激对其十分信任的业主;但如果投标,则很可能被授予该项工程。这种情况下,承包人会进退两难。如果承包人采取投高价标而落选,则可算最佳决策。这样就不会得罪业主,虽然要付出代价,因为至少承包人投标报价的损失要由自己承担,但如果从政治需要出发,做出一点牺牲还是值得的。这种破财消灾的办法在国际事务中是经常见到的。

第三,放弃已经承担的风险以避免更大的损失。实践中这种情况经常发生,事实证明这是紧急自救的最佳办法。作为工程承包人,在投标决策阶段难免会因为某些失误而铸成大错。如果不及时采取措施,就有可能一败涂地。例如某承包人在投标承包一项皇宫建造项目时,误将纯金扶手译成镀金扶手,按镀金扶手报价,仅此一项就相差100多万美元,而承包人又不能以自己所犯的错误为由要求废约,否则要承担违约责任。风险已经注定,只有寻找机会让业主自动提出放弃该项目。于是他们通过各种途径,求助于第三者游说,使国王自己主动下令放弃该项工程。这样承包人不仅避免了业已注定的风险,而且利用业主主动放弃项目进行索赔,从而获得一笔可观的额外收入。

转包工程也是回避风险的有效手段之一。许多情况下,业主并不禁止转包。如果承包人经过分析认定工程已注定难逃亏损厄运,他只有采取转嫁风险的办法。有些项目对于某些承包人可能风险较大,但对于另一些承包人则并不一定有风险。因为不同的承包人具有不同的优势。例如中国一家承包人以低价标获取非洲某国的一项大型公路项目。该承包人在当地没有基地,所有物资及人员都必须由国内调拨。这种情况下,如果坚持独家实施该项目,势必亏损相当严重。该承包人经过分析比较,决定将工程的大部分转包给另一家在当地已有施工设备和人员的公司,只留下很小的一部分任务自己完成,从而转移了风险,而这一风险对于承接转包任务的承包人则不再是风险了,因为他具有足够的条件承接这项任务。

风险管理中对风险规避的运用必须注意下列几点:第一,当风险所可能导致的损失频率和损失幅度很高时,规避风险是一种恰当的对策;第二,当采用其他风险对策的成本和效益的预期现值不合经济效益时,可以采用规避风险对策;第三,某些特种风险是无法避免的,例如死亡的人身风险,全球性能源危机等基本风险都是无法避免的;第四,任何风险如果都加以规避则对个人而言生活必定了无情趣,对企业而言根本不可能有赚钱的机会;第五,由于规避风险只有在特定范围内和特定的角度上来观察才有效,因此规避了一种风险有可能另外产生新的风险,例如,企业考虑由于高速公路近来车祸频繁,决定货物的运送不走高速公路而改走国道或省道,虽然避免了因走高速公路可能导致的财产、人身及责任风险,但却产生了走国道或省道可能产生货物延迟到达的风险和其他风险。

5.2.2 损失控制

损失控制是指有意识地采取行动防止或减少风险的发生以及所造成的经济及社会损失。它包括两方面的工作:一是在损失发生之前,全面地消除损失发生的根源,尽量减少损失发生频率;二是在损失发生之后努力减轻损失的程度。损失控制是风险控制中最重要也是最常用的对策。它不像风险规避那样消极,它具有积极改善风险损失的特性。例如一栋建筑物在施工前设计阶段就考虑其抗震、防震设计是最为常见的损失控制措施,有了这种设计不但使建筑物积极地进行施工也使施工完成后,大楼如遭受地震作用仍可以稳然屹立,缩小了可能造成的极大损失。所以损失控制对策是积极重要的风险控制对策。

如果不详细区分,损失预防和损失抑制都可视为损失控制的对策。因此可以将预防和抑制摆在一起共同讨论。但就实质而言,预防和抑制是有区别的,可以从损失控制的分类中显示出来。损失控制的分类依据不同的基础有三种:第一,按目的不同,损失控制可分为损失预防和损失抑制。前者以降低损失频率为目的,这里要注意损失预防的着眼点在“降低”,与风险规避的强调降低至零不同;后者以缩小损失幅度为目的。第二,按风险控制理论的观点不同分:

行为法和工程物理法。风险控制理论有很多,最具有代表性的有骨牌理论和能量释放理论,根据骨牌理论产生的损失控制称为行为法,而根据能量释放理论所产生的损失控制方法称为工程物理法。第三,按照损失控制措施实施的时间分损失发生前、损失发生时及损失发生后控制。损失发生前的绝大部分为损失预防,而损失发生时和发生后则为损失抑制。

1.损失预防

损失预防系指采取各种预防措施以杜绝损失发生的可能。例如房屋建造者通过改变建筑用料以防止用料不当而倒塌;供应商通过扩大供应渠道以避免货物滞销;承包人通过提高质量控制标准以防止因质量不合格而返工或罚款;生产管理人员通过加强安全教育和强化安全措施,减少事故发生的机会等。在商业交易中,交易的各方都把损失预防作为重要事项。业主要求承包人出具各种保函就是为了防止承包人不履约或履约不力;而承包人要求在合同条款中赋予其索赔权利也是为了防止业主违约或发生种种不测事件。

损失预防策略通常采取有形和无形的手段,工程法是一种有形的手段,此法以工程技术为手段,消除物质性风险威胁。例如,为了防止山区区段山体滑坡危害高速公路过往车辆和公路自身,对因为开挖而破坏了的山体采用岩锚技术锚住松动的山体,增加山体的稳定性。

工程法预防风险有多种措施:

1)防止风险因素出现。在项目活动开始之前,采取一定措施,减少风险因素。例如,在山地、海岛或岸边建设,为了减少滑坡威胁,可在建筑物周围大范围内植树栽草,与排水渠网、挡土墙和护坡等措施结合起来,防止雨水破坏土体稳定,这样就能根除滑坡这一风险因素。

2)减少已存在的风险因素。施工现场,若发现各种用电机械和设备日益增多,及时果断地换用大容量变压器就可以减少其烧毁的风险。

3)将风险因素同人、财、物在时间和空间上隔离。风险事件发生时,造成财产毁坏和人员伤亡是因为人、财、物与风险源在空间上处于破坏力作用范围之内。因此,可以把人、财、物与风险源在空间上实现隔离,在时间上错开,以达到减少损失和伤亡的目的。

工程法的特点是,每一种措施都与具体的工程技术设施相联系,但是不能过分地依赖工程法。这是因为:首先,采取工程措施需要很大的投入,因此决策时必须进行成本效益分析。第二,任何工程设施都需要有人参加,而人的素质起决定性作用。另外,任何工程设施都不会百分之百的可靠。因此,工程法要同其他措施结合起来使用。

无形的风险预防手段有教育法和程序法。

(1)教育法

项目管理人员和所有其他有关各方的行为不当构成项目的风险因素。因此,要减轻因不当行为有关的风险,就必须对有关人员进行风险和风险管理教育。教育内容应该包含有关安全、投资、城市规划、土地管理与其他方面的法规、规章、规范、标准和操作规程、风险知识、安全技能和安全态度等。风险和风险管理教育的目的是,要让有关人员充分了解项目所面临的种种风险,了解和掌握控制这些风险的方法,使他们认识到个人的任何疏忽或错误行为,都可能给项目造成巨大损失。

(2)程序法

程序法是指以制度化的方式从事项目活动,减少不必要的损失。项目管理班子制订的各种管理计划、方针和监督检查制度一般都能反映项目活动的客观规律性,因此一定要认真执行。我国长期坚持的基本建设程序反映了固定资产投资活动的基本规律,要从战略上减轻建设项目的风险,就必须遵循基本建设程序。美国企业界有良好的风险管理成效,主要原因之一就是政府法令的配合。尤其是1970年颁布的职业安全和健康法(OSHA)更是值得借鉴。OSHA是一种联邦法律,它的目的是用来改善全国工人的工作环境,该法律使雇主承担了两种义务:一个义务是免除工作环境中所有的危险因素;另一个义务是遵守劳工部设定的工作环境安全标准。由于该法律对违反规定的雇主有很重的法则,因而促使雇主更重视损失控制工作。

合理地设计项目组织形式也能有效地预防风险。项目发起单位如果在财力、经验、技术、管理、人力或其他资源方面无力完成项目,可以同其他单位组成合营体,预防自身不能克服的风险。

使用损失预防时需要注意的是,在项目的组成结构或组织中加入多余的部分同时也会增加项目或项目组织的复杂性,提高项目的成本,进而增加风险。

有些风险,可以使用成熟的损失预防技术。例如外汇风险,世界银行发放的贷款,一般都以多种货币支付,原因之一就是帮助借款国避免因贷款货币汇率发生变化而蒙受损失。如果项目的投入或产出涉及到外汇,则必须采取措施预防外汇风险。

2.损失抑制

损失抑制系指在风险损失已经不可避免地发生的情况下,通过种种措施以遏制损失继续恶化或局限其扩展范围使其不再蔓延或扩展,也就是说使损失局部化。在实施抑制策略时,最好将项目每一个具体"风险"都减轻到可接受的水平。具体的风险减轻了,项目整体失败的概率就会减小,成功的概率就会增加。例如承包人在业主付款误期超过合同规定期限情况下采取停工或撤出队伍并提出索赔要求,甚至提起诉讼;业主在确信某承包人无力继续实施其委托的工程时立即撤换承包人;施工事故发生后采取紧急救护;业主控制内部核算;制订种种资金运筹方案等都是为了达到减少损失的目的。

3.损失控制措施

损失控制通常可采用以下办法:

1)预防危险源的产生;

2)减少构成危险的数量因素;

3)防止已经存在的危险的扩散;

4)降低危险扩散的速度,限制危险空间;

5)在时间和空间上将危险与保护对象隔离;

6)借助物质障碍将危险与保护对象隔离;

7)改变危险的有关基本特征;

8)增强被保护对象对危险的抵抗力,如增强建筑物的防火和防震性能;

9)迅速处理环境危险已经造成的损害;

10)稳定、修复、更新遭受损害的物体。

损失控制应采取主动,以预防为主,防控结合。应认真研究测定风险的根源。就某一行为或项目而言,应在计划、执行及施救各个阶段进行风险控制分析。控制损失的第一步是识别和分析已经发生或已经引起或将要引起的危险。分析应从两方面着手:

1)损失分析。通常可采取建立信息人员网络和编制损失报表。分析损失报表时不能只考虑已造成损失的数据,应将侥幸事件或几乎失误或险些造成损失的事件和现象都列入报表并认真研究和分析。

2)危险分析。危险分析包括对已经造成事故或损失的危险和很可能造成损失或险些造成损失的危险的分析。除对与事故直接相关的各方面因素进行必要的调查外,还应调查那些在早期损失中曾给企业造成损失的其他危险重复发生的可能性。此外,还应调查其他同类企业或类似项目实施过程中曾经有过的危险或损失。

在进行损失和危险分析时不能只考虑看得见的直接成本和间接成本,还要充分考虑隐蔽成本。例如对生产事故进行损失和危险分析时,应起码考虑:

1)直接成本。如机器损坏,要计算修复或重置费用。

2)间接成本。如人员伤亡时要计算治疗费、安置费用等。

3)隐蔽成本。除直接成本和间接成本外,还要考虑由事故引起的各种不易察觉的损失。如受伤雇员的时间损失成本;为帮助受伤雇员而停止工作的其他雇员的损失成本;训练替补人员的时间损失和费用;配套设备停止工作的成本;受伤人员痊愈后工作效率降低所导致的损失;因事故而导致情绪变化从而降低工效的损失等。

这些隐蔽成本远远高出直接成本和间接成本之和,专家们估计通常可达直接成本和间接成本之和的4倍,甚至更多。

5.2.3 风险单位分离

分离对策基于一个哲理演化处理,即“不要把所有的鸡蛋放在同一个篮子里”。根据这项哲理,分离又衍生成两项对策分割和储备。这两项对策均在企图减低经济单位对单一财产、特定计划行动及特定人物的依赖,使损失单位简化为更小更多而且更容易预测和控制,从而达到风险管理的目的。

风险单位分离又分两种。

1.风险单位分割

分割风险单位是将面临损失的风险单位分割,即“化整为零”,而不是将它们全部集中在可能毁于一次损失的同一地点。大型运输公司分几处建立自己的车库,巨额价值的货物分批运送等都是分割风险单位的方法。这种分割客观上减少了一次事故的最大预期损失,因为它增加了独立风险单位的数量。

风险分割常用于承包工程中的设备采购。为了尽量减少因汇率波动而遭致的汇率风险,承包人可在若干不同的国家采购设备,付款采用多种货币。比如在德国采购支付马克,在日本采购支付日元,在美国采购支付美元等。这样即使发生大幅度波动,也不会全都导致损失风险。以日元、马克支付的采购可能因其升值而导致损失,但以美元支付的采购则可以因其贬值而获得节省开支的机会。在施工过程中,承包人对材料进行分隔存放也是风险分割手段。因为分隔存放无疑分离了风险单位。各个风险单位不会具有同样的风险源,而且各自的风险源也不会互相影响,这样就可以避免材料集中于一处时可能遭受同样的损失。

2.储备风险单位

储备风险单位是增加风险单位数量,不是采用“化整为零”的措施,而是完全重复生产备用的资产或设备,只有在使用的资产或设备遭受损失后才会把它们投入使用。例如企业设两套会计记录,储存设备的重要部件,配备后备人员等。

储备风险单位可以在项目的组成结构上下功夫,增加可供选用的行动方案数目,提高项目各组成部分的可靠性,从而减少风险发生的可能性。有些国家设副总统,就是典型的风险储备策略。为了最大限度地提高项目的风险防范能力,应该在项目结构的最底层,为各组成部分设置后备。例如,城市污水收集处理系统应设置备用泵;为不能停顿的施工作业准备备用的施工设备;航天飞机装有四种不同版本但功能相同的计算机软件,而计算机则设五台,四台启动,一台备用等。

又如,1996 年 8 月中旬,二滩水电站工地在紧张的施工之中,因意外事故,承担骨料和混凝土生产、冷却系统和大坝混凝土浇注系统的两台意大利进口变压器烧毁,施工陷入停顿状态。大坝混凝土是整个工程的重中之重,是以时、日计的关键工序。但是,该工地却没有备用的变压器,情况十分危急。幸运的是,远离工地两千多公里的北京变压器厂恰好有两台供出口的同型号变压器,经过有关方面大力支持,终于运到工地并安装调试成功,恢复了大坝混凝土的浇注。这一事件说明了后备措施的重要性。

分离风险单位的两种方法一般都会增加企业开支,有时作为对付风险的方法并不实用。虽然增加风险单位可以减少一次损失的损失幅度,但也会增加损失频率。

与分离有异曲同工之妙的对策是风险结合对策。所谓结合法是将同类风险单位加以集合,便于未来损失预测,从而降低风险的一种方法。企业的合并经营、联营及多国化企业经营等都是结合法的实际运用。从结合法的定义可知,结合法有增加风险单位的功能但增加的途经与分离不同,分离是把一个拆散为好几个而结合是把很多个组合起来方便预测控制。

综上所述,分割、储备和损失抑制措施似乎有点类似。然而这三项对策损失频率和幅度及预期值的影响各有程度上的不同:首先,分割与储备并不像损失抑制特别强调以缩小损失幅度为目的。其次,分割和储备不以缩小损失为目的但仍有使损失缩小的功效,但损失频率的功效上两者并不相同。分割可能增加损失频率,但储备对损失频率则毫无影响。这是因为分割的结果会使风险单位增加而增加了风险频率。第三,储备由于对损失频率无影响,有缩小损失幅度的功效,因而有降低损失预期值的效果。第四,分割对损失频率和幅度都有影响,分割是否降低损失预期值主要由分割对频率和幅度影响程度高低而定。

5.2.4 控制型风险转移

风险转移的途径有两个:一是通过保险合同转移出去;另一个是通过非保险合同转移出去。不论何种途经都牵涉到两位当事人,一是转移者,另一个是受转者。对于第一种途径,受转者是保险人,第二个途径则是非保险人。风险转移中的保险策略将在后面章节另行讨论,而非保险的风险转移按转移的重点不同又分为控制型与理财型两种。这里先讨论控制型,理财型在下一节讨论。

所谓控制型非保险风险转移是指转移者将风险转嫁给非保险人等经济个体,从而使该经济个体有从事某特定行动的法律责任,并且有承担因该项行动所导致的损失义务的一种契约行为。它的特性有几点:第一,该风险转移契约的对象不是保险人;第二,该转移契约的目的并不是寻求损失的补偿而是寻求基于法律责任而必须执行某种行动的受转者,所以它转移的重点在法律责任而不是损失的补偿;第三,这种转移契约并没有使转移者完全免除因转移的所可能引发的任何风险。

风险转移是风险控制的另一种手段。经营实践中有些风险无法通过上述手段进行有效控制,经营者只好采取转移手段以保护自己。风险转移并非损失转嫁。这种手段也不能被认为是损人利己,有损商业道德,因为有许多风险对一些人的确可能造成损失,但转移后并不一定同样给他人造成损失。其原因是各人的优劣势不一样,因而对风险的承受能力也不一样。因此,实行这种策略要遵循两个原则:第一,必须让承担风险者得到相应的报答;第二,对于各具体风险,谁最有能力管理就让谁分担。

采用这种策略所付出的代价大小取决于风险大小。当项目的资源有限,不能实行减轻和预防策略,或风险发生频率不高,但潜在的损失或损害很大时可采用此策略。

风险转移的手段常用于工程承包中的分包和转包、技术转让或财产出租。合同、技术或财产的所有人通过分包或转包工程、转让技术或合同、出租设备或房屋等手段将应由其自身全部承担的风险部分或全部转移至他人,从而减轻自身的风险压力。这种对策采用的合同形态有四种:第一,买卖出售合同,例如一爆竹工厂为了避免因爆炸所可能产生的财产风险而将爆竹工厂出让给其他的非保险人,而且这个对策与中止爆竹厂生产的风险规避不同;第二,出租协议,该协议特别适用于财产风险的管理;第三,分包合同,通过分包合同主承包人可将某类特定的工程或计划的法律责任转由分承包人承担;第四,辩护协定,凭此协议风险承受者可以免除转移者对承受者追诉损失的法律责任,例如医生对病人执行开刀手术前往往要求病人签字同意如手术不成功医生并不负责的协议即是。

对应于不同的合同形态,转移风险主要有四种方式:出售、发包、开脱责任合同、保险与担保。

(1)出售

就是通过买卖契约将风险转移给其他单位。这种方法在出售项目所有权的同时也就把与之相关的风险转移给了其他单位。例如,项目可以通过发行股票或债券筹集资金,股票或债券的认购者在取得项目的一部分所有权时,也同时承担了一部分风险。

(2)发包

发包就是通过从项目执行组织外部获取货物、工程或服务而把风险转移出去。发包时又可以在多种合同形式中选择。例如建设项目的施工合同按计价形式划分,有总价合同、单价合同和成本加酬金合同。总价合同适用于设计文件详细完备,因而工程量易于准确计算或简单、工程量不大的项目,采用总价合同时,承担单位要承担很大风险,而业主单位的风险相对而言,要小得多。成本加酬金合同适用于设计文件已完备但又急于发包,施工条件不好或由于技术复杂需要边设计边施工的一些项目,采用这种合同形式,业主单位要承担很大的风险费用。一般的建设项目采用单价合同,当采用单价合同时,承包单位和业主单位承担的风险彼此差不多,因而承包单位乐意接受。

(3)开脱责任合同

在合同中列入开脱责任条款,要求对方在风险事故发生时,不要求项目班子本身承担责任。例如在国际咨询工程师联合会的土木工程施工合同条件(1999 年第 1 版)中有这样的规定:

“17.1 承包人应保障和保持使雇主、雇主人员以及他们各自的代理人免受以下所有索赔、损害赔偿费、损失和开支(包括法律费用和开支)带来的伤害:任何人员的人身伤害、患病、疾病或死亡,不论是由于承包人的设计(如果有)、施工和竣工,以及修补任何缺陷引起,或在其过程中、或因其原因产生的,除非是由于雇主、雇主人员,或他们各自的任何代理人的任何疏忽、故意行为、或违反合同造成的……”

(4)担保

所谓担保,是指为他人的债务、违约或失误负间接责任的一种承诺。在项目管理上是指银行、保险公司或其他非银行金融机构为项目风险负间接责任的一种承诺。例如,建设项目施工承包人请银行、保险公司或其他非银行金融机构向项目业主承诺为承包人在投标、履行合同、归还预付款、工程维修中的债务、违约或失误负间接责任。当然,为了取得这种承诺,承包人要付出一定代价,但是这种代价最终要由项目业主承担。在得到这种承诺之后,项目业主就把由于承包人行为方面不确定性带来的风险转移到了出具保证书或保函者即银行、保险公司或其他非银行金融机构身上。

总结前面所述各项风险控制对策的说明,如表 5.1 所示。

风险控制对策 表 5.1

对策名称	性质	适用情况	备注
规避	企图使损失频率等于零的行动	损失频率及幅度均极高时	在特定范围内有效,不但个别经济单位免除了风险而且整个社会也可免除
预防	降低损失频率	损失频率高损失幅度低时	可以降低损失频率,但无使损失频率等于零的企图
抑制	缩小损失幅度	损失幅度高损失频率低时	有时与预防很难严格区分
分离	增加风险单位使损失易于测算	原有风险单位极少或失去其原有功能时	可分为分割及储备
转移	转移法律责任给非保险人	需要由非保险人承担某一行动时	与风险理财型风险转移不同

5.2.5 风险控制理论

任何损失的发生,一定有其发生的远因和近因。远因在学术理论上称为危险因素,危险因素是指引起或增加因某种损失原因产生的损失机会的条件,它可分为物质危险因素和人为危险因素,后者又可分为心理危险因素和道德危险因素;近因则称为危险事故,即有危险因素存在就有可能引发危险事故而导致损失,诸如火灾、暴风、盗窃等都是造成财产损失的危险事故。因此,危险因素、危险事故及损失三者之间具有因果关系。危险事故是损失的直接原因,而危险因素是损失的间接原因,而损失是指非预期的经济价值之减少。损失形态上可分为实质损失、收入损失、费用损失及责任损失四种。要达到控制风险的目的应从降低损失频率缩小损失幅度,理论上应从危险因素、危险事故及损失三方面着手,但就实用的技术控制层面而言,自1900 年以来有 5 种不同的控制理论,这五种理论分别从不同的观点导出意外事故发生的原因进而提出控制的各项措施,是从事风险控制实际的理论基础。下面简单地介绍这几种理论。

1. 骨牌理论

骨牌理论是 1920 年由著名的工业安全工程师 H. W. Heinrich 发展而成。这个理论认为所有意外事故的发生是因下列五张骨牌之前四张中任何一张倒掉而产生的。这五张骨牌之名称分别是:先天遗传个性及社会环境;个人失误;不安全动作或机械因素;意外事故本身;伤害。

在上述骨牌理论中,Heinrich 特别强调三项重点:第一,每个意外事故均以先天遗传个性及社会环境开始而以伤害结果作为结束;第二,移走前四张骨牌中的任何一张均可防止伤害的产生;第三,移走第三张骨牌(不安全动作或条件)是预防伤害产生之最佳方法。对于第三张骨牌,他更进一步补充说明不安全动作比不安全条件更为重要。在他提出骨牌理论前,大部分工业安全专家都强调不安全条件比不安全动作更重要,也就是 Heinrich 强调人为正确操作的教导比改善有缺陷的机器更能有效防止伤害的产生。因此,这一理论较适合于企业员工在职伤害以及主要由人为因素所导致的意外损失,对于天灾则不太合适。

2.一般控制理论

在 Heinrich 骨牌理论发表后,仅数十年间,工业卫生专家和安全工程师发展了一般控制理论,该理论强调意外发生的原因中不安全物质条件或因素比不正确或不安全的人为操作更为重要。因此有了下列 11 种一般控制之措施:

1)用对人体健康较少损伤的物质材料代替损伤大的材料;

2)改变操作程序以降低工人接触存在不良物质因素的机械设备的机会;

3)确立和隔离工作操作程序范围以减少暴露于风险中的员工人数;

4)对易产生灰尘的工作场所洒水以减少灰尘;

5)对易产生污染物的关键地方和扩散途经予以防范和阻挡;

6)加强通风设备以提供新鲜空气;

7)穿戴个人防护装备,例如护目镜;

8)良好的维护计划;

9)对特殊的危险因素应有特殊控制措施;

10)有毒物质应有医疗检测方法;

11)工程安全控制方法的教育培训。

这种控制理论强调物质危险因素控制,因此损失控制对策在该理论支持下尤其显示其重要性。

3.能量释放理论

1970 年美国著名的大众健康专家和第一任高速公路安全保险研究中心总经理 William Haddon Jr.提出了能量释放理论。该理论认为意外事故发生的基本原因是能量失去控制,基于该项理论有 10 项的基本控制策略如下:

1)防止能量集中。例如,禁止核武器发展,禁止高动力车辆生产等都是这项策略的具体实施。

2)降低能量集中数量。例如,限制炸弹或爆炸规格,限制车辆行驶速度。

3)防止能量释放。例如,防止电梯掉落及暴徒逃逸。

4)修改能量释放速率和空间分配。例如,降低滑雪道斜坡斜度,对蒸气锅炉加装安全阀门,要求深海潜水员慢速潜入海中以减少水压的影响等。

5)能量释放以不同时间和空间分离。例如,设置不同巷道分别供行人和汽车使用,以不同时间控制飞机起落。

6)在能量与实物间设置障碍物。例如,汽车驾驶座加装安全带,要求工人穿上防护衣,建筑物加装防火门等。

7)对曾受到能量释放冲击的实物修改其接触面和基本结构。例如,小孩仅允许使用锈钝剪刀。

8)加强实物结构品质。例如,对地震区要求建筑物进行防震设计,对从事危险工作员工加强训练。

9)快速检测和评估毁损情况以控制其扩散或持续发生。例如,紧急救难,加强防火观测等。

10)实施长期救护行动以降低毁损承担。例如,对受损员工实施康复计划,对受损财物实施维修计划。

4.TOR 系统理论

所谓 TOR 系统全称为作业评估技术系统。该理论认为意外事故之所以发生是由于组织管理方面的缺陷所致。TOR 系统理论由 D. A. Weaver 首创,赞同该理论的 Dan Petersen 发展出五项风险控制基本原则并将管理方面缺陷归纳为八类。五项基本原则分别是:第一,不安全动作、不安全条件和意外事故是组织管理系统存在缺陷的征兆;第二,会产生严重损害情况应加以辨认彻底和控制;第三,安全管理应像其他管理功能一样设定目标并借助计划、组织、领导和控制来实现目标;第四,有效的安全管理关键在于赋予管理人员责任;第五,安全功能是规范容许意外发生的操作错误。这项功能可通过两个途经达到:寻找意外事故发生的根本原因,或寻找有效的风险控制措施。至于管理方面的缺陷,可归纳为八大类:第一类为不适当教导及训练;第二类为责任赋予不够明确;第三类为授权不当;第四类为监督不周;第五类为工作环境紊乱;第六类为不恰当计划;第七类为个人缺陷;第八类为组织结构和设计不完善。

5.系统安全理论

系统安全源于系统概念,即万物都可视为系统,而每个系统均由较小的和相关的系统组合而成,根据这个观点,可以得出结论:当系统中人为或物质因素失去其应有功能时,意外事故就会发生。系统安全理论的目的就是预测意外事故如何发生并寻求预防和抑制方法。

根据这项理论,风险控制的策略有四项:第一,辨认潜在的危险因素;第二,适当规划设计有关安全方面的方案、规范、条款和标准;第三,为配合安全规范和办法设立早期评估系统;第四,设立长期安全监视系统。

系统安全理论提供了如何分析意外事故发生和如何预防等重要的综合性观念。

综合以上 5 种风险控制理论,基本上都是对意外事故产生原因有不同的观点因而导致基本的控制策略不同。尽管存在不同,这五种理论的目的都是为了降低意外损失发生频率,缩小意外损失幅度,从而减轻对人们生命财产安全的威胁,尤其是近代人道主义越来越受到关注,财产安全固然重要,然而人的生命的保护才是最重要的。

5.3 风险防范技术——非保险风险理财

本节讨论各种理财型风险管理技术,其中保险另列一章叙述。

风险控制中,除规避风险在特定范围内可以完全有效外,其余都无法保证损失不会发生。因此风险控制和风险理财组合进行风险管理才是完善的风险管理技术。

所谓风险理财,简单地说,就是对损失复原所需资金的来源和用途进行管理的一种科学方法,具体来讲,就是在损失发生前对资金来源进行计划和安排,在损失发生时或发生后对资金用途进行引导和控制。

风险理财具有以下的性质:

第一,广义上风险理财应属于一般财务管理的一部分,这个性质其实也是风险管理整体工作的特性,当然它与一般的财务管理性质仍有相当的差异。一般财务管理的目标追求利润的极大化,而风险管理追求损失的极小化;一般财务管理假设条件是静态的、确定的,而风险管理则是在动态和不确定情况下的一种特殊管理领域。

第二,风险理财追求资金的最佳使用途径。因此,现金流量、可用的现金在时间和数量上应满足现金的需求，一种现金来源可满足多种现金需求及一种现金需求有多种来源现金满足都是非常重要的。

第三，风险理财的决策是最合适的决策而不是最大化的决策。

风险管理之所以受到重视，主要是因为它的基本目标是在灾难发生后仍可使企业站起来求生存。对企业而言，损失发生后仍有资金运转调度是生存的第一要素，而这点只有靠风险理财才能完成。

基本上，风险理财可分为两大类：一是风险转移；二是风险承担。每一类又分为数个小类，下面具体分别叙述。

5.3.1 风险的财务转移

所谓风险的财务转移，系指风险转移人寻求用外来资金补偿确实会发生或业已发生的风险。风险的财务转移包括保险的风险财务转移(通过保险进行转移)和非保险的风险财务转移(通过合同条款达到转移之目的)。

1.保险

保险的风险财务转移的实施手段是购买保险。通过保险，投保人将自己本应承担的归咎责任(因他人过失而承担的责任)和赔偿责任(因本人过失或不可抗力所造成损失的赔偿责任)转嫁给保险公司，从而使自己免受风险损失。非保险的风险财务转移的实施手段则是除保险以外的其他经济行为。例如，根据工程承包合同，业主可将其对公众在建筑物附近受到伤害的部分或全部责任转移至建筑承包人，这种转移属于非保险的风险财务转移；而建筑承包人则可以通过投保第三者责任险又将这一风险转移至保险公司，这种风险转移属于保险的风险财务转移。

保险是转移风险最常用的一种方法，项目班子只要向保险公司交纳一定数额的保险费，当风险事故发生时就能获得保险公司的补偿，从而将风险转移给保险公司(实际上是所有向保险公司投保的投保人)。在国际上，建设项目的业主不但自己为建设项目施工中的风险向保险公司投保，而且还要求承包人也向保险公司投保。例如在国际咨询工程师联合会的土木工程施工合同条件中有这样的规定：

“18.1 当承包人为应投保方时，应按照雇主批准的条件向保险人办理每项保险。这些条件应与双方在中标函的日期前协商同意的条件相一致。

18.2 应投保方应为工程、生产设备、材料和承包人文件投保，保险金额应不低于全部复原的费用，包括拆除、运走废弃物的费用，以及专业费用和利润。应投保方应对承包人设备投保，保险金额不低于全部重置价值，包括运至现场的费用。

18.3 应投保方应为可能由承包人履行合同引起、并在履约证书颁发前发生的，任何物质财产的任何损失或任何人员的任何死亡或伤害，办理责任险。”

2.非保险财务转移

保险是转移纯粹风险非常重要的方法，除了保险还有非保险的风险财务转移。

(1)免责约定

这种约定是指约定的一方将在此合同下所产生的对他人身体伤害及财产损失责任转移给另一方承担。这种约定与责任保险契约似乎没有太多的区别。但重要的是免责约定转移的对象并不是保险人，而且所指的身体伤害和财产损失是以契约责任下的损失为限度而不是控制型辩护协定下的法律责任。主要形态有：不动产租赁约定、工程合同和委托合同。

(2)保证

非保险的风险财务转移的另一种形式就是通过担保银行或保险公司开具保证书或保函。根据保证书或保函,保证人保证委托人对债权人履行某种明确的义务。保证人必须履行担保义务。否则债权人可以依据保证书或保函向保证人索要罚金,然后保证人可以向委托人追偿其损失。通常拿现金或债券或不动产作抵押,以备自己转嫁损失赔偿。通过这种形式,债权人可将债务人违约的风险转移给保证人。

(3)风险中性化

非保险的风险财务转移还有一种形式——风险中性化,它是指将损失机会与获利机会平衡的一种方法,是投机风险的主要处理对策,而纯粹风险并无获利机会故无法适用。风险中性化用在商业价格风险时,称为套购,它是通过买卖双方交易进行时互相约定使可能的价格风险彼此抵消的一种程序。例如甲与乙打赌约定,赢时甲赚一元,输时甲亏一元,这时甲担心受到损失再与丙打赌,约定条件恰好与乙的约定条件相反,即输时甲赚一元,赢时甲亏一元,如此安排对甲而言输赢均无损失,称为中和。承包人担心原材料价格变化而进行套期交易;出口商担心外汇汇率波动而进行期货买卖等都是风险中性化手段,不过采取风险中性化手段没有机会从投机风险中获益。因此,这种手段只是一种防身术,只能保证自己不受风险损失而已。

3.非保险风险转移适用情形

财务型非保险转移的优点如下:

第一,该方法允许企业可转移某些无法通过保险转移的潜在损失;

第二,该方法的成本可能比投保便宜;

第三,将损失转移优于直接控制。

非保险转移受限制的情况有如下几点:

第一,将风险通过非保险契约转移不见得完全有效;

第二,承担风险者有时无法对转移者的损失负责;

第三,该方法也有可能不能降低投保的成本。

该方法在下列情况下适用:

第一,承担者和转移者之间的损失划分很清楚时;

第二,承担者能够且愿意承受适当的财务责任时;

第三,每位承担者有承担损失的能力时;

第四,应用该方法的成本低于其他方法时;

第五,应用该方法的代价能对承担者和转移者构成引诱时。

5.3.2 风险承担

风险承担是指企业本身自己承受风险所致的损失而言。其基本性质有二个:第一,承担是一种重要的财务型风险管理技术,承担与其他两种财务型风险防范技术的性质不同,它并非将损失转移而是企业自己承受。这种承受并不是企图改变风险单位的损失频率和幅度,因此与控制法也有不同。第二,承担是一种残余技术,这是因为承担在其他风险防范技术无法有效处理风险,也无法避免、转移和加以控制的情况下,企业只好自己承受该风险。当然,并不是说承担是一种不重要的风险防范技术,相反的,它在风险管理中的地位已逐渐受到企业界的重视。

企业自己承担风险的理由很多,比较重要的有以下几点:第一,基于财务成本的考虑,对某些风险承担的成本比其他风险防范技术处理的成本要低;第二,基于管理政策的考虑,有时企业基于管理上方便常采用该方法;第三,其他风险防范技术处理无效时。

承担是风险防范的重要技术,它可以减少潜在损失,可以节省费用成本,可获得保险专家们对风险管理和损失理赔的服务,可获得基金的投资等。当然,它也有限制,企业本身拥有的风险单位有限时承担的功效有时不容易发挥,尤其是自我保险,可能发生财务周转困难,还可能产生欠税的不利影响。

承担一般适用情况有:第一,风险导致的损失频率和幅度都比较低时;第二,损失短期内可预测时;第三,最大损失对企业而言并不严重时。这三种情况下,企业自己承担风险较适当。

依据主动计划性的承担可以分为主动承担和被动承担两种,美国有学者也称为计划性承担和非计划性承担。如图5.2所示。主动承担是指以科学合理的方法评估企业可以承受的损失能力进而作出恰当的理财安排。对于某些风险由于不知道其存在和重要性,或因懒惰没兴趣探讨风险的存在,或因损失过于微小而承担下来,这些都是被动承担。被动承担不属于风险理财的方式。主动承担的具体措施主要有三种:风险自留、自我保险和纯粹专业保险。本章主要讲述前两种。

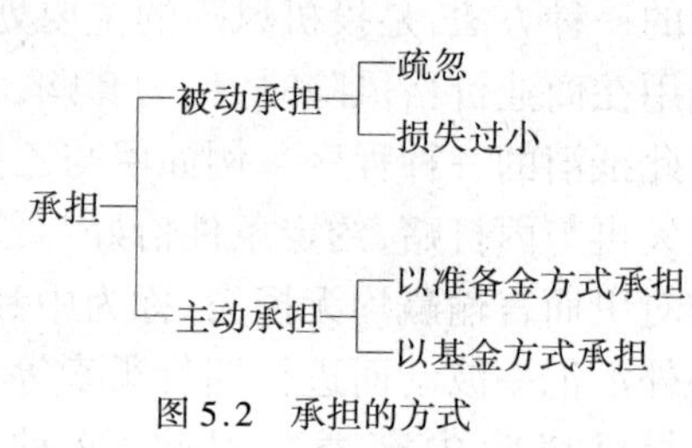

图5.2 承担的方式

1.风险自留

风险自留是将风险留给自己承担,不予转移。这种手段有时是无意识的,即当初并不曾预测到,不曾有意识地采取种种有效措施,以致最后只好由自己承受;但有时也可以是主动的,即经营者有意识、有计划地将若干风险主动留给自己。这种情况下,风险承受人通常已做好了处理风险的准备。

主动的或有计划的风险自留是否合理明智取决于风险自留决策的有关环境。不过应指出,风险是否自留,这是一项困难的抉择。

风险自留在一些情况下是唯一可能的对策。有时企业不能预防损失,回避又不可能,且没有转移的可能性,企业别无选择,只能自留风险。例如,在河谷中建厂的企业发现已没有其他可能的方法来处理洪水风险,而放弃建厂和损失控制的成本都极其昂贵,而且在这一特定领域投保洪灾险也不可能,投资人骑虎难下,只好采取自留风险的对策。但是如果风险自留并非唯一可能的对策时,风险管理人应认真分析研究,制定最佳决策。通常要考虑的因素如下:

1)费用。应比较分析投保费用与自留风险可能耗去的费用的差距。

2)期望损失与风险概率。

3)机会成本。比较保费与损失发生时所开支费用的现值,这里涉及到资金的时间价值。

4)服务质量。保险公司的服务质量与企业自留风险时内部处理损失人员的工作素质之间的差距。

5)税收考虑。考虑税收情况时应弄清以下几点:

①在计算企业纳税时,保险费可以作为经营费用被扣除,然而在财产损失或责任损失自留计划里,企业只能扣除实际损失。由于实际损失可能在时间上分布不规则,所以实行损失扣除与常规的保费扣除相比,其结果可能不太理想。

②如果财产损失风险被自留,企业能够扣除财产的合理市场价值减少的那部分,但这种扣除限于应纳税的价值,即扣除通常不得超过财产的账面价值(历史成本减去会计折旧后的差额)。

③如果未来的额外损失支付是不确定的,每年的扣除额只是当年的实际损失支付额。

决定风险自留必须符合以下条件之一:

1)自留费用低于保险公司所收取的费用;

2)企业的期望损失低于保险人的估计;

3)企业有较多的风险单位(意味着单位风险小,且企业有能力准确地预测其损失);

4)企业的最大潜在损失或最大期望损失较小;

5)短期内企业有承受最大潜在损失或最大期望损失的经济能力;

6)风险管理目标可以承受年度损失的重大差异;

7)费用和损失支付分布于很长的时间里,因而导致很大的机会成本;

8)投资机会很好;

9)内部服务或非保险人服务优良。

如果实际情况与以上条件相反,无疑应放弃自留风险的决策。

2.自我保险

自我保险是指企业本身通过对其拥有的风险单位的损失频率和幅度的合理预测,并考虑企业本身的财务能力预先提存一笔基金以弥补损失的一种计划性的承担。企业内部建立保险机制或保险机构,通过这种保险机制或由这种保险机构承担企业的各种可能风险。尽管这种办法属于购买保险范畴,但这种保险机制或机构终归隶属于企业内部,即使购买保险的开支有时可能大于自留风险所需开支,但因保险机构与企业的利益一致,各家内部可能有盈有亏,而从总体上依然能取得平衡,好处未落外人之手。因此,自我保险决策在许多时候也具有相当重要的意义。

自我保险与保险不同之处有三点:第一,保险是集合多数同类风险单位分担损失的一种风险管理方法,就性质而言是风险结合与转移技术,而自我保险则属企业单独承担风险的技术;第二,保险参加者在保险事故发生时,随时可获得补偿,但自我保险在基金未形成前发生事故则无法获得充分补偿;第三,保险参加者在保险事故发生后,已付的保费参加者不能请求返还,但自我保险剩余的财务仍属于自己所有。

企业采取自我保险并非每个企业都可以实行,而是必须具备一定条件的企业才能合理运作。这些条件分两类:一是保险经营技术条件,包括企业必须拥有众多相同性质而且独立的风险单位及损失必须可以合理预测;二是财务和管理条件,包括企业必须有专门机构专人来处理自我保险计划、企业管理部门需确实同意设立基金以执行自我保险计划、企业需拥有强大的财务结构。

自我保险之所以受到企业界欢迎,主要是借着自我保险企业可以获得以下好处:首先可以节省保费,企业如采取自我保险方案就可节省因投保所需支付的费用负担;其次,可以促进盈利稳定;第三,可以获取基金投资利润,因为自我保险基金的积累一般在损失发生前,企业可利用时差从事投资获利;第四,可防范道德危险因素的产生,企业采取自我保险,由于自我保险人和企业本身同为一体,利害共存;第五,可收到理赔迅速的功效,企业如果购买保险,保险事故发生时,保险人支付理赔金额前需经过一段详细的调查时间,如果损失金额有争议还要经过仲裁,常常无法迅速获得赔偿,但企业自我保险就可免除保险理赔的许多繁琐程序。

当然,企业如采取自我保险,也会受到一些限制,如企业拥有的风险单位数目有限,采取自我保险的企业有可能发生财务调度困难,企业采取自我保险还有可能对税收不利。

就工程承包而言,承包人常见的风险管理策略及相应的措施如表5.2所列。

国际工程中常见的风险防范策略及相应措施 表 5.2

风险目录	风险防范策略	相应的措施
国别风险		
政治风险		
——战乱、政权更迭、政策不稳	风险回避	——调查预测
	风险自担	——索赔
——征用风险	风险转移	——保险
	风险回避	——调查预测
——拒付债务、信用危机	风险自担	——援引不可抗力条款索赔
	风险自担	——调查预测
		——索赔
——政府干预竞争	风险自担	——调查预测
——项目所在国对外关系反常、国际信誉差	风险回避	——调查预测
	风险自担	——调查预测
——法制不健全	风险自担	——索赔
经济风险		
——汇率浮动	风险转移	——投保汇率险，套汇交易
	风险自担	——合同中规定汇率保值
	风险利用	——市场调汇
——外汇管制	风险自担	——易货贸易（实物支付），公司经营当地化
——项目国家税赋予关税	风险自留	——运用价格定价策略，减少在项目国所得税
——通货膨胀	风险自留	——自带设备、材料，执行价格调值
		——执行价格调值，投标中考虑应急费用
——债务繁重，项目资金无保证社会及自然风险	风险回避	——放弃承包
——宗教节日影响施工	风险自留	——采取预防措施，合理安排进度，留出损失费
——社会治安混乱，社会风气败坏	风险自留	——预留损失费
——员工文化素质低下，工作效率低	风险自留	——提供培训，预留损失费
——自然灾害（火灾、洪水、地震）	风险转移	——购买保险，索赔
工程风险		
决策错误风险		
——标价过低	风险分散 风险自留	——分包控制成本，加强管理，加班加点以节省人工费开支，加强索赔工作
缔约和履约风险		
——合同条款中潜伏的风险	风险自留	——对不平等，歧义条款与业主进行协商，加强合同管理
	风险转移	——分包
	风险回避	——采取措施让业主主动放弃该部分工程或由业主转包

续上表

风 险 目 录	风险防范策略	相 应 的 措 施
		——索赔
——业主违约	风险自留	——严格合同条款
	风险转移	——履约保函
——分包人或供应商违约	风险转移	——进行资格预审
	风险回避	
技术风险		
——不详的地质地基条件	风险自担	——索赔，预留损失费
	风险转移	——合同中分清责任
——现场条件恶劣	风险自留	——改善恶劣条件
	风险转移	——投保第三者险
——恶劣的自然条件	风险自担	——索赔，预防措施
——污染及安全规则约束	风险自留	——保护措施，制定安全计划
管理风险		
——时间管理	风险自担	——高度重视工期安排，重视资金筹备，采用先进管理措施
——物资管理	风险转移	——购买保险
（对永久结构、材料设备的措施）	损失控制	——加强保护措施
——人事管理	风险自留	——预防措施
（劳务争端或内部罢工，造成人员伤亡，发生工作事故）	损失控制	——预防措施
	风险转移	——购买保险
工程费用和收益风险		
报价风险	风险自担	——预留损失费
费用风险	风险自担	——预留损失费
收益风险	损失控制	——建立专门人才库、预留损失费
责任风险		
工程责任		
——技术质量责任	风险转移	——分包
	风险自担	——预留损失费
	损失控制	——建立专门人才库
——安全责任	风险自担	——建立预警系统
	风险转移	——购买保险
——法律责任	风险自担	——预留损失费
——人事责任	风险自担	——预留损失费
	风险转移	——购买保险
——社会责任	风险自担	——预留损失费
	风险转移	——购买保险

5.4 风险防范技术选择策略

风险防范技术多种多样，不同的风险，应采取不同的对策。如医生治病，必须对症下药。企业家应该在风险面前临危不乱，应对有方。这就要求认真研究各种可行的措施，制定正确决策，这就是风险管理决策。选择风险管理决策不能凭空武断，也不能想当然或一厢情愿，应该尊重客观实际，按照客观规律，用科学的分析方法，逐一比较，逐一论证。制定风险防范决策时，尤其不可忽视对危险的发生概率和频率以及对经济效益产生的重大影响的许多关键因素。选择风险防范技术应该多种手段并用，多种因素综合考虑，不能依赖于单一方法或仅重视某些众所周知的因素和现象。

5.4.1 风险防范技术选择的意义

风险防范技术选择在整个风险管理过程中是重要的一环，是贯穿各个程序的一条主线。没有科学的风险管理决策，也就无法实现风险管理的目标。另一方面，前期工作如风险识别和风险衡量是风险管理决策的基础。

决策工作在风险管理中的关键作用可从决策本身的内涵中得到体现：其一，风险管理决策取决于风险管理的宗旨，风险管理决策对应于风险管理目标，是实现风险管理目标的保障和基础，必须确保所采取的风险管理决策能达到以最少的费用支出获得最大的安全保障这一管理目标。其二，风险管理决策是对各种风险管理方法的优化组合和综合运用，从宏观的角度制定总体行动方案。风险管理计划的编制要依据风险管理目标，分析风险因素、风险程度，了解可供选择的方法的利弊及成本，在综合评价后作出合理的选择和组合。

事实上，人们在面对风险时都在有意识或无意识地运用不同的风险管理方法。如避免风险，转移风险，自留风险，采用防损技术，或者综合运用各种方法。作为一门新兴学科的重要组成部分，风险管理决策所着重强调的是如何更科学更有效地将各种方法结合起来，把处置风险从无意识行为上升为有意识的组织行为，从盲目的试探、碰运气转化为建立在科学基础上的合理选择。

5.4.2 风险防范技术选择的原则

风险所具有的一些特性，如客观存在性、偶然性和多变性，使风险管理决策具有区别于其他一般管理决策的特点。为保证风险管理目标的实现，风险管理决策应该坚持以下原则：

1.全面周到原则

经过调查分析，每一个经济单位面临的风险多种多样，风险管理的目标也可细分为多个目标。如损前目标、损后目标等。对不同风险的处置，要实现不同的目标，往往需要采用多种措施，每一种措施都有各自的适用范围和局限性。风险管理决策就是要把所有可供选用的对策仔细分析，权衡比较，在全面周到的基础上寻找对策的最佳组合。

2.量力而行原则

风险管理提供了一种与损失风险作斗争的科学武器，但这个武器的应用是需要付出一定成本的。而同样的成本对具有不同财务实力的经济单位的影响是迥然不同的，即使同一单位在其不同发展时期对同样成本的反应也很可能不一致。

对以盈利为重要指标的企业而言，要分析风险管理成本对企业盈利的影响。一般情况是，风险管理成本从零点开始增加时，企业的盈利能力随之提高，但成本增加到某一点后，情况发生变化，即继续增加的成本将导致企业的盈利能力下降。风险管理人员要尽可能找到这个转折点，在决策时才能正确把握。

3.成本效益比较原则

随着风险管理的成本增加，所获得的安全保障程度一般将提高，但高成本的风险管理决策未必是最好的决策，因为风险管理的总体目标是以最少的经济投入获取最大的安全保障。在决策过程中，要以成本与效益相比较这一原则作为权衡决策方案的依据。在实际运作中，比较可行的办法是在获取同样安全保障的前提下选择成本最小的决策方案。

4.注重运用商业保险，但不忽视其他方法

为了实现风险管理的损前目标，可供选择的方法包括预警系统、损失控制设备、人员培训制度等，这些措施的落实既可以减少灾害事故发生的概率，又能够降低一旦事故发生时的损失程度。由于风险的复杂多变性和人类对客观世界认识的局限性，人们所采取的风险预防和控制手段无法从根本上消除风险，损失被减少的程度也很难达到令人满意的程度。

为了实现风险管理的损后目标，保险方法具有举足轻重的地位和作用，它是一种最重要的工具，尤其是处置那些估测不准，发生概率小但损失程度大的风险，如巨灾风险等。对于绝大多数经济单位来说，由于拥有的风险单位少，损失预测的准确性较差，购买保险就成为行之有效的选择方案。

选择保险并不是意味着放弃其他方法。为了减少附加保费的支出，可以考虑适当程度的自留风险或其他措施，与保险综合运用，以尽可能减少风险管理的成本，如购买第一损失保险或超额损失保险即属此例。

在正确地识别和衡量风险后，第一步从保险的角度入手，准备一份能最佳补偿全部风险所致损失的保险组合表，要力求全面(为尽可能多的风险提供保障)和充分(每一保险金额足以提供足够的保障)。在这一过程中也许会遇到不可保的风险和无法足额投保的风险，那么就必须考虑保险以外的其他对策。这是一种可行的操作方法。

第二步是对组合表中的保险保障分三类：必须的保障；需要的保障；可利用的保障。必需的保障包括各种强制保险和为预期损失非常严重的风险所提供的保险，如法律强制的汽车责任险，抵押合同要求的财产保险等。需要的保障针对的是那些将严重影响企业经营，造成财务困难，但不至于使企业倒闭或破产的瞬时风险。可利用的保障所处置的是安歇不至于给企业带来严重影响，只在一定程度上给生产经营带来不利的损失的风险。

第三步是对三类保障作具体分析，探讨是否能利用其他非保险对策，以较低的成本获得足够的保障。也许某些损失风险能以低于保费的成本转移给非保险人的其他单位，或经采取措施后风险能减少到不太严重的程度，或者可以较准确地预测，使得自留风险比保险能节约附加保费。也许对于某些风险来说，部分自留与保险的适当结合既节约成本，又获得足够的保障。对于需要的和可利用的保障而言，非保险对策的应用更为广泛和普遍。需要解决的问题是，用成本效益比较的原则去选择众多方案中的最佳方案。

5.4.3 风险防范技术选择的方法

在多种可供选择的风险防范技术方案中应该如何权衡比较以寻求最佳方案呢？随着风险管理这门学科的发展，越来越多的方法被应用于风险管理决策。

1.用定性分析选择对策

为了有效地管理各种可能的风险，应该首先对项目可能遇到的风险进行分类排列，进而对各项风险的保障予以分类，然后根据具体情况决定采取相应的对策，以达到避免风险或者减轻风险可能造成的损失，甚至利用风险扩大收益之目的。为此，应有针对性地、有步骤地采取相应的对策。

首先,应将各种可能的风险保障进行分类。通常风险保障可分为三大类:必需的保障;最好取得的保障;有利可图的保障。

(1)必需的保障

一项工程不可避免会有多种风险,无论是业主还是承包人都会意识到对其中一些风险必须取得预先确认的保障。承包工程中的强制性保险就是属于双方都认为必须取得的保障。因此,在工程承包实践中,业主或其政府明文规定若干强制保险,这些强制保险就是公认的必需保障。

对于一项工程来说,必要的保障通常是通过保险公司办理强制性保险。通常这类保障包括:建筑工程一切险(包括建筑工程第三者责任险),安装工程一切险(包括安装工程第三者责任险),社会保险(包括雇主责任险、人身意外伤害险),机动车辆险,十年责任险等。通过强制性保险取得的保障系公认的必需保障,不管承包人认可与否,这类保障只能通过保险公司获取,承包人无选择自由。

(2)最后取得的保障

除了必须取得保障的风险外,承包人还将面临一系列风险,这些风险有些可以自留,通过承包人自己的主观努力避免或减轻损失,有些则可以通过风险分散的办法,增加承受体以减轻承包人独家的损失负担。还有一些既不宜自留,也不能分散,只能通过转移的办法取得保障,而转移的办法又包括非保险转移和保险转移,这两种转移所产生的结果也是不一样的。在上述各种对策中,究竟应该采取哪一种,需要认真研究,认真比较,既要从定性角度分析,也要按定量方法评估。

最好取得保障的风险基本属于自愿保险范围的风险。这些保险属于非强制性保险,承包人可以根据自己的风险管理策略决定采取是否自留还是转移。通常情况下,这类保险包括运输保险、设备保险、物资保险、产品质量保险、责任保险、汇率保险、政治风险保险等。

(3)有利可图的保障

有些保障虽然要付出代价,但较之可能带来的利益要小得多。例如社会保险,由于这类保险实质是一种社会福利,虽然被保险人应定期缴纳一笔保费,但他却通过社会保险获得许多保障。如失业津贴、家庭津贴、健康保险等。还有些保险为保险人提供了避免或减轻负税的机会,因为,在任何国家缴纳的保险费可计入成本,当承包人面临需要缴纳巨额利润税时,增加投保险种,从而加大了保险费开支,自然会加大企业成本,也就是说加大了纳税扣除额。另外还有些保险可以使被保险人获得稳定的外汇收入,如汇率保险;政治风险保险可以使被保险人免除因政治风险造成的重大灾难,虽然花费了一些开支,但免除了被保险人的各种忧虑,能安心从事经营业务,所谓花钱买平安就是这个道理。当然这里还存在利弊权衡的问题,这就不仅需要做定性分析,而且应尽可能使其量化,做定量分析。

2.用定量分析选择对策

尽管定性风险可以从原则上确定风险防范对策,但定性风险尚不能确切肯定各种对策之间的利弊程度,因此,尽管数理方法在实际应用中存在着局限性,如所采用的数据一般都有误差或者不完整,以及需要专门知识才可使用数理方法等。但是在实用方面数理方法依然具有重要的价值,即使数据不全,风险管理专家更倾向于借助这些定量分析方法作出一些重要的风险管理决策。这些方法使传统方法中隐含的假设和决策原则明确化,从而使人们加深对决策方案的理解,也使应用变得更容易些。

(1)损失期望值分析法

损失期望值分析法就是以每种风险防范技术方案的损失期望值作为决策的依据，即选取损失期望值最小的风险防范技术方案。

1)损失期望值分析法的使用范围

任何一种风险防范技术方案都不可能完全消除损失风险，欲选择最佳方案，首先必须明确每种方案所面临的损失情况。

①损失概率无法确定时的决策方法

每种方案所面临的不同损失后果，发生不同程度损失的可能性一般不同。在损失概率无从得到时，可以采取两种不同的原则确定决策方案：最大损失最小化原则，即比较各种方案下最坏情况发生时的最大损失额，选择最小的并以此确定风险管理方案；最小损失最小化原则，即比较各种方案下灾害事故不发生条件下的最小损失额(包括管理方案的费用，如技术措施的成本、保费等)，选择最小的一个作为决策方案。

显而易见，这两种决策原则都存在着致命的缺陷，即它们只考虑了两种极端的情形：一是发生导致最大程度损失的风险事件；二是风险事件不发生，损失最小。但在现实生活中，更多的情况是损失后果介于最好与最坏之间的，这就极大程度地限制了这两种决策原则在实际决策过程中的运用。

②损失概率可以得到时的决策方法

如果根据以往的统计资料或有关方面提供的信息可以确定每种方案下不同损失发生的概率，人们就可以综合损失程度和损失概率这两方面的信息，选择适当的决策原则，并确定最佳的风险管理方案。

最常用的决策原则是损失期望值的最小化，即计算并比较各种可供选择方案下的损失期望值，选择最小的作为最佳方案。

2)风险不确定性的忧虑成本对风险管理决策过程的影响

在实际操作中，即使自留风险方案的损失期望值小于投保方案，很多人仍然宁愿选择购买保险作为风险管理决策方案，对这种行为的一种解释就是由于不确定因素存在的隐形成本——忧虑因素的影响。

①什么是忧虑成本

一个企业的管理者在没有投保之前，对其财产可能遭受损失始终存有某种忧虑心理，而这种心理严重影响着其经营决策，常常在无形中造成损失。例如没有投保火险且没有采取预防措施的企业负责人对其易燃物资仓库格外小心，他会禁止一切可能导致火灾的作业；显然，未投保火险但对其仓库已采取了防火措施的企业负责人，虽然对仓库失火也很忧虑，但其忧虑程度不会像前者那样大，他可能只是有限度地禁止在仓库附近进行可能导致火灾的作业；而投保了火险的企业负责人则远不同于前两种情况，因为他可以寄希望于保险索赔以弥补仓库可能遭受的火灾损失。因此他对于仓库失火的忧虑与前两种情况完全不同。这种不同的忧虑程度会导致他不禁止或基本不禁止在仓库附近进行可能导致火灾的作业。这三种情况导致企业负责人三种不同的忧虑态度，由此而产生的经济效果也不相同。虽然忧虑程度的差别很难用经济数目表示，但根据其不同的经营结果还是有可能以数量表示出来。为便于对风险对策作出尽可能具体的分析，可以用一定的数字表示忧虑价值。

不论选择哪一个风险管理方案，风险的不确定性都是客观存在的，即风险事件可能发生，也可能不发生，损失程度可能很大，也可能很小。风险管理人员对于可能出现的最坏后果心存忧虑,这种忧虑未来风险事件是否发生都将存在。在运用数量方法选择风险管理决策的过程中,需要把忧虑因素的影响代之以某个货币价值,从而产生了风险管理方案的忧虑成本。

②影响忧虑成本的因素

忧虑成本的确定是非常困难的,因为忧虑是一个极为主观的因素,然而仍然可以从分析影响忧虑成本的因素人手寻求估计忧虑成本的可行途经。

损失的概率分布,尤其是程度严重的损失和发生概率高的损失对风险管理人员的心理反应有直接的影响。风险管理人员对未来损失的不确定性的把握程度,如果人们相信自己对未来损失的预测是足够准确的,那么在采取适当的措施后,忧虑心理就可以缓解;反之,如果人们对未来的估计心存怀疑,即使采取对付措施后,忧虑心理恐怕也难以减轻。

风险管理目标和战略,它们有助于确定企业对各类损失所能承受的最大限度,并且反映了企业的风险态度,对于同一个管理方案而言,风险管理目标及战略的不同会产生不同的忧虑成本。

③忧虑成本对决策过程的影响

由于忧虑成本的加入,各种风险管理方案的损失期望值增加,对于投保方案而言,付出较净损失期望值更多的保险费后,将损失的不确定性化为确定性的支出,就能够大大地减少管理者的忧虑心理,一般此时的忧虑成本为零,如果企业决定部分或全部自留风险,即使采取必要的安全措施,也只能减轻而无法消除忧虑成本。

忧虑成本的确定可以用调查问卷的办法,询问风险管理人员愿意付出多大的经济代价来消除由于损失的不确定性而造成的忧虑心理。

(2)效用期望值风险法

以损失期望值为标准选择风险管理的方案得到广泛的应用,但仍然存在着一些局限。比如这种方法没有考虑到同一损失对不同主体的影响可能是不同的,如10万元的损失也许能导致一家小企业破产,但对大公司而言可能是微不足道的。因此,不同的风险主体对同一损失风险将采取的态度可能截然不同,而这种主观反应的差异是难以用损失期望值分析法衡量的,即使加入忧虑成本仍然难以有效地表现主观态度的不同。潜在损失的严重性可以用效用期望值这种方法来衡量。

1)效用及效用理论

效用指人们由于拥有或使用某物而产生的心理上的满意或满足程度。例如,在现实生活中,一本中学课本对中学生的效用是很大的,而对文盲或大学生的效用却很小。在经济社会中,同样数量的损失将会给穷人带来艰难和困窘远大于对富人的影响。从而,在不确定条件下的决策必然与决策人的经济实力、风险反应产生不可割裂的关系。效用理论为不确定条件下的决策提供了一种定量分析的工具。

效用理论认为人们的经济行为的目的是为了从增加货币量中取得最大的满足程度,而不仅仅是为了得到最大的货币数量。一般的做法是,通过特别的方法(主要是询问调查法),了解决策者对不同金额的货币所具有的满足度(量化指标为效用度,在0~100),然后计算不同方案的效用期望值,以决定方案的取舍。

2)效用函数和效用曲线

运用效用理论的首要工作是确定决策主体对收益或损失的量化反应,反映效用度与金额之间对应关系的函数为效用函数,如用图表现则为效用曲线如图5.3所示。

人们对损失的态度来看,从理论上可以分成三种类型:①漠视风险型;②趋险型;③避

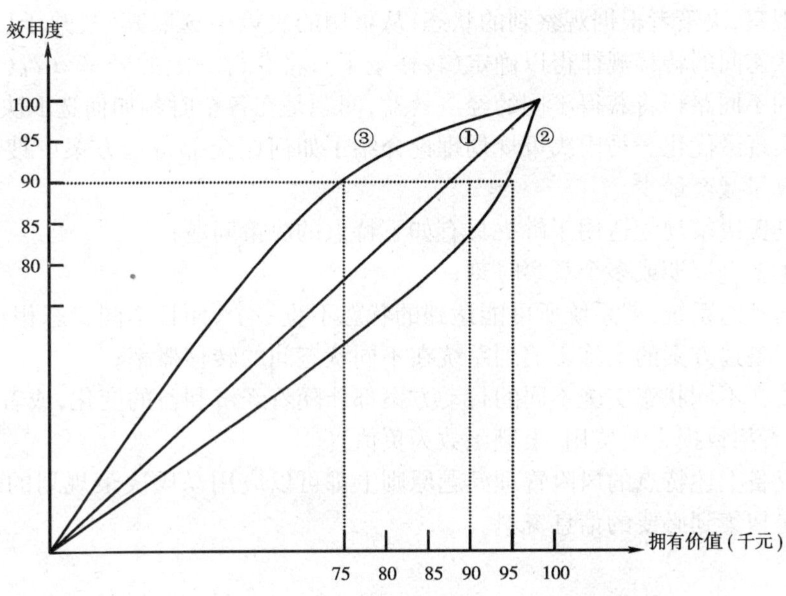

图 5.3　效用曲线

险型。

漠视风险者对损失风险没有特别的反应,他的决策完全根据损失期望值的大小而确定。在图 5.3 中假设三个人对一无所有的效用度同为零,对拥有 10 万元的效用度同为 100,则漠视风险者的效用曲线是通过点(0,0)和点(100,100)的一条直线。为了转移风险,漠视风险者不会付出比期望损失更大的转移费用,显然他很难成为商业保险的投保人。

趋险型的决策者喜欢冒险。在面临一次赌博机会时,他宁愿付出比期望收益更高的赌注来参加赌博,以换取心理上的满足。而在面临不同的损失风险时,为转移风险他所愿意付出的代价则小于损失期望值。当然,趋险型决策者也不大可能购买商业保险,因为商业保险的保费高于损失的期望值。

避险型决策者不喜欢冒险,从而乐意付出较损失期望值更高的代价以避免冒险。当可能损失的金额越来越高时,对避险者产生的负面反应越来越大。而在面临不同的盈利可能时,他所愿意付出的成本小于收益的期望值。大多数人对风险的态度属避险型,这也解释了保险这一商业行为得以存在的原因。

在现实生活中,人们的行为也许不完全依次于某一种固定的风险态度,常见的表现为当损失金额较小时采取趋险的态度,而损失金额较大时采取的却是避险的态度。至于如何确定某人的效用曲线或效用函数,常用的方法有调查问卷、个性测试、赌博实验等。

(3)马氏决策规划法

用两种衡量标准来选择风险管理的最佳方案,即损失期望值和效用期望值,不论采用哪个标准,都是一个周期(如一年或一个生产周期)内的预期损失。然而,在现实生活中人们经常会遇到跨越多个周期的决策问题,并且把单个周期内的最佳方案应用于多个周期时可能会丧失它的优势。所以有必要分析解决多个周期的决策选择问题,并选择其适用的衡量标准。

作为概率统计理论的应用,马尔柯夫决策规划(简称马氏决策规划)为解决此类问题提供了一套切实可行的方法。

马氏决策规划是研究某动态系统的最优化(报酬最大、损失最小等)问题。该系统可周期地被观察,决策者根据观察到的状态,从可用的决策中选取其一,并予以实施,伴以两个结果:系统状态间的转移规律得以确定(转移概率);将获得一定的经济效益(负值代表损失)。系统发展的不同路径将获得不同的经济效益,问题是在各个时刻如何选取决策,使人们选取的衡量指标实现最优化。马氏决策规划理论介绍了如何在全部备选方案中搜寻最优方案,同时力图把计算量减至最少。

马氏决策规划适用于解决具有如下特点的决策问题:

①多个周期或多个观察时刻;

②动态系统,即系统所可能达到的状态不止一个,而且不同状态相互间是可以转移的;

③备选方案的实施影响到系统在不同状态间的转移概率;

④在不同状态实施不同的行动方案都伴随着经济利益的变化,或者赢得利益(报酬函数为正)或者招致损失及费用(报酬函数为负值)。

具备上述特点的风险管理问题原则上都可以应用马氏决策规划的理论来确定最佳方案,关键是搜集到必要的信息资料。

5.5 风险利用

前面章节已经提到,风险是指在给定情况下和特定时间内存在的可能结果之间的差异。既然是差异,就存在两种情况,一种是有利的,另一种是不利的。通常情况下,人们对不利的可能结果的差异见得较多,给人们留下的印象也比较深,而有利的差异却相对较少,给人们留下的印象也不深刻,因此不为人们所重视。事实上,风险有两种:一种是纯风险,这种风险只能造成或不造成损失;另一种则是投机风险,就是说它既可能造成损失,也可能提供谋利的机会。风险利用指的就是利用这类风险,利用其可能提供的谋利机会以获取好处。

当然,并非所有的风险都可利用,也不是任何人都能利用风险。利用风险是有前提条件的,必须选择适当的机会,采取适当的方法,因势利导,才能达到利用的目的。

利用风险往往需要付出代价,甚至要冒很大的危险。铤而走险者有时能获得成功,获取巨额利益;但也可能鸡飞蛋打,赔了夫人又折兵,甚至彻底毁灭。因此,利用风险要求谨慎而不保守,果断但不草率,而且一定要客观评估自身的承受能力,预先设想各种可能的结果,并准备好相应的措施。

5.5.1 风险利用的可能性

风险利用仅针对投机风险而言。投机风险系指可供人们进行投机活动进而谋取利益的风险,即可利用的风险。随着改革开放的深入,人们的观念在不断改变。投机一词已不再为人们所鄙夷。所谓投机,就是利用机遇以谋取好处。从企业经营角度,这没有什么不对,经办企业,谋取利润是其根本目的。当然,我们并不主张为了谋利而不择手段,我们所讲的投机,并不是指不择手段的谋取利益,而是指充分利用机遇以谋取利益。

1.风险中蕴藏着利润

盈利的机遇并不是显而易见、随时都有的,恰恰相反,它常常给人的印象是风险,表面上常给人一种可怕的印象,令人望而生畏。例如一项投资经营,人们虽然能想到其投资收益,但最先给人的印象是这项投资必然要面临的风险。比如投资失败情况下身败名裂、倾家荡产等。即使在日常生活中也是如此。比如学开汽车,许多人会立即想到开汽车会出车祸,一旦出了车祸就有可能车毁人亡,因此许多人不愿当汽车驾驶员。经营活动中存在着各种风险是必然的,但在许多情况下,风险中蕴藏着利润,或者说风险与利润并存,利润潜伏于风险之中,排除了风险即可取得利润。

2.利润与风险并存

风险产生于主观判断与客观实践之间的差异。存在这种差异是必然的。如果没有差异,也就没有风险;差异有顺差和逆差,也就是说存在着对经营者有利和不利的差异。所谓有利的差异是指实际发生的风险并没有主观推测的那么严重,甚至出现完全相反的局面,从而对经营者有利。工程投标报价时,承包人通常都考虑一定比例(通常占总价5%)的不可预见费,实施工程时,因其预先采取种种风险控制措施,实际发生的风险费很可能大大低于这个比例,这样承包人原来作为不可预见的费用很可能有一部分转变成利润。

经营实践中,利润与风险并存。承担一定的风险是取得利润的前提条件,拒绝承担风险就无法取得利润。例如带资承包,有些国家规定对承包工程不支付预付款,承包人要想实施承包工程,必须自备启动资金。毫无疑问,自备启动资金是有风险的。首先,承包人要考虑融资,要借贷,因而要支付借贷利息;其次,这笔借贷利息只能靠承包工程获取的利润偿还,而承包工程的利润如何,完全靠自己争取,多数情况下,只要承包人在投标报价及履约各阶段不出现重大失误,承包工程是有利可图的,如果承包人要赢取利润,首先必须承担带资承包的风险。如果承包人资金实力雄厚,则可以只提供启动资金,而将工程实施任务转包给没有资金实力但有较强的施工和管理能力的另一家公司,则承包人就可通过仅仅承担带资风险就可获得远远高于单纯投资或存款的利润。

3.风险因素可以改变

风险的发生是多种因素变化的结果。这些因素始终处于内因外因变化而导致的变化之中。不同的阶段,风险因素所起的作用不同。例如投标报价阶段,价格因素是夺标的关键,而签订合同后,业主的履约意愿和客观外界的条件就成为合同能否顺利实施的关键。然而,所有这些风险因素并非一成不变,比如投标报价,虽然价格因素至关重要,但根据国际惯例,报价虽然是主要标准,但不是唯一标准,承包人可以通过各种手段,在不压总价或尽量少压价的条件下夺取项目;在履约期间,许多情况都在不断变化,原来预测会造成损失的子项或工程部分,可能因承包人比较重视或预先已有防范措施而不再成为风险。相反,被认为安全无事的部分却有可能因麻痹大意而造成损失,所谓小河沟里能翻船就是这个道理。既然风险可以改变,承包人和投资商或业主都可以尽自己最大努力,对风险因素予以因势利导,或者改变风险性质以达到为其所用。例如某承包人因报价失误而面临承包工程巨额亏损的风险,承包人本想中途废约,但如果主动要求废约,无疑要承担巨额赔偿,于是承包人利用业主方面履约不力的弱点,向业主提出种种使其难以满足但却看似合理的要求,最后业主无奈,只好满足承包人的索赔要求,承包人不仅避免了巨额亏损,而且获得数目可观的索赔收益。

4.风险可以成为索赔的合法动因

承包工程可能会遇到多种风险,其中有相当一部分可以成为向业主或保险公司进行索赔的合法动因。例如政治风险、社会风险和自然风险等。如前所述,这些风险包括由多种因素引起的导致承包人蒙受损失的风险。承包人通过科学的预测和应变策略的灵活运用,可在风险发生前或发生期间采取各种防范或控制措施,尽可能减少自己的实际损失,并利用业主或保险公司的工作疏漏及风险发生期间无法对承包人的保护措施进行审核或确认等客观因素,做好各种索赔准备,如在致业主和监理工程师的函件和向保险公司提供证明文件中夸大损失额,或在索赔谈判时抬高要价，从而扩大索赔收益。例如某国承包人在中国承包一项大型房屋工程期间，利用中国 1989 年发生的政治事件夸大其经济损失，谎报其进行的风险防范措施，从而漫天要价，最后获取巨额索赔收益，使其工程由亏损严重而变为巨额盈利。

5.风险并非永恒不变

风险是有时间性的。在某一时期内，一个市场或一项经济活动可能面临重大风险；而在另一个时期内，这些风险可能不复存在。国别风险的时间性较强，尤其是政治风险，根据这一特征，投资商或承包人通过对形势的准确分析和判断，冒着短时间的风险，进入某一市场建立根基，以图后来的发展。例如俄罗斯及独联体诸国，目前因体制变更，经济形势相当严峻，但可以相信，这种局面不会长久，借助外援，其经济将会复苏，形势必有好转。由于这些国家的市场潜力大，一旦其经济秩序走上正轨，承包工程市场需求将会异常迫切，而市场对于承包人的容纳量将庞大无比。正因为如此，西方国家及第三世界的新兴工业国的企业家纷纷进入这些国家，建立基业以图未来的发展。显然，目前在这些国家承揽工程难免蒙受重大风险损失，但从长远考虑，以这些风险损失为代价，换取未来的可观效益的确是明智之举。20 世纪 80 年代末 90 年代初，我国因西方势力企图孤立制裁，国际援助锐减，外商投资骤停，一些外国企业因目光短浅而纷纷撤离中国，可是就在这时，另有一批企业家却踊跃来华投资，在中国建立基业。时隔不久，中国的形势大大改观，这些来华投资的企业很快就获得可观的效益。所有这些事实无不证明风险不会永恒不变，它具有可利用特征，利用风险可获得可观效益。

6.风险并非千篇一律

虽然风险无处不在，但不同的地方不大可能发生同样的风险。而同一风险在不同的人身上也会产生不同的效应。根据这一规律，经营者可运用自己的智谋，在不同的风险之间寻求平衡点或探讨可利用之机。从事工程承包自然会碰上各种风险，但这些风险不会全都发生在同一国家或同一项目上。例如有些国家虽然发包工程不支付预付款，但进度付款及时，工程各项支付都有保证，而且工程贷款利息可进入成本，计算利润税时可作利润税扣除，这样，承包人承揽该国工程只须筹措前期启动资金，其余问题均不用担心。承包人可通过银行，尤其是本国银行取得优惠贷款作为启动资金，按工程所在国商业贷款利率计算贷款利息纳入成本。由于通常情况下，商业贷款利率远比优惠贷款高，承包人因而还可赚取利率差。

7.冒小风险可换取大利润

许多时候，经营者为了取得较大的利益，冒点风险或做出点牺牲是值得的，因为这些牺牲可以换取更可观的收益。例如一些发达国家向不发达国家无偿赠送成套设备，看起来这种慷慨解囊的援助似乎令人费解，供援者无疑要为此承担相当损失，然而这种损失却可以换取更大的收益，因为他们所赠送的设备需配置零配件，接受援助的国家必然要向其购买。利用这种以赠送设备而占领零配件市场的做法不可谓不高明。这种做法自然属于以小损失换取大利润的策略。

5.5.2 可利用的风险

企业经营者几乎天天都要同各种风险打交道，可以说每天都在走钢丝，而这些钢丝有些通向地狱，而有些则通向天堂，企业家应认真辨识，选择通向天堂的钢丝。下面列举了一些风险，这些风险中有相当一部分有利用价值，也有利用的可能。

1.政治风险

政治风险虽然有许多不能为企业经营者所用，但毕竟还是有颇多的风险事件可为人们所用，只要人们能透过风险的现象，看到其中潜伏的谋利机会。通常情况下可利用的政治风险有以下几种：

(1)政局不稳

政局不稳的确对经营者构成威胁，但政局不稳并非永恒不变，之所以政局不稳，是因为在一个国家同时存在着多种对抗势力，而对抗的各方不会永远势均力敌，随着内外因不断变化，各派力量也会发生变化，天下大乱终究会达成天下大治。如果在乱势时打下一定的基础，一旦局势平稳，必将有大批项目付诸实施。这就给企业家提供了可乘之机。中东的黎巴嫩因各派势力相抗，打了十多年的仗，而今秩序趋于平静，国家百废待兴，外来投资源源不断，如果投资商或承包人能在几年前趁乱进驻该市场，打下一定的经营基础，比他人捷足先登，如今处境自然会大大优越于其他同行竞争者。

(2)对外关系紧张

有些国家因奉行一些独特的对外政策，招致外来势力的制裁，从而加大了在该国从事经营活动的风险。例如被西方国家指控为恐怖活动之源的利比亚和伊朗多年来一直遭到西方世界的封锁和禁运，对西方国家的承包人来说，在这两个国家从事经营的确要冒重大风险。然而不少外国承包人却巧妙地利用了这一大好时机，以非常低廉的价格从这两个国家购取被禁运的物资。

(3)权力部门腐败

这种现象的确使承包人要花费不少投资去打通各个环节，但另一方面，承包人却又可以通过赠以厚礼或馈以重金而获取远远大于其耗费的收益。

(4)内乱与骚扰

内乱和骚扰虽然破坏了正常的秩序，但承包人却可以借机索赔以扩大收益。

(5)政府间协议

政府间协议虽然有时束缚了承包人或投资商的手脚，但多数政府协议能起到保护伞的作用，特别是一些带有援助性质的协议。因为这种协议常常为供援国的企业家开创了优越的投资环境，打下了较好的社会基础，特别是处理经济纠纷时，双方的气氛比较缓和，索赔工作能比较顺利进行。

(6)法制不健全或缺乏惯例意识

在一些第三世界国家，许多事情无法可依或无法可循。这种局面自然会给经营者带来诸多困难和风险，但同时也给他们提供了很多方便，使其可利用这些不完善之处。例如进行国际避税或随意性处理经营中碰到的问题，常常能获得一些意外的好处。在独联体各国承包工程一般不用提交保函，罚款情况也较少，加之税法不严，为善于钻营的投资商和承包人留下了不少谋利机会。

2.经济风险

经济风险包括多种，其中不乏可利用之机。

(1)工程所在国外贸实力弱

一个国家外贸业不强，进出口逆差过大，国家外汇入不敷出，毫无疑问要影响国家的对外支付能力。这种情况下，国家要偿还外债只能有两种办法：一种是继续举债，借新债还旧债；另一种办法就是以实物偿付。如果一个国家以实物支付作为偿还债务的主要手段，则债权人将有利可图。首先在价格上，债权人有充分的压价机会，在货品及质量方面，债权人有权坚持自己的标准；其次，债权人可以优先于他人在当地建立原材料加工业，利用当地廉价的劳动力和原材料，从而获取较大的经济实惠；第三，在关税方面，作为抵债的产品，自然要享受各种优惠。

如果债务人是一受外部环境制约的国家如利比亚、伊朗甚至伊拉克，则债权人将能获取更多的好处，特别是在价格方面。

(2)货币贬值

货币贬值对于债权人来说当然是一项重大风险，但货币贬值也并非无利用之处，特别是以两种货币支付的工程项目。

根据国际惯例和联合国制定的《发展中国家工业项目缔约指南》，若合同计价货币为当地货币，应在合同中规定其与流通货币的比值，从而保证合同的外汇值。这种情况下，承包人可在货币支付条件中对外汇比例要求高些，实施合同时，将高出实际需要部分的外汇拨出一部分到自由市场换取当地货币，由于当地货币对流通货币贬值，承包人即可赚取差价。

(3)商品内外差价悬殊

一些国家出于外汇需求，在政府给予补贴的情况下出口商品的价格远比国内市场价格低廉。承包人在承揽该国工程时即可采用由国外采购该国产品用于工程。例如一些在中国承包工程的外国承包人由香港购进由中国出口的钢材和机电产品即可获得巨额价差。

(4)高破产率

高破产率对于国家的经济的确是一大威胁，但对于外来投资者则大有可乘之机。投资人可以凭借自己的实力收购兼并宣告破产的企业以扩充自己的实力。

3.商务风险

商务风险主要反映在金融交易、投资及履约等方面，这些风险造成损失和带来谋利机会的概率几乎不相上下。承担这种风险在某些情况下近乎赌注，一旦造成损失，亏损可能是致命的，但一旦交易成功，则可能一举而获巨额利润。

(1)房地产投资

房地产投资业的成败关键在房地产的市场形势，其价格并不完全以成本为依据，更多情况下受供需形势所左右。如果供大于求，自然投资人要蒙受重大损失；但若是求大于供，则价格上涨幅度将不是一般商品可比。

(2)借贷投机

借贷投机是以借贷资金为资本购进或卖出自己并不拥有的财产。这种投机是利用货币的升贬值，即贬值时买进，升值时抛出，以获取升贬值差额。利用借贷进行投机主要是投资商行为，但承包人也并非不可为之。因为承包人的经营活动离不开借贷资金。

(3)派生金融交易

派生金融交易是以证券、利率、外汇和商品的买卖选择权与期货市场的交易进行的投资活动。这种投资固然会因为管理不善引出重大的经济风险，但只要管理得当，获利并不太难。因为这类投资不需要太大的本金，只须对金融动态进行密切观察，洞察行情走势，加以严格的管理和适当的监控，是可以度过风险而取得丰厚的利润的。

(4)合同条款不严谨

合同条款不严谨常常给合同当事人造成无穷麻烦，双方可能因一含混不清的条款而争论不休。但争论的结果无非两种：对业主有利或对承包人有利。承包人出于考虑施工索赔的需要，有时出于策略，可以对某些问题不宜过分写明，故意留待以后见机行事。例如在合同报价汇总表中，现场费或总部费通常按百分比计取，但以什么为基础，值得认真考虑。如果承包人坚持以合同总价为基础，则取费百分比将大大降低，但如果承包人提高百分比，暂不提计取基础，则将来索赔时尚有可能要求以总价为计取基础；又如有些责任条款，如果不写得过分清楚，则将来发生相应事故时有机会减轻自己的责任进而为索赔所用。

(5)无惯例意识

有些国家因长期封闭,缺乏国际惯例意识,处理问题固执己见。这种行为当然对承包人不利。但如果承包人能投其所好,则往往有利可图。例如在俄罗斯或独联体国家承包工程,许多问题不能按目前国际惯例处理。这种情况对承包人并非完全不利。比如俄罗斯人多数重印象、轻契约,一旦取得其信任,则许多问题都比较容易处理,因此承包人根据具体情况,运用一定的策略,在确保自己利益的前提下投其所好,是可以获得较大益处的。

5.5.3 利用风险方法

风险利用是一门学问,要求风险管理人员不仅要有渊博的知识、娴熟的技巧,还要有高度的责任心和灵活机动的应变能力。利用风险不应只限于少数负责人的策略制订,还必须各有关部门、有关人员密切配合,这是一项综合决策、联合行动,既要照顾各具体环节,更要确保整体利益,既要考虑目前,更要放眼未来。风险利用的实际操作应有步骤、有条理。

1.分析风险利用的可能和价值

制订风险利用决策必须先做可行性研究。首先要解决是否可行及是否有价值(是否有必要)这两个问题。在解决是否可行问题时,必须先对风险的各因素,及可能的变化和最后可能导致的后果进行分析,再根据各项因素的特征寻求改变或利用这些因素的可行办法,以达到取得可为己所用的结果。例如在决定是否利用汇率风险时首先要了解该市场的汇率机制,政府对外汇管理的法规及该法规的实施效果,自由市场调节汇率与官方汇率之差异,有否通过调剂之可能。有些国家外汇管制法律严明,但执行并不彻底,官价与市场价相差极大,这就给经营者提供了通过市场调剂而获取好处的机会;而另有些国家虽然允许换汇,但与官价差别不大,因而市场调汇并不能为经营者提供较大的好处;还有些国家无论是立法还是执法都很严厉,调汇风险极大,有触犯法律而遭受严厉惩罚的可能,通过调汇虽然能获得一定好处,但较之不成功时的严重后果,得不偿失。经营者必须对这三种情况认真比较分析,得出正确的结论。又如承包人在考虑利用工程所在国的不可抗力风险进行索赔时,首先要考虑该不可抗力事件发生的可能性,援引这类事件提出索赔是否成立,通过何种途径能使这种索赔成立,索赔成立情况下能获取多大效益,不能成立时又可能蒙受多大损失等。例如 1987 年,葡萄牙一家承包人在法国承包安装一条大型咖啡生产线。在签承包合同前,他们认真研究了法国的宪法,发现宪法明文规定不允许罢工,而法国实际上几乎每天都有罢工发生,政府并不予禁止,该承包人因而在合同条款中有意不提发生全国性罢工情况如何处理。合同实施期间,法国连续发生长时间的全国性大罢工,开始是学生大集会,紧接着是全国铁路工人大罢工,然后是全国性码头工人、机场工人大罢工,承包人认定有把握以出现全国性大罢工为理由提出索赔能获得成功,因而在发生罢工期间有意在向工程师和业主的致函和各种书面凭证材料中虚报各项开支,待罢工结束后正式以罢工为由提出索赔,虽遭业主拒绝,但他们坚信其索赔成立。最后提交国际仲裁,因法国宪法规定不允许罢工,从而判定罢工事件为不可抗力情况,承包人因而获得巨额索赔收益。

2.计算利用风险的代价

冒任何风险都必须付出代价。计算代价时不仅要计算直接损失和间接损失,还要计算隐蔽损失,因为隐蔽损失要远远高于直接损失和间接损失之和。例如承包工程材料费的计算,不仅要计算其购买价、运费及保险,也要计算通货膨胀因素造成的损失,还要计算因购买时间紧迫无法货比三家、无法选择优惠价所造成的价差损失;另外,鉴于材料是分批购买,因此还要考虑资金的时间价值及在供货不能保证情况下的应急措施所导致的损失。如果自办材料场,不仅需要自办材料场所需直接费和间接费,还要考虑办材料场所需交际费及有关辅助费用。此外,办材料场可能发生的风险费用亦应在计划之内。在制定承担风险决策之前应比较承担与放弃该风险行为的利弊,然后设想未来发生风险时的应急措施将可能导致的费用。

3.评估自己的承受能力

在对风险事件进行透彻的分析和充分的评估之后,应客观地检查和评估自己的承受能力。承担风险是为了获取更大的利益。如果得失相当或得不偿失,则没有承担的意义,或者效益虽然很大,但风险损失超过自己的承受能力且又无法通过举债承受,则不宜硬性承担。例如,投资200万美元,如果成功,一年内可赚取60万美元的效益,但如果投资不成功则有可能亏损30万美元,在企业实力雄厚的情况下,这种投资值得冒险;但对于一个靠负债经营的企业来说,则很可能不可取,因为负债经营的企业经受不起亏本的风险。企业经营规模应量力而定,任何时候,企业都不应盲目冒险,背水一战的策略只是在不得已的情况下才用。比如在国际工程投标时,为了击败对手,当承包人处于骑虎难下的处境时,可以冒一定的风险,但应准备相应的对策。比如临时决定降价5%,那么这5%从何处弥补,如果降低5%只是少收5%的利润,自然不成问题。但事实上,在激烈的竞争中,承包人的预期利润已不可能考虑在5%以上。这样降低5%就有可能出现亏损,因此承包人应心里有数,想好降低报价的补偿措施,只有这样,才有可能立于不败之地,不因承担风险而一败涂地或倾家荡产。

4.制订策略和实施步骤

企业一旦决定利用某一风险,紧随而来的就是如何利用风险。企业决策人及风险管理人员应明确提出为确保总策略实施的各项原则性意见及各项行动步骤,要求每项步骤应达到一定的目标,同时还要对实施期间可能出现的干扰提出相应的解决办法,要逐阶段检查实施结果,并及时提出必要的纠正措施,不要等到最后不可收拾时再来研究。例如承包人在投标报价时不考虑预期利润,寄盈利希望于索赔,则自合同签订之日起,承包人就应考虑通过哪些途径扩大索赔效益,确定在合同实施的各阶段应采取的措施,要求实施合同的各有关人员如何掌握索赔机会,如何为索赔埋下伏笔,如何充分利用当地法规中的不严谨之处。

5.操作时因势利导以扩大战果

许多事情在缔约阶段并不能完全预料,而在履约期间因各种因素的变化导致事件最终爆发。作为承包人或投资商,应密切关注事态的变化,及时因势利导,甚至通过某种行为在一定程度上有意使事态恶化,以达获利之目的。例如某承包人以预期利润为负数的报价夺得一项工程的承包权,无疑其盈利希望只能寄托于工程索赔。该承包人在施工开始阶段已制定了索赔计划和实施步骤,要求其施工项目经理密切关注时局的发展。施工期间,工程所在国发生了大规模的动乱。导致该国政府出动军队平息动乱。工地施工程序当然也受到一定的影响。该承包人认定时机已到,便有意借助这一混乱秩序在施工中不断创造索赔机会,鉴于当时的形势,施工本可以暂停,但因工程师未下达停工令,工人只好继续施工,以至于在动乱期间工地个别工人受伤,工地的个别部位受损。于是承包人便借此大做文章,提出因整个工程和全体施工人员受动乱威胁,要求业主支付安全补偿费,进而又以隐蔽损失为由要求支付赔偿和补偿,从而获得高达数千万美元之多的索赔额,不仅弥补了其当初报价的不足,而且还赚取了巨额利润。

6.总结与提高

任何一项策略都不会从一开始就完全正确无误,需要在实践中不断总结提高。风险利用策略同样如此。企业家应遵循这一规律在策略实施的各阶段及时调整,不断总结提高,以利于指导以后的工作。

在总结和提高时,不能仅仅对已发生的事件和已实施的策略进行总结。对于未曾发生或几乎要发生的风险,或未曾实施的策略也应作出评估,不能只满足于其策略运用已获得的成效,还应找出差距,鉴定其实施的策略是否最佳,取得的效果是否最大,付出的代价是否最小。

5.5.4 利用风险注意问题

风险利用是一项策略性极强的工作,要求风险管理者既要有胆略,又要小心谨慎。风险利用本身就是一项风险工作,利用得好能取得可观的收益,利用不好可能遭受更大的风险。英国巴林银行的破产就是因为其新加坡子公司的一名年轻交易员的期货交易失败。国际上曾有不少投资商因投机失败而倾家荡产,中国也有不少对外承包公司因不善于利用风险却又铤而走险以致给国家造成巨大损失。

综观古今中外的风险利用的成功经验与失败教训,进行风险利用必须注意以下事项:

1.要当机立断

利用风险实质上就是利用机遇。商业机遇并不是随时可有,随处可见。经营谋利很大程度上取决于机遇。机遇常常是一闪即逝,错过时机常常要铸成大错,当断不断会遗憾终身。当机立断强调两个方面,即客观机遇与主观决策。这就要求首先要对机遇有深刻的认识,同样的经营在不同的时期发生,其结果可以截然相反。例如,20 世纪 80 年代初,在中国大城市投资中高档旅游饭店,效益可以倍增;但当各大城市旅游设施基本齐备后,再投资旅游饭店业,显然要注定亏损。又如 20 世纪 90 年代初期,我国掀起了房地产高潮,一些人捷足先登,炒地皮成了暴发户,而为数不少的公司却因房地产业而负债累累,甚至破产倒闭,根本原因就是没有认清形势,盲目地步别人的后尘。当初真正的机遇出现时,他们没有察觉,更谈不上当机立断,看到一些人暴发了,这才觉醒,拼命追捉机遇,殊不知其主观追捉的机遇已经因形势的变化而不再是机遇了。

当机立断要求决策人对形势变化保持高度的敏感,要有远见卓识,有洞察能力,还要有魄力,敢于冒风险。优柔寡断者、盲目追随者都不可能做到当机立断。

2.决策要慎重

碰到有利可图的风险事件时,通常只有两个选择可能;承担并利用风险以期谋利,或者拒绝承担风险从而放弃谋利机会。鉴于可利用的风险通常具有一定的甚至相当大的诱惑力,但这些诱惑常常是以种种假象出现。这就要求我们进行认真分析,要去伪存真,慎重决策。

慎重决策并不是谨小慎微,优柔寡断。相反,许多情况下需要一定的魄力和果断。思前顾后是必要的,但不能贻误战机。慎重决策是指决策应有可靠的基础,应该首先对情况明了,对形势有清醒的估计。对不测事件发生的可能性及其后果应有客观的估计,决策应在情理之中。

3.严密监测风险

凡可利用风险总是具有利弊两方面特征,而这两方面的特征总是不断变化的,有时利大于弊,有时则弊大于利。风险管理人员必须严密监测,及时因势利导。若发现有利态势,应及时采取措施,甚至干脆转移或分散风险,任何时候都不能忘记其可能造成的危害。

监测风险态势不能只看表面现象,应着重监测实质性因素。例如观察政局演变,不能只看到哪一派掌权,应重点观察该派掌权后的政策变化及这种变化有没有社会基础,能否持续等。又如对国际市场的汇率变化的观察,不能只看某种货币急剧贬值,应查找这种贬值的真实原因,分析其后果及此种后果必将会引起的反响。

4.要量力而行

承担风险需要具有相当实力,而利用风险则不仅需要有承受能力,还要有高超的驾驭能力。许多人只看到诱惑而忘却其威胁,只认定成功的一面,而不愿意设想失败的结局,他们对自己的承受能力往往估计过高或根本不考虑其力不从心的情况。

量力并不是单指估量已完全具备的实力,应包括已有的实力,通过一定的措施可以具备的实力和可以借助的实力。例如企业投资,其规模不能仅限于自有的资金,企业在量力时应考虑除了已经拥有的资金能力外,还可以通过集资和贷款等手段。当然对集资和贷款所要求的条件和回报应有充分的准备。

5.应变要有方

利用风险必须事先做好充分的准备,要设想好进攻策略和退却部署,尤其要有脱身之计。要对不利条件和形势作透彻分析,准备各种应变措施,绝不可打无准备之仗。例如房地产投资商,不能只想到房产顺利销售,一定要做好房产滞销情况下的应急措施。应变手段通常指使自己摆脱困境,避免陷入绝境的措施。

思 考 题

1.风险防范技术主要有哪些?

2.风险转移的主要方法有哪些?

3.为什么说转移给他人的风险并不一定构成他人的风险?举例说明。

4.如何运用风险理财对策控制风险?

5.风险自留与自我保险区别是什么?什么情况下风险应该自留?

6.一项经营活动通常应取得哪些风险保障?

7.定性分析是否为风险管理的最佳决策?

8.定量分析通常包括哪些具体方法?

9.何谓忧虑成本?举例说明。

10.以承包人的风险管理对策为例,说明常见的风险防范技术及相应的措施。

11.为什么说风险可以利用?

12.利用风险有什么前提条件?所有可利用的风险都值得利用吗?

13.利用风险应采取哪些措施?

第6章　保险与担保

本章提要：本章主要介绍保险、担保的基本知识，详细阐述工程保险的概念、种类、范围，包括建筑工程一切险、安装工程一切险、社会保险、机动车辆险、货运险以及工程担保的种类。

6.1　风险转移、保险和担保

6.1.1　风险转移的概念与方式

风险转移是设法将某风险的结果连同对风险应对的权利和责任转移给他人。转移风险仅能将风险管理的责任转移给他人，其并不能消除风险。风险转移是建设工程风险管理中非常重要而且广泛应用的一项对策，分为非保险转移和保险转移两种形式。

根据风险管理的基本理论，建设工程的风险应由有关各方分担，而风险分担的原则是：任何一种风险都应由最适宜承担该风险或最有能力进行损失控制的一方承担。符合这一原则的风险转移是合理的，可以取得双赢或多赢的结果。例如，项目决策风险应由业主承担，设计风险应由设计方承担，而施工技术风险应由承包人承担等。否则，风险转移就可能付出较高的代价。

1.非保险转移

非保险转移又称为合同转移，因为这种风险转移一般是通过签订合同的方式将工程风险转移给非保险人的对方当事人。建设工程风险最常见的非保险转移有以下三种情况：

1)业主将合同责任和风险转移给对方当事人。在这种情况下，被转移者多数是承包人。例如，在合同条款中规定，业主对场地条件不承担责任；又如，采用固定总价合同将涨价风险转移给承包人等。

2)承包人进行合同转让或工程分包。承包人中标承接某工程后，可能由于资源安排出现困难而将合同转让给其他承包人，以避免由于自己无力按合同规定时间建成工程而遭受违约罚款；或将该工程中专业技术要求很强而自己缺乏相应技术的工程内容分包给专业分包人，从而更好地保证工程质量。

3)第三方担保。合同当事人的一方要求另一方为其履约行为提供第三方担保。担保方所承担的风险仅限于合同责任，即由于委托方不履行或不适当履行合同以及违约所产生的责任。第三方担保的主要表现是业主要求承包人提供履约保证和预付款保证(在投标阶段还有投标保证)。从国际承包市场的发展来看，20世纪末出现了要求业主向承包人提供付款保证的新趋向，但尚未得到广泛应用。我国施工合同(示范文本)也有发包人和承包人互相提供履约担保的规定。

与其他的风险对策相比，非保险转移的优点主要体现在：一是可以转移某些不可保的潜在损失，如物价上涨、法规变化、设计变更等引起的投资增加；二是被转移者往往能较好地进行损失控制，如承包人相对于业主能更好地把握技术风险，专业分包人相对于总包商能更好地完成专业性强的工程内容。

但是,非保险转移的媒介是合同,这就可能因为双方当事人对合同条款的理解发生分歧而导致转移失效。另外,在某些情况下,可能因被转移者无力承担实际发生的重大损失而导致仍然由转移者来承担损失。例如,在采用固定总价合同的条件下,如果承包人报价中所考虑涨价风险费很低,而实际的通货膨胀率很高,从而导致承包人亏损破产,最终只得由业主自己来承担涨价造成的损失。还需指出的是,非保险转移一般都要付出一定的代价,有时转移代价可能超过实际发生的损失,从而对转移者不利。仍以固定总价合同为例,在这种情况下,如果实际涨价所造成的损失小于承包人报价中的涨价风险费,这两者的差额就成为承包人的额外利润,业主则因此遭受损失。

2.保险转移

保险转移通常直接称为保险,对于建设工程风险来说,则为工程保险。通过购买保险,建设工程业主或承包人作为投保人将本应由自己承担的工程风险(包括第三方责任)转移给保险公司,从而使自己免受风险损失。保险这种风险转移形式之所以能得到越来越广泛的运用,原因在于其符合风险分担的基本原则,即保险人较投保人更适宜承担有关的风险。对于投保人来说,某些风险的不确定性很大(风险很大),但是对于保险人来说,这种风险的发生则趋近于客观概率,不确定性降低,即风险降低。

在进行工程保险的情况下,建设工程在发生重大损失后可以从保险公司及时得到赔偿,使建设工程实施能不中断地、稳定地进行,从而最终保证建设工程的进度和质量,也不致因重大损失而增加投资。通过保险还可以使决策者和风险管理人员对建设工程风险的担忧减少,从而可以集中精力研究和处理建设工程实施中的其他问题,提高目标控制的效果。而且,保险公司可向业主和承包人提供较为全面的风险管理服务,从而提高整个建设工程风险管理的水平。

保险这一风险对策的缺点首先表现在机会成本增加,这一点已如前述。其次,工程保险合同的内容较为复杂,保险费没有统一固定的费率,需根据特定建设工程的类型、建设地点的自然条件(包括气候、地质、水文等条件)、保险范围、免赔额的大小等加以综合考虑,因而保险谈判常常耗费较多的时间和精力。在进行工程保险后,投保人可能产生心理麻痹而疏于损失控制计划,以致增加实际损失和未投保损失。

在作出进行工程保险这一决策之后,还需考虑与保险有关的几个具体问题:一是保险的安排方式,即究竟是由承包人安排保险计划还是由业主安排保险计划;二是选择保险类别和保险人,一般是通过多家比选后确定,也可委托保险经纪人或保险咨询公司代为选择;三是可能要进行保险合同谈判,这项工作最好委托保险经纪人或保险咨询公司完成,但免赔额的数额或比例要由投保人自己确定。

需要说明的是,工程保险并不能转移建设工程的所有风险,一方面是因为存在不可保风险,另一方面则是因为有些风险不宜保险。因此,对于建设工程风险,应将工程保险与风险回避、损失控制和风险自留结合起来运用。对于不可保风险,必须采取损失控制措施。即使对于可保风险,也应当采取一定的损失控制措施,这有利于改变风险性质,达到降低风险量的目的,从而改善工程保险条件,节省保险费。

6.1.2 保险的基本知识

保险是为达到某种经济效能而发生的行为。保险的经济效能主要在于减免危险,对意外的灾害事故所致的损失给予经济补偿。其契约行为表现在当事人必须承担契约双方都可以是自然人或法人。保险合同的受益人是被保险人。

保险的基本常识包括以下方面:

1.投保单与保险单

投保单又称“要保单”或投保申请书,是投保人申请保险的一种书面材料,通常由保险人提供。投保人必须在投保单中填明订立保险单所必需的项目。

保险单俗称保单,是保险人与被保险人之间订立保险合同的一种书面证明。保险单应当将保险合同的全部内容详尽列明,包括保险人和被保险人双方的一切权利与义务。

保险单的主要内容包括:被保险人名称;保险标的;保险的责任范围;保险金额;保险期限;保险费金额及交付办法;缔约双方的权利与义务;保险条款或双方约定的其他条款。

保险单是保险人根据保险合同单方面签发的凭证,也是合同的组成部分,是被保险人向保险人索赔的依据。也是保险人凭以处理赔偿的主要依据。

2.保险责任与除外责任

保险责任是保险人根据合同的规定应予承担的责任。保险责任分为基本责任和特约责任。基本责任是指投保人要求保险人承担赔偿和给付的直接和间接责任;特约责任是指除外责任中不保的,但另经双方协议同意后特别注明承保负担的一种责任。

除外责任是指保险人不承担的责任。除外责任是为了明确保险人所负责任范围而特别列明的,即除了保险人承担的基本责任和特约责任范围外的其他损失。各类保险合同中规定的除外责任不尽相同,但比较一致的有以下诸项:

1)投保人的故意行为所造成的损失;

2)因被保险人不忠实履行约定的义务所造成的损失;

3)战争或军事行为所造成的损失(保战争险除外);

4)保险责任范围以外的损失。

3.保险金额与保险价值

保险金额系指保险事故发生或保险期满时,保险人负责赔偿的最高金额。在财产保险中,保险金额以投保财产可能遭受损失的金额为限,但保险金额不得超过保险财产的价值。如果投保人蓄意超过保险财产的价值,则保险合同无效,即使并非蓄意,超过部分也是无效的,不过,不足额投保财产是允许的,只是在理赔时按保额与实际价值比例计算。

保险价值是指某项投保财产的经济价值。保险人的理赔以保险价值为最高限度。保险价值是确定保险金额的依据,可以用货币计算,亦可估算。保险价值只适用于财产保险。人身保险中的保险价值不能通过估算或货币计算确定。

保险金额的计算与估算通常有两种办法:

1)按账面余额确定保险金额。固定资产可以用账面原值作为保险金额;流动资产按最近账面余额确定,也可以按上年全年平均余额投保或按照投保时上月末余额往前推算一年期的平均余额投保。产成品可以按成本价或出厂价投保;商品可按进货价或销售价投保。

2) 按估算价确定保险金额。这种办法实行得比较普遍。不论是固定资产还是流动资产,都可以按投保进重建或重置价值来确定保险金额。凡按估算价投保的财产,发生损失时,通常按当时的实际价值赔偿。如果发生损失进的实际价值超过保险金额,则以保险金额为限。

4.自愿保险与强制保险

自愿保险是投保人和保险人自愿协议订立的保险。投保人是否投保全凭其自愿,任何组织和个人都不得强迫。保险人如果认为不符合投保条件的,也可以拒绝承保,但符合法律规定的自愿保险不得拒绝。自愿保险有以下五个特点:

1)自愿保险是根据投保人和保险人双方协议的契约行为而产生的,是通过自愿方式来实现的；

2)自愿保险的保险金额的标准不作硬性规定，投保人完全可以自己确定；

3)自愿保险的责任有明确的期限，期满时责任即告终止；

4)保险责任不是自动产生的，而是根据契约规定；

5)保险责任要在投保人按契约规定缴付保险费以后才能产生。

强制性保险是以国家的法律效力实施的，由国家用行政法令、条例等手段规定的必须保险。强制性保险具有以下特点：

1)强制性保险具有全面性，只要是在保险范围内，不管是否愿意，都必须保险；

2)保险责任是自动产生的，不论投保人有没有履行投保手续。凡属于承保责任范围内的标的，保险责任自动开始；

3)保险金额按国家法律规定的统一标准，而不是由投保人自行选定。强制性保险基本上是定额保险，投保人必须按照统一标准十足投保；

4)强制性保险的责任期限虽有一定限制，但保险责任并不因为被保险人未履行缴纳保险费的义务而终止，保险人对保险标的仍承担责任，但对迟缴保险费者征收滞纳金。

就保险人而言，强制性保险是一种自愿保险，因为他可以接受或拒绝承保；但对被保险人来说，则有必须投保的强制性。

5.保险种类

保险的种类繁多，其分类并没有一个固定的原则和严格的标准。根据不同的经营目的、经营管理的需要，通常有以下几种分类：

(1)按保障范围分类

1)财产保险。以财产为保险对象的一种保险，即补偿财产因自然灾害或意外事故所造成的经济损失。如企业财产保险、货物运输保险、运输工具保险、农作物保险、牲畜保险等。

2)责任保险。以被保险人的民事损害赔偿责任为保险对象的保险。凡是根据法律或合同规定，被保险人应对他人的损害所负的经济赔偿，由保险人承担。如第三者责任保险、产品责任保险等。

3)保证保险。担保发行经济合同的一种保险。它保证对方发行合同义务，否则由此造成的经济损失，由保险人负责赔偿，如履约保证保险、忠诚保证保险、信用保险等。

(2)按实施形式分类

1)自愿保险。在自愿的原则下，根据投保人与保险人订立的合同而构成的保险关系。即投保人可以自由决定是否参加保险和选择投保金额；保险人也可以决定是否承保和承保多少。自愿保险是由投保人和保险人双方自愿达成协议并签订契约来实现的。

2)法定保险。也称强制性保险。它是基于国家保险法令的效力构成的被保险人与保险人的权利和义务的关系。它的特点是：只要在保险法令规定的范围的保险对象，都必须参加保险；其保险责任是自动产生的，即不论被保险人有没有履行投保手续。保险金额是按国家规定的统一标准，不能由被保险人自行选定。

(3)按危险种类分类

1)单一危险的保险。保险合同中规定对某一种危险造成的损失给予补偿的保险。如地震保险，只对因地震灾害造成的损失给予补偿；雹灾保险只对冰雹灾害所造成的损失给予赔偿，而对其他灾害造成的损失则不予赔偿。

2)综合危险的保险。保险合同中规定对多种危险均承担赔偿的保险。如企业财产保险中包括火灾、爆炸、冰雹、雷电、洪水、海啸、地震、地陷、崖崩等多种危险的保险；农作物保险中包括水、旱、风、雹、冻、病虫害等多种危险的保险。

(4)按危险转嫁分类

1)原保险。保险人直接承保业务，并与投保人签订合同，构成投保人与保险人的权利和义务关系的保险。

2)再保险。也称分保。保险人承保业务后，将危险责任的一部分转让给另一个或几个保险人(再保险人)承担，以减轻原保险人本身所负的责任，同时将收取的保险费的一部分也转让给再保险人。这种由原保险人通过转让和分保一部分危险责任与再保险人建立的权利和义务关系的保险叫做再保险。

3)共同保险。由两个或两个以上的保险人联合共同直接承保同一对象或同一危险，而保险金额不超过保险对象的保险价值的一种保险。

(5)按经营方式分类

1)社会保险。这时由国家政府颁布法令，实行对公民个人和赡养亲属的经济保障措施。每个国家的社会保险各有不同。多数国家的社会保险都包括医疗、劳动保护、失业及社会救济等。其保险费通常由个人、企业及国家共同承担。

2)普通保险。这是依靠多数成员交付保险费的办法筹集保险基金，用于补偿少数成员因灾害或事故造成的经济损失或因死亡、丧失劳动能力而给付保险金的一种经济补偿制度。如中国人民保险公司开办的财产保险和人身保险等。

6.1.3 担保的基本知识

担保是指当事人根据法律规定或者双方约定，为促使债务人履行债务实现债权人的权利，在人的信用或特定的财产之上设定的特殊的民事法律关系。担保活动应当遵循平等、自愿、公平、诚实信用的原则。

1.担保法规

担保法规是指调整因担保关系而产生的债权债务关系的法律规范的总称。为促进资金融通和商品流通，保障债权的实现，发展社会主义市场经济，1995年6月30日第八届全国人民代表大会常务委员会第十四次会议通过了《中华人民共和国担保法》，自1995年10月1日起施行。

2.担保合同

担保通常由当事人双方订立担保合同。在担保关系中，被担保合同通常是主合同，担保合同是从合同。担保合同是明确当事人之间有关担保事项权利与义务关系的协议，必须由合同双方协商一致自愿订立，如果由第三方承担担保，必须由第三方(保证人)亲自订立。担保的发生以所担保的合同存在为前提，担保不能孤立地存在，如果合同被确认为无效，则担保也随之无效。

3.担保的类型

通常，担保有如下两种划分方式：

(1)法定担保和意定担保

法定担保是指依照法律的规定而直接成立并发生效力的担保方式，主要体现为法律规定的优先权、留置担保和法定抵押权等。

法定担保的成立要件、效力、行使等，均由法律直接规定，毋须当事人约定。意定担保亦称约定担保，系指当事人按照法律规定自行约定的担保。除法律对其成立要件和内容作强制性规定外,当事人可以完全按照自己的意愿缔结担保合同。我国《担保法》中规定的保证、抵押、质押、定金即为约定担保。

(2)人的担保和物的担保

人的担保是指债务人以外的第三人以其信用为债务人提供的担保,主要指保证。人的担保的可靠性取决于担保人的财产资信情况。

物的担保则是指以债务人或第三人所有的特定的动产、不动产或其他财产权利担保债务履行而设定的担保。物的担保包括抵押担保、质押担保、留置担保等形式。物的担保赋予被担保人(债权人)直接支配作为担保的特定财产的权利,在债务人不履行债务时,被担保人可以变卖该财产以清偿其债权。

6.2 保险的特征及其应用原则

6.2.1 保险的基本特征

保险是补偿经济损失的一种保障。从被保险人角度看,保险是一种风险转移机制;从保险人角度看,保险是一种风险自留和风险结合机制。它涉及到风险的某种集中,即保险人将被保险人的风险都结合起来。通过这种结合,保险人增加了他预测自己期望损失的能力。保险具有以下特征:

1.保险不同于担保

从提供经济保障角度,保险和担保都具有保障作用。但这是性质完全不同的两种机制。其主要区别如下:

1)契约当事人不同。保证书(担保契约)中有三方当事人:委托人、债权人和保证人(担保人);而保险合同只有两方:保险人和被保险人。

2)费用承担人不同。保证书(担保契约)的担保费虽然是由委托人支付给担保人,但这笔费用已计入服务成本,委托人将这种包括担保费的成本转移给债权人。实际上担保费是由债权人承担的。例如工程承包中的各种保函,这些保函的手续费都计入了工程成本,都是由业主在支付工程酬金时包括在工程款内。保险合同的被保险人则是通过购买保险来保障自己。保险费不一定能全部转移给债权人:强制保险的保险费可以转移,而自愿保险的保险费则通常由被保险人自己承担。

3)损失产生根源不同。担保契约所涉及的损失有时可能是由委托人故意引起的,它可以起因于委托人无支付意愿或无支付能力,例如承包人宣告破产或债务人宣告无偿还能力,要求延缓偿债期限;而保险合同所涉及的损失从被保险人角度看应该是意外事件引起的。

4)损失承受人不同。通常情况下,担保人不会因履行担保而蒙受重大损失,因为担保人在承诺担保之前会要求委托人提供担保抵押,一旦担保金受到损失,担保人可以相应地从担保抵押金中扣取;而保险人必须给予赔偿,而这行赔偿只能由保险人承担,不可能有任何期望损失备抵。

5)损失发生概率不同。担保人在承诺担保之前可以对委托人的各种有关情况进行调查,进行充分的可行性研究。一旦决定给予担保,基本上能确信不大可能发生委托人不履约行为。虽然实践中也有不少委托人不履约或担保人判断失误现象,但概率毕竟较低。而保险人则因其集中了各种风险,因而难免被保险群体中时有损失发生,其概率远比担保契约高。

2.保险既可带来收益,亦需付出成本

保险的作用可归纳为：

1)给遭受意外损失的被保险人予以补偿。

2)减少不确定性。因为通过购买保险，被保险人将风险转移给保险人，不确定性消除了；另一方面，保险人根据大数定律的规律可以对期望损失作出比较准确的判断，会采取各种防范和应急措施，保险人的不确定性也很小。

3)有易于筹集资金。采用收取保费的办法筹集资金相对来说比较容易。

4)改善小企业的竞争环境。因为通过保险小企业可以大胆地与大企业竞争而不用担心万一失败倾家荡产。

尽管保险能带来种种好处，但却需要付出代价。

首先，保险人要支付相当可观的费用，用于损失控制、损失理赔和有关开拓及相关税费，而被保险人要支付一定的保费。其次，由于保险业的拓展会产生社会道德危险。由于有了保险，一些无道德的人会故意造成损失或加剧损失而获得利润，会出现滥用保险保障的情况，例如获取不正当的索赔、滥用保险服务等。第三，保险业有可能产生社会上的心理危险。因为购买了保险，人们在生产活动中会降低谨慎程度，使冒险性加大。

3.保险具有局限性

保险是处理风险的一种手段，但并不是唯一的手段，因为保险毕竟具有一定的局限性。有许多风险并不能用保险手段安全管理。

保险的局限性体现在以下方面：

1)除少数发达国家以外，多数国家的保险业务只承保纯风险，而对于投机风险，特别是汇率风险、期货交易风险及商业投资风险等业务很少经营。

2)保险业受到法规制约。一般情况下，一家保险公司不得经营多种或全部险种，例如财产保险、责任保险及人寿保险等必须由不同的保险公司分别经营。

3)保险资金需求量大，若无巨额资金作后盾，很难在短期内筹措理赔资金。

4)除政府保险人外，私营保险公司无法承受理赔巨大的或无法预测的风险，如洪水造成的损失、银行倒闭等，而政府保险人也并不积极承揽这类保险业务。

4.保险必须与其他风险对策结合使用

鉴于购买保险既可带来收益，亦须付出保费，企业经营者自然在决定是否投保时会精心比较的。许多情况下，由于损失发生概率小，采取风险自留的预期损失会比投保所付出保费要小。因此，企业家不会对所有可投保的风险都采取投保的办法。另一方面，保险业务中也有将保险与风险自留相结合的办法，例如自负额保险。

6.2.2 保险的应用原则

保险是一种契约行为，订立契约的双方对合同各负有一定的义务，享有一定的权利。签订保险合同时必须遵循一定的原则。

1.诚信原则

诚信，就是诚实和恪守信用。任何保险合同的签订都必须以当事人的诚信作为基础。

之所以在保险中把诚信作为首分原则加以强调，这是因为合同当事人的一方是要保方，他想把风险转嫁出去，投保人对他要保财产的危险状况最为清楚，同时他也应当知道财产的有关情况，而承担风险另一当事人——保险人，除了调查所得的情况以外一无所知，保险人只能根据投保人的陈述来决定是否承保和如何承保。因为，投保人的陈述是否完全和准确，对于保险人所承担的义务关系极大，为保护保险人的利益，必须要求被保险人坚守诚信。当然，诚信是相互的,这一原则也适用于保险人。有时,承保人为了让对方投保,也会有不切实际的宣传,但从合同的性质来说,保险人一般不会有违反诚信的情况,因为一个接受财产保险业务的保险人如果没有诚信,其保险合同就没有法律效力,因而保险业务也就无法开展。当然,这一原则更为主要的是对要保人而言。

基于诚信的要求,投保人在申请保险时,必须向保险人陈述情况,凡与危险有关的实质性重要事实都要如实陈报。所谓实质性的事实就是指对保险人接受这一危险,决定费率起作用的情况,如:

1)超过正常的情况;

2)对道德危险的详细陈述;

3)说明保险人所负责任较大的事实;

4)有关申请人的事实。

一般来说,陈报事实应在订约之前,但在保险单转期时,或保险单有效期间,如所保危险情况有所改变也须如实告知。

保险人为了慎重起见,在某种情况下,在申请书中设有一种固定的格式让被保险人承认保险单上叙述的保证条款,该条款应作为保险单的一部分,被保险人应予遵守。如在家庭财产保险中列有"不堆存危险品"的保证条款;在盗窃险中列有"屋内无人居住时门窗应关好上锁"的保证条款;又英国的保险单上则列有"证明我们填报投保单的各项事实属实,并作为合同的基础"这样的保证条款。

凡对于重要事实陈报不实,不遵守保证条款都被看作是违反诚信原则,影响合同效力。

2.可保利益原则

保险人要求被保险人对其投保的保险标的要具有可保利益,这是一项重要原则。

财产保险保障的目标即保险标的是财产,保险人所承保的标的是任何一种财产或与此相关联的利益;被保险人要求保险人保障的是他对保险标的具有的利益,这种可以进行保险叫做可保利益。

被保险人所具有的这种可保利益要为法律所承认,对于这一财产所具有的某种权利或利害关系是客观存在的。假如财产安全,他就能得益。反之,如财产遭受损毁,他便会受害,这就是利害关系。只要对某项财产具有法律上承认的利害关系,对该项财产就具有可保利益。在财产保险中,由于被保障的是被保险人对财产的有关联的利益。因此,不但被保险人对于财产的物质本身具有可保利益。而且,对于一种预期的、非物质的利益也同样具有可保利益。

财产保险要求在承保或发行赔偿时,被保险人对所保财产要具有三个根本条件:必须是能够为意外灾害事故所损毁的物质;这一物质属保险财产;被保险人对所保财产具有可保利益。可保利益是财产保险中的一个必要条件。财产保险不是赌博,如以无可保利益之他人财产作为保险标的来进行保险,那就是赌博行为,因为他人财产即使发生危险对被保险人无损失,假如被保险人因此而能获得赔款,这就会导致为图谋利益而破坏财产的不道德行为,既为法律所不允许,也失去了保险的本意。所以财产保险必以被保险人对所保标的具有可保利益为条件。

可保利益在保险单的开始和发生损失时都应存在,当保险单已经起期以后,发现被保险人并无可保利益,那时他什么赔偿也得不到,因为他什么也没有保,保险单也就无效;同样,当被保险人的可保利益已经终止或转移出去,如果发生了损失,被保险人也不能得到任何赔偿,因为他对准备买的房屋还没有可保利益;又如某商人对一批货物投保了火险,保期一年,中途他把货物卖给了别人,以后在保单有效期内货物受损,这时他对该货已无可保利益,因而也不能得到赔偿,但财产转移给他人,在取得保险人的同意后,在保单上加以批注,他人即具有可保利益。

3.赔偿原则

保险合同是赔偿性质的合同,当被保险人的财产发生保险责任范围内的灾害事故(遭到损失)时,保险人应当按合同所规定的条件进行赔偿。在履行赔偿责任时应掌握以下几条原则。

1)被保险人按所遭受的实际损失给予赔偿。当被保险人的财产遭受损失后,保险人的意图是对被保险人所蒙受的实际损失(最高不超过保险金额)给予补偿,使被保险人在经济上恰好能恢复至保险事故发生以前的状态,如赔偿过少,不能充分补偿所遭受的损失;如赔偿过多会引起道德危险,这也不是保险的原意。

2)保险人对赔偿金额有一定的限度。

①以实际损失为限。由于财产的价值与市价有关,在掌握限度时,应以市价为准,因为财产的价值是通过该项财产的市价来表示的。徇实际损失多少,首先要确定该项财产的市价是多少,新局面不能超过该项财产损失当时的市价。例如某人为一幢房屋投保,抽保时房屋的价值为 10 万元,在保险合同期内,房屋因发生火灾全部毁损,但此时该房屋的市价已跌至 8 万元,因此保险公司最多只能赔付 8 万元。

②以保险金额为限。保险金额是保险人赔偿金额的最高限度。赔偿金额只能低于而不能高于保险金额。如上例所述的房屋在发生火灾时,市价不是下跌,而是上涨,超过 10 万元,则保险公司最多只能赔付 10 万元。

③以被保险人标的的可保利益为限。被保险人在索赔时,对遭受损失的财产要具有可保利益,索赔金额以他对该项财产具有的可保利益为限。例如某人向银行贷款 6 万元,以价值 10 万元的房屋作抵押,并为该房屋足额投保,只注明保险的受益人是银行。假定在保险的有效期内,该房屋因火灾而全部毁损,且当时的市价并未发生变化,则银行可获得的保险赔偿只能是 6 万元,因为银行的可保利益只有 6 万元。

以上 3 种限度是财产保险理赔中必须遵循的原则。

但以市价为限的原则对于定值保单的保险并不适用。因为定值保单按约定的价值保险,在财产发生损失时,不论该项财产的市价涨落如何,均按约定的价值予以赔付。

3)保险人对赔偿可以选择。保险人的赔偿意图,应是使被保险人在遭到损失后,经过补偿恢复到他在发生损失前的经济状态,保险人可以选择货币支付或修复原状或换置的方法来补偿被保险人的损失。例如,某一设备损坏了几个零配件,一年房屋损坏门窗等,能修补的可进修补,被保险人不能因小损而放弃全部保险标的,要求保险人给予全部赔偿,因此,保险人在决定赔偿时,对赔偿的方式可以选择。

4)被保险人不能通过赔偿而得到额外利益。财产保险的赔偿原则是对损失进行补偿,而不能使被保险人通过补偿来获得更多的好处。各国对此都有法律规定,否则将导致被保险人故意去损毁财物而获利,从而造成严重后果,助长欺诈行为并将影响公共道德,使保险业无法经营。

5)如果保险事故由第三责任者所引起,则被保险人从保险人处获得全部赔偿以后,必须将其对第三责任者的追偿有关损失物产的所有权利转让给保险人,他不能从第三责任者那里再得到额外的赔偿。

6)虽然一个被保险人可以对其财产投保多张保险单,但他不能获得超过他财产总值的赔款数额。

4.权益转让原则

权益转让是保险人赔偿后的必然结果。根据赔偿责任原则,保险人是对被保险人的损失进行补偿。同时,被保险人不能通过保险来获得额外利益,他不能因一笔财产遭受了损失而从两个地方得到双份补偿。如果被保险人的损失已经从第三者那里获得了补偿,那么,他就没有损失,不能再向保险人提出索赔要求。如果被保险人先从保险人那里获赔,那么他要将他可以享受的向第三者索赔的权益转让给保险人。

权益转让就是被保险人。保险人取得保险人的赔偿后,将其原应享有的向他人(责任方)索赔的权益转让给保险人。保险人取得该项权益,即可以把自己放在被保险人的地位,向责任方追偿。

权益转让还包括以下含义:

1)被保险人从任何方面得到的赔偿和收益都得转让,但慈善性的赠款除外。

2)保险人获得权益转让一般是在给付了赔款之后,但也有在保险单上注明,不论在赔付之前或赔付之后,保险人都可应用权益转让的规定。

3)保险人在权益转让中仅享有的权益,不能超过保险人赔付的金额。保险人享有权益而追偿到的金额若小于或等于赔付金额,全归保险人;若追回金额大于赔付金额,则超出部分应偿还给保险人。

在权益转让后,被保险人对原应享受的保险上的利益及向第三者索赔的利益均无。

又如在汽车保险中,被保险人因汽车碰撞发生了应由碰撞对方负责的两种损失:一是汽车本身的损失;另一是因停止使用产生的租车费的损失。如果保险人所保的只是汽车的车身险,只对车身的损失负责赔偿,被保险人在将车身损失索赔给了保险人,取得车身赔款之后,对丧失使用的损失仍可向第三者索赔,而不受影响。

5.重复保险情况下的分摊赔偿原则

这是赔偿责任的又一结果。如被保险人以一个保险标的同时向两家或两家以上的保险公司投保同一危险,就构成重复保险,其保险金额的总和往往超过保险标的的可保价值。因此,在发生损失时,根据保险赔偿的原则,被保险人所能获得的最高赔偿金额不能超过可保价值。为了防止被保险人获得分赔款,通常都采取各保险人之间分摊的办法。

在海上运货物保险业务中,有时也会产生货主既在卖方所在地的保险公司保了险,又在买方所在地的保险公司保险的重复保险现象,这就需要对损失采取分摊。

美国保险公司在保单内列有“他保”条款,规定由本保险公司与他保公司共同分摊责任,或是禁止任何的他保,即如有他保,本保险不赔;英国保险单上也有分摊条款的规定:如在发生损失时,发现有另一张保险单保了同样危险,则本保险单不予赔付,或不赔超比例分摊的补偿和费用。

分摊的方式有以下几种:

1)比例责任。将各家保险公司的保险金额加总起来,得出每家应分摊的比例,然后按比例分摊损失金额。

2)限额责任。各保险公司分摊额并不以其保险金额作基础,而是按照他们在没有其他保险人重复保险的情况下单独应负的责任限额来按比例分摊赔款,如甲乙两公司承保同一财产,甲单保额为40000元,乙单应赔50000元,现在,在有其他保险的情况下,按责任限额外负担加以分摊,甲单赔50000元的九分之四,约等于22222元;乙单赔50000元的九分之五,约等于27778元。

3)顺序负责。由其中先出单的公司首先负责赔偿,第二家保险公司只有在承保的财产损失额超出一家保险公司的保额时,才依次承担超出的部分。

6.2.3 保险合同及其应用

1.保险合同的特征

同其他所有经济合同一样,保险合同要受统一基本法和经济合同法约束。但是它却具有其他经济合同所不具备特征。这些特征表现如下:

(1)保险合同是对人的合同

尽管有些保险合同的标的是财物,但它保障的却是人而不是物。即使被保险人将其所拥有的财产卖给了他人,只要其保险合同没有转移给财产购买人,则新的财产购买人始终没有被保险。因此,识别被保险人是保险人的决策中的一个重要因素。

(2)保险合同通常是单方义务的合同

在被保险人支付或分期支付了保费并且合同生效后,只有保险人必须履行合同,因为被保险人已经兑现了支付保费的承诺。

(3)保险合同是有条件的合同

尽管有些保险合同生效后只有保险人必须履行义务,但如果被保险人未能满足合同中规定的条件,保险人可以拒绝履行义务。

(4)保险合同具有机会性

保险人是否需要履行保险义务取决于机会。一旦保险义务必须履行,被保险人所得到的赔偿将远远超过其支付的保费。如果承保事项没有发生损失,则保险人无须履行赔偿义务。

(5)保险合同具有附合性

所谓附合性,就是指合约的双方有一方定下基调,另一方只是表示赞同或不赞同,不能提出修改。保险合同通常不是由当事的双方共同拟订,而是由保险人一家起草印制成文,被保险人只能在其规定的各种条件和义务的范围取舍,而不能要求修改。

(6)保险合同是坦诚合同

合同双方当事人都有义务公开与保险有关的全部事实。任何一方都不能以隐瞒信息的方式利用对方。双方任何一方如果违反诚信原则,都有可能给自身带来无法预料的损失,尤其是被保险人。

(7)保险合同不允许谋利

保险合同的赔偿额以重置或复原所需金额为限,禁止以投机谋利为目的。

2.保险合同生效的必要条件

保险合同与各种经济合同的生效条件有所不同。经济合同要求具有平等性、无欺诈、无胁迫,双方互相约束、等值交换等条件;保险合同的生效条件则有所不同,要求必须满足以下四个条件:

1)合同必须具有法定目的,且这个目的不能与国家政策相违背。例如被保险人因故意伤害他人或损坏他人财产而被判罚,不能获得保险人的赔偿。

2)一方必须明确要约,而另一方必须接受要约。

3)合同的一方被要求必须考虑另一方的利益。即使一方承诺的义务比对方多得多。保险合同仍具有效力。

4)合同各方必须具有法定行为能力。精神病患者或酗酒者被认为不具备法定行为能力。但未成年人有选择权,如果他选择不废除保险合同,合同就具有效力;但如果他想废除已签署的保险合同，则完全可以废除之。

3.保险合同内容

保险合同由保险单(有时可代替合同)再加上一些可以扩充、限制或修改保险单附加条款或批单组成。也有些保险合同由一个基本保险单和一个附属保险单组成。附属保险单通常是基本保险单具体化的附件。例如标准火灾保险单加上一个特殊建筑附属保险单即构成建筑物保险合同。

保险合同条款一般可分4项：

1)声明事项。声明保险受益人、保险标的，载明所购买的各种保险，适用的保险单限额和保障期限、应付保费等。

2)保险事项。列载保险人的承诺，所承保的事项的特性，并对合同中的某些术语予以明确的定义。

3)除外事项。限定保险事项的保障范围，将保险人认为不可保的损失、非意外的损失、习惯上由其他保险合同赔偿的损失或需要某些特殊承保或特殊费率的损失和保险人不准备提供的服务或无资格承担的保障除外。

4)条件事项。解释合同其他部分所使用的术语，规定为使保险人承担责任而必须满足的条件，也可能规定计算保费的方法。大多数条件规定损失发生后保险人和被保险人的权利和义务。

4.追偿金额

在确定了保障内容后，必须确定保险人将对损失赔付多少。影响追偿金额的合同条款包括涉及赔偿概念的条款、保险单限额、不足额投保和自负额外负额条款。

(1)赔偿条款

主要涉及本章二节所述的损失赔偿衡量、可保利益、重复投保等原则。

(2)保险单限额

各种保险合同都规定了保险人将赔付的最大限额。这些限额常常低于赔偿条款规定的赔偿额。

1)财产保险。财产保险合同的限额可以用多种方式加以规定。这些限额的规定按如下分类：

①根据限额是否明确、规定金额限制分类；

②根据限额是否提供特定保障还是总括保障分类；

③根据限额是否依赖于特别的内部限额分类；

④根据限额是否依所承保的危险、人员、损失类型或地点不同而不同进行分类；

⑤根据限额是否随所保财产价值的变化而变化分类。

保险限额可能会因引起损失的危险、被保险人、损失类型和地点的不同而不同。

大多数财产保险限额在保险单期限开始时是固定的，但有些限额将随着被保险财产价值的实际或预期变化而改变。

2)责任保险。对于身体伤害和财产损坏判付或理赔，责任保险合同通常分别规定单独的保险额。大多数责任保险合同对保险期内每次事件提供同样的保障，但总限额有时规定为保险人对保险期内所有事件的责任。辩护和调查费用以及其他有关利益不在任何限额之内。

3)人寿保险。人寿保险合同规定在被保险人死亡时给付规定的保险额。这一规定的保险额在被保险人生命延续期间可以增加或减少。如果死亡由意外事故造成，并且合同载有多倍赔偿附加条款，保险人则可能会给付其他情况应给付金额的若干倍(一般是 2 倍)。

(3)不足额投保情况下的赔偿

在许多企业财产保险合同中，影响赔偿的一个重要概念是不足额投保。所谓不足额投保，系指投保人仅就其财产的一部分购买保险。由投保人没有购买足额保险，因此损失赔偿也只能按一定比例支付。例如，假定某人为价值 10 万美元的房屋购买了 6 万美元的保险，在保险有效期内，房屋损失为 5 万元美元，这样保险人支付的赔偿额只能是：

$$\frac{6\text{万}}{10\text{万}} \times 5\text{万} = 3\text{万}$$

(4)自负额条款

自负额保险使被保险人承担不超过规定金额的所有或者某几种损失，而保险人则承担超过这个量但不超过保险单限额的部分或全部损失。通常，被保险人可以从若干自负额中选择一个。

自负额条款在财产保险和责任保险中均很普遍。通常情况下，自负额为某一特定的金额、损失的百分比或是保险面额的一个百分比，或按某一方法确定为一个固定数额。有时自负额随损失增大而增加，有时，一定比例的自负额适用于首次扣除某一规定自负额后的损失。在另一些情况下，某一百分比自负额不得超过规定的金额。有时自负额随着损失的增大而减小。例如保险单规定对超过 100 美元以上的那部分损失赔付 125%，直至自负额降到零，并在此之后赔付全部损失。这样，如果损失小于或等于 100 美元，则自负额为 100 美元；损失为 200 美元时，自负额为 75 美元；损失为 500 美元以上时，自负额为 0。

自负额还可以是一个相对免赔额，即保险人赔付超出免赔额的所有损失，而免赔额以内的损失则由被保险人承担。

6.3 工程保险

6.3.1 工程保险的概念和种类

工程保险是指业主或承包人向专门保险机构(保险公司)缴纳一定的保险费，由保险公司建立保险基金，一旦发生所投保的风险事故造成财产或人身伤亡，即由保险公司用保险基金予以补偿的一种制度。它实质上是一个风险转移，即业主或承包人通过投保，将原应承担的风险责任转移给保险公司承担。

工程保险按是否具有强制性分为两大类：强制保险和自愿保险。强制保险系指工程所在国政府以法规明文规定承包人必须办理的保险。自愿保险是承包人根据自身利益的需要，自愿购买的保险，这种保险非强行规定，但对承包人转移风险很有必要。

FIDIC 条款规定必须投保的险种有：工程和施工设备的保险、人身事故险和第三方责任险。我国对于工程保险的有关规定很薄弱，尤其是在强制性保险方面。除《建筑法》规定建筑施工企业必须为从事危险作业的职工办理意外伤害保险属强制保险外，《建设工程施工合同示范文本》第 40 条也规定了保险内容。但是，这些条款不够详细，缺乏操作性，再加上示范文本强制性不够，使得工程保险在实际操作中大打折扣。

除强制保险与自愿保险的分类方式外，我国《保险法》把保险种类分为人身保险和财产保险。自该法施行以来，在工程建设方面，我国已施行了人身保险中的意外伤害保险、财产保险中的建筑工程一切险和安装工程一切险。《保险法》还规定：财产保险业务，包括财产损失保险、责任保险、信用保险等保险业务。

(1)意外伤害险

意外伤害是指被保险人在保险有效期间,因遭遇非本意的、突然的意外事故,致使其身体蒙受伤害而残疾或死亡时,保险人依照合同规定给付保险金的保险。《建筑法》第48条规定:"建筑施工企业必须为从事危险作业的职工办理意外伤害保险,支付保险费。"

(2)建筑工程一切险及安装工程一切险

建筑工程一切险及安装工程一切险是以建筑或安装工程中的各种财产和第三者的经济赔偿责任为保险标的的保险。这两类保险的特殊性在于保险公司可以在一份保单内对所有参加该工程的有关各方都给予所需要的保障,换言之,即在工程进行期间,对这项工程承担一定风险的有关各方,均可作为被保险人之一。

建筑工程一切险同时承保建筑工程第三者责任险,即指在该工程的保险期内,因发生意外事故所造成的,依法应由被保险人负责的工地上及邻近地区的第三人的人身伤亡、疾病、财产损失,以及被保险人因此所支付的费用。

(3)职业责任险

职业责任险是指专业技术人员因工作疏忽、过失所造成的合同一方或他人的人身伤害或财产损失的经济赔偿责任的保险。建设工程标的额巨大、风险因素多,建筑事故造成的损害往往数额巨大,而责任险的偿付能力相对有限,这就有必要借助保险来转移职业责任风险。在工程建设领域,这类保险对勘察、设计、监理单位尤为重要。

(4)信用保险

信用保险是以在商品赊销和信贷中的债务人的信用作为保险标的,在债务人未能履行债务而使债权人遭致损失时,由保险人向被保险人(债权人)提供风险保障的保险。信用保险是随着商业信用、银行信用的普遍化以及道德风险频繁而产生的,在工程建设领域得到越来越广泛的应用。

6.3.2 建筑工程一切险

建筑工程一切险即建筑工程和施工设备的保险,是一种综合性的保险,它对建设工程项目提供全面的保障。

1.建筑工程一切险的承保范围

建筑工程一切险承保的内容有:

1)工程本身。指由总承包人和分包人为履行合同而实施的全部工程(包括预备工程),如土方、水准测量;临时工程如引水、保护堤和全部存放于工地的为施工所需的材料等。

包括安装工程的建筑项目,如果建筑部分占主导地位,也就是说,如果机器、设施或钢结构的价格及安装费用低于整个工程造价的50%,亦应投保工程一切险。

2)施工用设施。包括活动房、存料库、配料棚、搅拌站、脚手架、水电供应及其他类似设施。

3)施工设备。包括大型施工机械、吊车及不能在公路上行驶的工地用车辆,不管这些机具属承包人所有还是其租赁物资。

4)场地清理费。这是指在发生灾害事故后场地上产生了大量的残砾,为清理工地现场而必须支付的一笔费用。

5)工地内现有的建筑物。指不在承保的工程范围内、工地内已有的建筑物或财产。

6)由被保险人看管或监护的停放于工地的财产。

建筑工程一切险承保的危险与损害涉及面很广。凡保险单中列举的除外,情况之外的一切事故损失全在保险范围内，包括下述原因造成的损失：

1)火灾、爆炸、雷击、飞机坠毁及灭火或其他救助所造成的损失。

2)海啸、洪水、潮水、水灾、地震、暴雨、风暴、雪崩、地崩、冻灾、冰雹及其他自然灾害。

3)一般性盗窃和抢劫。

4)由于工人和技术人员缺乏经验、疏忽、过失、故意行为或无能为力等导致的施工低劣而造成的损失。

5)其他意外事故。

建筑材料在工地范围内的运输过程中遭受的损失和破坏以及施工设备和机具在装卸时发生的损失等，亦可纳入工程险的承保范围。

2.建筑工程一切险的除外责任

按照国际惯例，属于除外责任的情况通常有以下几种：

1)由军事行动、战争或其他类似事件、罢工、骚动、或当局命令停工等情况造成的损失。

2)因被保险人的严重失职或蓄意破坏而造成的损失。

3)因原子核裂变而造成的损失。

4)由于罚款及其他非实质性损失。

5)因施工设备本身原因即无外界原因情况下造成的损失；但因这些损失而导致的建筑事故则不属除外情况。

6)因设计错误(结构缺陷)而造成的损失。

7)因纠纷或修复工程差错而增加的支出。

3.建筑工程一切险的保险期和保险金额

建筑工程一切险自工程开工之日或在开工之前工程用料卸放于工地之日开始生效，两者以先发生者为准。开工日包括打地基在内(如果地基也在保险范围内)。施工设备保险自其卸放于工地之日起生效。保险终止日应为工程竣工验收之日或保险单上列出的终止日。同样，两者也以先发生者为准。

1)保险标的工程中有一部分先验收或投入使用。在这种情况下，自该部分验收或投入使用日起自动终止该部分的保险责任，但保险单中应注明这种部分保险责任自动终止条款。

2)含安装工程项目的建筑工程一切险的保险单通常规定有试运行期(一般为一个月)。

3)工程验收后通常还有一个质量保修期，《建设工程质量管理条例》对最低保修期限作了规定。保修期内是否强制投保，各国规定不一样。在大多数情况下，建筑工程一切险的承保期可以包括为期一年的质量保证期(不超过质量保修期)，但需缴纳一定的保险费。保修期的保险自工程竣工验收或投入使用之日起生效，直至规定的保证期满之日终止。

保险金额是指保险人承担赔偿或者给付保险金责任的最高限额。保险金额不得超过保险标的的保险价值，超过保险价值的部分无效。建筑工程一切险的保险金额按照保险标的确定。

4)工程造价，即建成该项目工程的总价值，包括设计费、建筑所需材料设备费、施工费、运杂费、保险费、税款以及其他有关费用在内。如有临时工程，还应注明临时工程部分的保险金额。

5)施工设备及临时工程。这些物资一般是承包人的财产，其价值不包括在承包工程合同的价格中，应另立专项投保。这类物资的投保金额一般按重置价值，即按重新购置同一牌号、型号、规格、性能或类似型号、规格、性能的机器、设备及装置的价格，包括出厂价、运费、关税、安装费及其他必要的费用计算重置价值。

6)安装工程项目。建筑工程一切险范围内承保的安装工程一般是附带部分。其保险金额一般不超过整个工程项目保险金额的20%。如果保险金额超过20%,则应按安装工程费率计算保险费。如超过50%,则应按安装工程险另行投保。

7)场地清理费。按工程的具体情况由保险公司与投保人协商确定。场地残物的处理不仅限于合同标的工程而且包括工程的邻近地区和业主的原有财产存放区。场地清理的保险金额一般不超过工程总保额的5%(大型工程)或10%(小型工程)。

4.建筑工程一切险的免赔额

工程保险还有一个特点,就是保险公司要求投保人根据其不同的损失,自负一定的责任。这笔由被保险人承担的损失额称为免赔额。工程本身的免赔额为保险金额的0.5%~2%;施工机具设备等的免赔额为保险金额的5%;第三者责任险中财产损失的免赔额为每次事故赔偿限额的1%~2%,但人身伤害没有免赔额。

保险人向被保险人支付为修复保险标的遭受损失所需的费用时,必须扣除免赔额。

5.建筑工程一切险的保险费率

建筑工程一切险没有固定的费率,其具体费率系根据以下因素结合参考费率制定:

1)风险性质(气候影响和地质构造,如地震、洪水或火灾等);

2)工程本身的危险程度,工程的性质,工程的技术特征及所用的材料,工程的建造方法等;

3)工地及邻近地区的自然地理条件,有无特别危险源存在;

4)巨灾的可能性,最大可能损失程度及工地现场管理和安全条件;

5)工期(包括试运行期)的长短及施工季节,保证其长短及其责任的大小;

6)承包人及其他与工程直接关系的各方的资信、技术水平及经验;

7)同类工程及以往的损失记录;

8)免赔额的高低及特种危险的赔偿限额。

6.建筑工程一切险的投保人

1)根据《保险法》,投保人是指与保险人订立保险合同,并按照保险合同负有支付保险费义务的人。工程一切险多数由承包人负责投保,如果承包人因故未办理或拒不办理投保,业主可代为投保,费用由承包人负担。如果总承包人未曾对分包工程购买保险的话,负责该分包工程的分包人也应办理其承担的分包任务的保险。

2)建筑工程一切险的被保险人。被保险人是指其财产或者人身受保险合同保障,享有保险金请求权的人,投保人可以为被保险人。在工程保险中,除投保人外,保险公司可以在一张保险单上对所有参加该工程的有关各方都给予所需的保险。即凡在工程进行期间,对这项工程承担一定风险的有关各方均可作为被保险人。

建筑工程一切险的被保险人可以包括:业主;总承包人;分承包人;业主聘用的工程师;与工程有密切关系的单位或个人(如贷款银行或投资人)等。

6.3.3 安装工程一切险

安装工程一切险属于技术险种,其目的在于为各种机器的安装及钢结构工程的实施提供尽可能全面的专门保险。目前,在国际工程承包领域,工程发包人都要求承包人投保安装工程一切险,在很多国家和地区,这种险是强制性的。安装工程一切险主要适用于安装各种工厂用的机器、设备、储油罐、钢结构、起重机、吊车以及包含机械因素的各种建设工程。

安装工程一切险与建筑工程一切险有着重要区别:

1)建筑工程一切险的标的从开工(如上所述)至竣工逐步增加,保险额也逐步提高,而安装工程一切险的保险标的一开始就存放于工地,保险公司一开始就承担着全部货价的风险,风险比较集中。在机器安装好之后,试车、考核所带来的危险以及在试车过程中发生机器损坏的危险是相当大的,这些风险在建筑工程险部分是没有的。

2)在一般情况下,自然灾害造成建筑工程一切险的保险标的损失的可能性较大,而安装工程一切险的保险标的多数是建筑物内安装及设备(石化、桥梁、钢结构建筑物等除外),受自然灾害损失的可能性较小,受人为事故损失的可能性较大,这就要督促被保险人加强现场安全操作管理,严格招待安全操作规程。

3)安装工程在交接前必须经过试车考核,而在试车期内,任何潜在的因素都可能造成损失,损失率要占安装期内的总损失的一半以上。由于风险集中,试车期的安装工程一切险的保险费率通常占整个工期的保费的1/3左右,而且对旧机器设备不承担赔付责任。

总的来讲,安装工程一切险的风险较大,保险费率高于建筑工程一切险。

1.安装工程一切险的责任范围及除外责任

(1)安装工程一切险的保险标的

安装工程一切险的保险标的主要包括:

1)安装的机器及安装费,包括安装工程合同内要安装的机器、设备、装置、物料、基础工程(如地基、座基等)以及为安装工程所需的各种临时设施(如水电、照明、通讯设备等)等。

2)安装工程使用的承包人的机器、设备。

3)附带投保的土木建筑工程项目,如厂房、仓库、办公楼、宿舍、码头、桥梁等。这些项目一般不在安装合同以内,但可在安装险内附带投保。如果土木建筑工程项目不超过总价的20%,整个项目按安装工程一切险投保;介于20%和50%之间,该部分项目按建筑工程一切险投保;若超过50%,整个项目按建筑工程一切险投保。

(2)安装工程一切险承保的危险和损失

安装工程一切险承保的危险和损失除包括建筑工程一切险中规定的内容外,还包括:

1)短路、过电压、电弧所造成的损失;

2)超压、压力不足和离心力引起的断裂所造成的损失;

3)其他意外事故,如因进入异物或因至安装地点的运输而引起的意外事件等。

(3)安装工程一切险的除外责任

安装工程一切险的除外情况主要有以下几种:

1)由结构、材料或在车间制作方面的错误导致的损失;

2)因被保险人或其派遣售货员蓄意破坏或欺诈行为而造成的损失;

3)因效益不足而遭致合同罚款或其他非实质性损失;

4)由战争或其他类似事件、民众运动或因当局命令而造成的损失;

5)因罢工和骚乱而造成的损失(但有些国家却不视为除外情况);

6)由原子核裂变或核辐射造成的损失等。

2.安装工程一切险的保险期限

(1)安装工程一切险的保险责任的开始和终止

安装工程一切险的保险责任,自投保工程的动工日(如果包括土建的话)或第一批被保项目卸至施工地点时(以先发生为准),即行开始。其保险责任的终止日可以是安装完毕验收通过之日或保险物所列明的终止日,这两个日期同样以先发生为准。安装工程一切险的保险责任也可以延展至维修期满日。

(2)试车考核期

安装工程一切险的保险期内,一般应包括一个试车考核期。考核期的长短应根据工程合同上的规定来决定。对考核期的保险责任一般不超过3个月,若超过3个月,应另行加收费用。安装工程一切险对于旧机器设备不负考核期的保险责任,也不承担其维修期的保险责任。如果同一张保险单同时还承保其他新的项目,则保险单仅对新设备的保险责任有效。

(3)关于安装工程一切险的保险期限的几个问题

工程实践中,关于安装工程一切险的保险期限应当注意以下几点:

1)部分工程验收移交或实际投入使用。在这种情况下,保险责任自验收移交或投入使用之日即行终止,但保单上须有相应的附加条款或批文。

2)试车考核期的保险责任期,系指连续时间,而不是断续累计时间。

3)维修期应从实际完工验收或投入使用之日起算,不能机械地按合同规定的竣工日起算。

3.安装工程一切险的保险金额

安装工程项目是安装工程一切险的主要保险项目,包括被安装的机器设备、装置、物料、基础工程以及工程所需的各种临时设施,如水、电、照明、通讯等。安装工程一切险的承保标的大致有三种类型:

1)新建工厂、矿山或某一车间生产线安装的成套设备;

2)单独的大型机械装置,如发电机组、锅炉、巨型吊车、传送装置的组装工程;

3)各种钢结构建筑物,如储油罐、桥梁、电视发射塔之类的安装和管道、电缆敷设等。

安装工程项目的保险金额视承包方式而定:

1)采用总承包方式,保险金额为该项目的合同价;

2)由业主引进设备,承包人负责安装并培训,保险金额为CIF价(如国内运费和保险费及关税、安装费、可能的专利、人员培训及备品、备件等费用的总和)。

4.安装工程一切险的投保人与被保险人

和建筑工程一切险一样,安装工程一切险应由承包人投保,业主只是在承包人未投保的情况下代其投保,费用由承包人承担。承包人办理投保手续并交纳了保费以后即成为被保险人。安装工程一切险的被保险人除承包人外还包括:业主;制造商或供应商;技术咨询顾问;安装工程的信贷机构;待安装构件的买受人等。

6.3.4 社会保险

社会保险乃是社会政策的保险。换言之,亦即为实施社会政策的一种手段。因为社会保险的主要目标在于社会政策的实施。故其内容并无一定的界限。加入者限于从事某种职业或小额收入者,因为这种保险是以全国国民为保险对象,故称为社会保险。社会保险还包括对劳动的保险和对资本的保险。

社会保险与普通商业保险不同,其主要特点如下:

1)就保险对象而言,社会保险必须以社会大多数人为对象;

2)就保费负担而言,社会保险的负担,并不以被保险人为限,常由国家、企业和个人共同负担(我国海外承包公司所投保的国外社会保险的保费当然全由公司承担);

3)就施行方法而言,社会保险大都为强制性质;

4)就经营目的而言,社会保险并不以赢利为目的,而以实施社会政策为宗旨;

5)就经营主体而言,社会保险应以国营或企事业为主体。

1.社会保险的保险项目

社会保险通常包括:伤害保险;健康保险;老年保险;失业保险。

(1)伤害保险

伤害保险通常指职业伤害而言,即人身意外伤害,通常是因履行职务而受伤害。对于履行职务一词各国的解释不一,一种是指在工作岗位上,另一种解释则包括上下班途中。

当前世界各国实行的伤害保险总括起来不外乎基于两种不同的原则,即过失赔偿和危险负担。过失赔偿即有过失方予以赔偿。这一原则适用于工业伤害,它构成英美法律中的雇主责任观念。所谓雇主责任,即雇主因未履行其对劳动者应作适当保护的义务(如保证施工现场的设备安全,提供适当的工具,雇用合格的工人,订立安全规章制度,设置危险警告等),从而导致劳动者遭受伤害。因为过失在于雇主,故劳动者可向雇主要求损害赔偿。反之,如果劳动者因自己的行为促成伤害的发生,则损害责任应由劳动者自负。雇主并不因为其为雇主而负有特殊责任。

危险负担系以团体为基础。一方面雇主因其财产有受法律保障的权利而必须负特殊义务;另一方面,劳动者因伤害而遭受损失,不论伤害发生是否由于雇主过失,均系基于职业而发生,自然应由雇主负担,雇主负担劳动者的损失,正如其负担机器损坏修理。因为两者同为雇主赖以生产的双翼。机器损坏,雇主须负责修理,劳动者伤病,雇主亦应负责其恢复健康。

过失赔偿导致产生雇主责任保险,而危险负担则导致产生劳工补偿保险。两者在本质上颇有区别。

绝大多数国家推行的伤害保险是基于危险负担的。这种保险具有以下四个特点:

①伤害损失由雇主负担,不以雇主是否有过失为前提条件;

②伤害保险的给付金额并不基于实际损失,而基于实际需要,即以伤害发生前所得报酬、家庭负担及伤害性质为考虑决定的标准;

③因伤致死或因伤残废的给付以年金方式代替一次性抚恤金;

④法律强制雇主为其劳动者投保,使劳动者伤害的补偿有所保障,不因雇主破产或停业而受影响。

伤害保险分雇主责任险和人身意外伤害险两种。

1)雇主责任险。雇主责任险系指雇主为其雇员办理的保险,保障雇员在受雇期间因工作而遭受意外而致受伤、死亡或患有与业务有关的职业性疾病情况下获取医疗费、工伤休假期间的工资,并负责支付必要的诉讼费等。

雇主责任险的赔偿额度根据伤害程度而定:

①死亡:赔偿极限按保险单办理。

②伤残:分永久丧失全部工作能力、永久丧失部分工作能力和暂时丧失工作能力三种情况,按保险单上的相应规定办理。

雇主责任险的除外责任如下:

①战争、类似战争行为、叛乱、罢工、暴动或由于核子辐射所致的被雇人员伤残、死亡或疾病;

②被雇人员由于疾病、传染病、分娩、流产及因这些疾病而施行内外科治疗手术所致的伤残或死亡;

③由于被雇人员自加伤害、自杀、犯罪行为、酗酒及无照驾驶各种车辆所致的伤残或死亡;

④被保险人的故意行为或重大过失。

2)人身意外伤害保险。人身意外伤害保险与雇主责任险的保险标的都是保证人身遭受意外伤害时负赔偿责任,但两者之间有重要区别,雇主责任险由雇主为雇员投保,保费由雇主承担,所指伤害应与工作相关。而人身意外伤害险并不一定由雇主投保,投保人可以是雇主,也可以是雇员或个体生产者或自由职业者。

人身意外伤害保险的保险范围和除外责任基本相同,但投保手续、费用及赔付标准和做法均不相同。最大的区别是人身意外伤害保险规定在保险有效期间,不论有无发生保险事故,保险期满时,保险本金均将退还给被保险人,而雇主责任险则没有这种规定。

人身意外伤害保险尚可附加意外伤害医疗保险条款,保障被保险人在保险责任范围内发生意外伤害的治疗费、药品费、检验费、理疗费、手术费、输血输氧费、敷料费、住院费等。

(2)健康保险

健康保险又称疾病保险,与伤害保险不同,健康保险不以履行职务为限。其责任范围主要是:产生给付;生育给付;医药负担;残废给付;死亡给付。

健康保险的保险费多由各方分担,大多数国家由政府指拨基金或补助办理。

(3)老年保险

由于科学的发达,医学的进步,一方面人民寿命的延长,死亡率降低,老年人所占全部人口百分比已大大升高;另一方面,随着新机器的使用,新方法的采用,使一般年纪较大的劳动者无法改变思想行动与劳动方式,以适应新技术的需求,因而丧失其工作能力,因此,老年人如何给养,便成为严重的社会问题。世界上大多数国家都有关于老年保险的法律规定。

(4)失业保险

失业保险在社会保险中发展较迟。虽然失业问题的存在由来已久,但失业成为严重问题只是在近数十年之间。

所谓失业者,系指有工作能力和工作志愿而一时无法获得与其技能相称、或依当地情形认为可以接受其条件的工作。失业通常包括以下四种:

①季节性失业:某些行业常因季节变动而引起失业问题,如建筑、煤矿、农业等。

②技术性失业:由于新办法、新发明的应用而导致,例如,汽车的发明导致马鞍制造者和马匹经营者的失业。

③摩擦性失业:系指新旧工业交替所导致的失业,即一方面,旧产业紧缩,工人过剩;另一方面,新产业扩张,需要工人,供求双方不相适应。

④循环性失业:这是一种最严重的失业。系指大多数工作者有能力并愿意工作,但因在经济循环衰落时期,经济制度缺少效率,使他们无法获得工作。

实行失业保险是救济失业的最为有效的办法。失业保险不但能补偿失业劳动者所受的损失,维持失业劳动者的经济生活之安定,而且具有调剂的功能。在经济繁荣时期劳动者缴付保费,减少消费,有遏制生产过渡扩充的作用;在经济衰落时期,给付金额支出增加,以维持劳动者的收入,有缓和生产的效力。

2.社会保险的保费

社会保险最初由互助组织通过普通商业保险的形式演变而成,故沿袭了商业保险的保险技术方面的属性。因此,社会保险在有关缴费与给付对等、财务收入与支出的计算平衡以及其他保险原理的应用等方面,不能完全脱离商业保险的体例。然而社会保险究竟与商业保险不同,特别是在保险费方面差别较大。

(1)社会保险主要特征

①保费与给付关系松弛

商业保险中，所有参加同类保险者，若缴纳的保险费相等，其所能受领的保险金亦必相等。这种对等关系在社会保险中并不存在，各人应缴保险多少并不决定于将来给付的大小，而决定于当时收入的高低。

②成本估计不易确定

任何保险对成本的估计都有不易确定的倾向。但某种基本现象的重复和有规律性，依据自然法则，均有显著与普遍的不变趋势，因而对将来的预测，仍有理由可望趋于正确。但这种条件，在社会保险所包括的范围内，并不普遍存在。如伤害、疾病、残废、生育、死亡等，虽依据自然因素较多，估计较易，但失业、退休及利率等，主要又为社会利益所支配，很难确定。因而，社会保险费率的计算，不能如商业保险对成本估计那样重视。

③危险分类较为粗略

危险发生率与平均损害率常常因危险种类不同而异。商业保险中均依据危险程度大小加以测定，严加选择，不但对不良危险可拒绝承保，即便对接受承保的危险，也按其大小程度的不同，而课以各种高低不同的费率，使在同一危险集团内，不致受彼此危险程度特殊的影响。社会保险往往对危险程度考虑较少，依收入多少课以相同比例的保费。实行这种费率乃是基于社会政策与经济政策的缘故，危险分类的粗略，关系甚小。

④保险费用负担较差

商业保险的保险费通常包括两部分：一为纯保险费，系备作保险事故发生时给付保险金之用，根据危险率计算；另一为附加保险费，主要指各种营业费用、资本利息及预计利润而言。此外对财产保险的重大危险，人身保险的利益分配，统计及数学上的偏差等均应有相当准备，故又有所谓安全费计算，包括于附加保险费内。由于社会保险的非营业性，以及管理费用由政府负担或补助，其保险费仅限于纯保险费部分，因而保险加入者负担自然比商业保险要轻。

⑤被保险人不须负担全部保费

商业保险的通用原则是保险费通常皆由被保险人负担。但社会保险费，则由雇主或政府与被保险人共同负担，或者完全由雇主及政府代为负担，而不须由被保险人负担任何费用。故所谓社会保险并非真正保险，尤其是完全由雇主及政府为负担者，这与保险的本质不相一致，仅为保险的形式而已。

(2)社会保险的保费计算

无论保险费率或保险费的计算，均应计及保险公司的整体收支平衡，这是首要原则。如果保险费率确是根据危险计算，而预期危险率又确实代表实际危险率，则执行收支平衡的原则应该没有问题。商业保险是这样，社会保险也是这样。但社会保险所用以计算费率与保费的根据与商业保险不尽相同，因而不免发生若干差异，即商业保险的保险金额较为明确，可作为计算保险费与支付赔偿的共同基础，而社会保险则无此项预定的保险金额（给付范围与给付标准），其保险费率不仅因危险事故的发生率与按照给付范围与给付标准事先所估计的给付支出总额，求出被保险人所负担的一定比率，作为制定保险费率或课收保险费额的标准。

社会保险所包括的范围很广，因而其危险率的种类也很多，如伤害率、疾病率、残废率、生育率及死亡率等，虽然其依据的自然因素较多，但与医学进步、工厂设施、生产方式等社会因素亦有密切关系；又如失业率、退休率、工业灾害率、预定利率及薪资指数等，主要又受人为的社会因素所左右。以自然因素及历年实绩作为统计，尚可有所依据，而社会因素则变化殊多，比较缺乏一定的成规。因此,社会保险的保费率的计算,一方面要考虑到其危险率极为复杂;另一方面,要考虑到其给付范围与给付标准,不但应力求适应被保险人的负担能力。而负担能力则又决定于国民所得之大小,财富分配的情况,被保险人收入的标准,每一项内容都足以影响保险费率的制订。总之,社会保险费率的计算,除基本因素外,还要考虑到其他许多有关因素,以便求得公平合理的保险费率。

从负担方面看,社会保险费的计算大体可分为两种:

比例保险费制:即按被保险人的收入一定比例计算;

均等保险费制:即按被保险人或其雇主收入之多寡,一律计收等额的保险费。

在比例保险费制中,因各种规定与限制不同,又可分为:

①固定比例制:即就被保险人的实际收入可收同一百分比率的保险费。不管被保险人的收入高低,费率固定不变。

②等级比例制:即按被保险人的收入划分为若干等级,再就每一等级规定其标准收入,然后再就每一等级的标准收入,按规定的同一百分比率计算保险费。

③累进费率制:即保险费随收入高低不同而异。收入低者可收百分率较小,收入多者,依次递增,分别可收较高百分率的保险费。

(3)社会保险的保险费负担

社会保险的保费负担,通常除被保险人外,往往由政府与雇主分担一部分或全部,从而减轻被保险人的负担,且有利于社会保险制度的推行。

关于负担方式,大体上有以下几种:

①雇主与被保险人共同分担。雇主与被保险人共同分担通常有两种情况:双方平均分担;雇主负担大部分,被保险人负担小部分。

②政府与被保险人共同分担,各方分担的比例,各国做法颇不一致,一般要视政府的财力大小而定。

③政府、雇主与被保险人三方共同负担,各方分担的比例,各国做法也互不相同。有些国家按等比例分担,另有些国家则按相应的比例分别承担。

6.3.5 机动车辆险

机动车辆险在保险业务中占有相当大的比重。当前世界上机动车辆的保费占世界非寿险保险费的60%以上。

机动车辆险有两个保险标的:

①机动车本身:由于机动车经常处于运动状态,总是载着人或货物不断地从一个地方开往另一个地方,容易发生碰撞或其他意外事故,造成一定的财产损失和人身伤亡。

②第三者责任险:汽车一旦发生事故,车身和驾驶员固然会受到损伤,但更重要的是汽车给第三者造成的财产损失和人身伤亡。而这种损失和伤亡的程度及受害面较前者远为深广。因此,机动车第三者责任险乃势在必行。目前,世界上许多国家对机动车的第三者责任都有法令规定必须投保。有的规定用强制保险的形式,有的不问有无过失责任,一律由保险公司负责补偿。

机动车包括私人用汽车和商业用汽车。不管哪种车,都必须投保车身险和第三者责任险。对于承包人来说,办理商业用汽车保险比私人用汽车保险更为重要。下面着重介绍商业用汽车保险。

1.商用汽车的车身保险

商用汽车种类繁多,使用性质各不相同,在办理保险时必须提供较详细的情况。

1)车辆说明:要注明车辆牌号、行驶执照、机器功率、车身型号、制造日期、购车日期、买价及被保险人对车辆现值的估价。

2)载货车:要写明每辆车的运货容积,最大的负荷,曾否改制,增加负荷、登记的行驶执照号码,载货的性质,服务对象,是否载运易爆、易燃或其他危险性质的货物。

3)拖车:要填明制造情况和制造车号,拖车的价值,最大的载运容积,每次拖运的车辆数目等。

4)客车:须详细说明客车的总座数(包括司机座),租用载客或载客收费,是否为公众服务,如果是,须说明引擎的容积或者功率。

5)投保人用汽车险还要说明投保人的车库情况,车辆使用的区域,被保险人拥有的商用车数目及有关驾驶情况等。

商用汽车在投入车身险时,往往都加保丧失使用险,以便在商用车一旦损坏,不能使用时能索取赔偿以减少损失。

车身险的责任范围包括碰撞责任和非碰撞责任。

碰撞责任系指承保因汽车与其他物体(包括另外的汽车)碰撞或者翻车所造成的损失赔偿。一般情况下,凡因碰撞所造成的损失,除驾驶人故意情况外,不论驾驶员有无过失(明确除外者不在内),保险公司均负赔偿责任。不过保险公司往往要求被保险人承担一定免赔额。这笔免赔额一般为车身损失赔偿的20%。

非碰撞责任险系指承保由自然灾害如雷电、洪水、地震、雪崩和意外事故(如失火、爆炸、自然以及偷窃、丢失等)造成的损失赔偿。有些国家的保险公司还承保风暴、雹灾、水损、恶意行为、民众骚乱与鸟兽碰撞及玻璃破碎等损失赔偿。非碰撞损失赔偿也有免赔额的规定。

车身险的除外责任通常有:

①由被保险人驾驶但不属于其所有的车辆的车身损失;

②被保险人故意造成的损失;

③车身险的保险费率根据汽车的功率或发动机的容积和实际使用的记录以及其他因素(如加速率、最高速度和修理费用等)制订。

2.商用汽车的第三者责任险

所谓汽车的第三者责任险是指承保被保险汽车因发生保险事故而产生的被保险人对第三者(包括乘客)的人身伤害及其财产损失依法应负的赔偿责任。第三者责任险是汽车保险中最重要的部分。

商用车的第三者责任险对人身伤亡的赔偿额一般都无限额规定,但对财产损失规定有一定的赔偿限额。

商用车第三者责任险的除外情况有以下几种:

1)被保险人或驾驶人员故意造成的第三者人身伤亡和财产损失;

2)被保险人或驾驶人自有的或自运的财产;

3)被保险人租用、使用或者保管的财产;

4)被保险人的雇用人员的人身伤亡和他的财产损失(此种情况属于雇主责任保险的范围);

5)未经被保险人允许而擅自驾驶保险汽车时发生事故;

6)被保险汽车的司机或工作人员以外的任何人在装货或卸货过程中造成的人身伤亡或在

车道以外引起的人身伤亡；

7)由被保险汽车运送的财产以及因车辆摇晃所损坏路面、其他车下物件或车上载的货物。

用被保险的汽车拖曳的已坏的机车本身的损害及车上所载财产所遭受的损失亦在除外之列。

汽车保险有一些与其他财产保险不同的特殊规定,特别是无赔偿优待折扣和被保险人自负责任。

无赔偿优待折扣系指被投保人在续保汽车险时,如果被保险的汽车前一年没有发生导致赔款的事故。则续保时保费可给予一定比例的优惠折扣,连续两年没有导致赔款,优惠比例再增加,直至连续五年达到优惠比例的最高限额(一般为50%)。另外,有些国家采取有赔偿增收保险费的办法,其原理是一样的。就是说,如果在第一年发生了赔偿事故,第二年的保险费就增加一定的比例;第三年同样,直到至保险费增加额达到最高极限为止。

被保险人自负责任与免赔额是同一道理,即要求被保险人自负一部分责任,这在一定程度上可以加强被保险人的责任心。鉴于这类条款,被保险人不会因为业已投保而对汽车毫不负责;而且,即使汽车出了一些不太大的事故,为了避免年增加保费或取得优惠折扣,被保险人往往不向保险公司申报,而是自行赔偿,从而使保险公司节省了一笔开支。

商用汽车第三者责任险的保险费率按汽车的功率或发动机容积以及汽车通常入库的地点考虑。至于赔偿额,则根据法院的判定结果执行。

6.3.6 货运险

货运险系指承包人为实施工程而需要通过内河、内陆甚至境内空运手段,将工程所需材料运至工地过程中可能发生的危险损失负赔偿责任。这类保险通常分为直接业务、代理业务和预约业务三种形式。直接业务由承担保险责任的保险公司签发保险单;代理业务通常由代理人签发保险单或保凭证;预约业务通常适用于货运量大采取统保的情况,但同样须签订保险合同。

1.材料设备的分类

由于材料设备品目繁多,保险必须首先将货物进行分类,再根据不同类别确定不同的保险费率。

工程用材料和设备通常按以下类别分类：

1)一般材料:即不易损坏的货物,如钢材、木材、沙石以及其他类似散装货物。

2)一般易损货物:一般情况下不容易燃烧、破碎、渗漏、湿损、挥发或在受到碰撞和包装破裂时有一定损坏但不显著的货物,如铜管铜线、门窗五金、电动五金、变压器、开关、半导体元件等。

3)易损货物:比较容易燃烧、破裂、渗漏、湿损、挥发或由于包装破裂和碰撞容易受损的货物,如仪器、仪表、电视机、复印机等。

4)特别易损货物:极易燃烧、破裂、受潮、挥发、渗漏、易碎等货物,如玻璃制品、石膏制品、灯泡、灯管、显像管及高精密仪器仪表等。

2.保险责任

运输险的保险责任包括基本险和综合险两种。

(1)基本险责任

基本险的责任范围为：

①因火灾、爆炸、雷电、暴风、暴雨、洪水、地震、海啸、地陷、崖崩、滑坡、泥石流等所造成的

损失；

②由于运输工具发生碰撞、搁浅、触礁、倾覆、沉没、出轨或隧道、码头坍塌所造成的损失；

③在装货、卸货或转载时，因遭受不属于包装质量不善或装卸人员违反操作规程所造成的损失；

④按惯例应分摊的共同损失的费用；

⑤在发生上述灾害、事故时，因纷乱而造成货物的散失及因施救或保护货物所支付的直接、合理的费用。

(2)综合险

除基本险责任外，境内运输险还负责赔偿：

①因受振动、碰撞、挤压而造成破碎、弯曲、折断、开裂或包装破裂致使货物散失的损失；

②液体货物因受振动、碰撞或挤压致使所用容器损坏而渗漏的损失，或用液体保存的货物因液体渗透漏而造成保存货物腐烂变质的损失；

③遭受盗窃或整件提货不着的损失；

④符合安全运输规定而遭受雨淋所致的损失。

3.除外责任

运输险的除外责任包括以下内容：

1)战争或军事行动；

2)核事故或核爆炸；

3)保险货物本身的缺陷或自然损耗以及由于包装不善所致缺陷或损耗；

4)被保险人的故意行为或过失；

5)其他不属于保险责任范围内的损失。

4.保险费率的计算原则

运输险的保险费因运输工具不同、运输条件不同和货主中途转运等多项因素所致而差别较大。计算保险费率时通常要考虑以下因素：

1)投保内容。投保人是否同时投保综合险和基本险还是只投保其中一项，若投保两项，则按货物所分类别乘以相应的保险费率，再将两者汇总，否则按所投项目单独计算。

2)运输条件。内河湖泊等水域运输应视航道条件而定，铁路、公路运输亦按相应档次计算。

3)是否联运。若是联运，中途自然需要进行一次或多装卸工作，因此计算保险费率时，除按各不同区段及不同运输工具相应计费外，还应在其累计总和基础上再增加一定的系数，通常为总和的5%。

4)公路运输。因这种运输风险较大，且不易管理，故其保险费通常比铁路、水路运输高。

5.保险责任的起讫与终止

境内运输保险的保险责任的起讫期限应是须起运货物自发运火车站、码头或承运人的仓库或储存处所时开始，直至该保险货物到达目的地后最先卸放的储存处所时终止。卸放后因故转仓而发生的运输不属于本保险责任范围。

被保险货物到达目的地被提卸存放后一定的时间（通常为15天）内，保险责任尚且有效，但若货主逾期不提，则保险公司不承担保险责任。

6.索赔与理赔

在运输险的保险期内，若发生保险责任范围内的损失事故，被保险人有权向保险公司提出

索赔申请。向保险公司申请索赔时,被保险人应提交以下资料:

1)保险凭证、运单(货票)、提货单、发货票;

2)承运部门签发的货运记录、普通记录、交接验收记录、鉴定书;

3)收货单位的入库记录、检验报告、损失清单及救护货物所支付的直接费用单据。

保险人在收到上述单证后,应迅速核实并立案处理。理赔之前必须完成以下工作:

1)现场查勘。要详细记录运输工具名称及航次或车次、起运起点、出险地点、时间、原因、保险货物损失项目、名称、数量、估损金额等;

2)完成货物损失验收报告;

3)建立保险货物损失清单;

4)计算赔款并编制计算书;

5)编写赔款说明书;

6)确定向第三者追偿的立案资料;

7)建立损余物资处理单据;

8)收齐受损货物原始或影印件以及赔案有关的原始单证。

6.4 担　　保

6.4.1 《担保法》规定的担保方式

我国《担保法》规定的担保方式有以下五种。

(1)保证

保证,是指保证人和债权人约定,当债务人不履行债务时,保证人按照约定履行债务或承担责任的行为。

对于保证人的主体资格,《担保法》作出了限制,禁止:国家机关(但经国务院批准为使用外国政府或国际经济组织贷款而进行的转贷除外);以公益为目的的事业单位、社会团体(如学校、幼儿园、医院等);未经授权的企业法人分支机构、企业法人的职能部门(但有书面授权的,可在授权范围内提供担保)三类主体为担保人。

保证人与债权人应当以书面形式订立保证合同。保证合同应包括以下主要内容:被保证的主债权种类、数量;债务人履行债务的期限;保证的方式;保证担保的范围;保证的期间;双方认为需要约定的其他事项。

保证的方式为一般保证和连带责任保证两种。保证方式没有约定或约定不明确的,按连带责任保证承担保证责任。一般保证是指当事人在保证合同中约定,当债务人不履行债务时,由保证人承担保证责任的保证方式。一般保证的保证人在主合同纠纷未经审判或仲裁,并就债务人财产依法强制执行仍不能履行债务时,对债务人可以拒绝承担保证责任。连带责任保证是指当事人在保证合同中约定保证人与债务人履行期届满而没有履行债务的,债权人可以要求债务人履行债务,也可以要求保证人在其保证范围内承担保证责任。

(2)抵押

抵押是指债务人或第三人不转移对抵押财产的占有,将该财产作为债权的担保。当债务人不履行债务时,债权人有权依法以该财产折价或以拍卖、变卖该财产的价款优先受偿。抵押该财产的债务人或者第三人为抵押人,获得该担保的债权人为抵押权人,提供担保的财产为抵押物。

根据《担保法》第34条规定,可以抵押的财产包括:抵押人所有的房屋和其他地上定着物;抵押人所有的机器、交通运输工具和其他财产;抵押人依法有权处分的国有土地使用权、房屋和其他地上定着物;抵押人依法有权处分的机器、交通运输工具和其他财产;抵押人依法承包并经发包方同意抵押的荒山、荒沟、荒丘、荒滩等荒地土地使用权;依法可以抵押的其他财产。抵押人所担保的债权不得超出其抵押物的价值。财产抵押后,该财产的价值大于所担保债权的余额部分,可以再次抵押,但不得超出其余额部分。

《担保法》同时还规定:以依法取得的国有土地上的房屋抵押的,该房屋占有范围内的国有土地使用权同时抵押;以出让方式取得的国有土地使用权抵押的,应当将该国有土地上的房屋同时抵押;乡(镇)、村企业的土地使用权不得单独抵押;以乡(镇)、村企业的厂房等建筑物抵押的,其占用范围内的土地使用权同时抵押。由此可见,在我国,土地使用权和其上的房屋不能分别抵押。

抵押合同的主要内容包括:被担保的主债权种类;债务人履行债务的期限;抵押物的名称、数量、质量、状况、所在地、所有权权属或者使用权权属;抵押担保的范围;当事人认为需要约定的其他事项。

(3)质押

质押是指债务人或第三人将其动产或权利移交债权人占有,用于担保债务的履行,当债务人不履行债务时,债权人依法有权就该动产或权利优先得到清偿的担保。

质押合同的主要内容包括:被保险的主债权种类;债务人履行债务的期限;质物的名称、数量、质量、状况;质物移交的时间;当事人认为需要约定的其他事项。质押合同自质物移交给质权人占有时生效。

(4)留置

留置,是指债权人按照合同约定占有对方(债务人)的财产,当债务人不能按照合同约定期限履行债务时,债权人有权依照法律规定留置该财产并享有处置该财产得到优先受偿的权利。留置权以债权人合法占有对方财产为前提;并且债务人的债务已经到了履行期。比如,在承揽合同中,定作方逾期不领取其定作物的,承揽方有权将该定作物折价、拍卖、变卖,并从中优先受偿。

由于留置是一种比较强烈的担保方式,必须依法行使,不能通过合同约定产生留置权。依《担保法》规定,能够留置的财产仅限于动产,且只有因保管合同、运输合同、加工承揽合同发生的债权,债权人才有可能实施留置。

(5)定金

定金,是指当事人双方为了保证债务的履行,约定由当事人一方先行支付给对方一定数额的货币作为担保。定金的数额由当事人约定,但不得超过主合同标的额的20%。定金合同要采用书面形式,并在合同中约定交付定金的期限,定金合同从实际交付定金之日生效。债务人履行债务后,定金应当抵作价款或收回。给付定金的一方不履行约定的债务的,无权要求返还定金;收受定金的一方不履行约定的债务的,应当双倍返还定金。

6.4.2 工程担保的主要种类

1.投标保证担保

投标保证保证人保障投标人正当从事投标所出的一种承诺,其有效期通常比投标书的有效期长28天。投标保证金额应为标价总额的1%~2%,对于小额合同可按3%计算,在报价最低的投标人很可能撤回投标的情况下,投标保证金额可以高达5%。投标人应在规定的时间内，将投标书连同投标保证一并送交招标人。开标之后，业主应将没有中标的投标人的投标保证迅速予以退还。工程签约后，也应退还中标人投标保证。投标保证包括两种做法：

一种做法是由银行提供投标保函，一旦出现下列情况，银行将按照合同定的投标保证金额对业主进行赔偿：

1）投标人在投标有效期到期之前撤销投标；

2）中标人在规定的时间内，未能或拒绝提供应交的履约保证；

3）中标人拒绝在规定的时间内与业主签署合同。

另一种做法是，在投标报价之前，由担保公司出具担保保证书，以保证投标人不会中途撤销投标，中标后将与业主签约承包工程。一旦投标认定，担保公司应支付业主规定比例的投标保证金。投标保证金亦可取该标与次低标之间的差额，以弥补业主相应的损失，同时次低标成为中标人。

投标保证的意义在于：拟承包人要想参与投标，事先必须取得投标保证。一方面，由于撤回投标必须承担损失，因此通过投标保证，可以促使投标人认真对待投标保价，这样就有效防止了投标人轻率进行投标；另一方面，保证人在为投标人提供投标保证之前，必然严格审查其资信状况，否则将不会为其提供投标保证，这样就限制排除了不合格的拟承包人参加投标活动。

它主要用于筛选投票人。国外无建筑企业资质审查，市场准入把关通过保证担保人对投标人严格的资格审查来完成。投标保证担保要确保合格者投票以及中标者将签约和提供业主所要求的履约，预付款保证担保。

2.履约保证担保

履约保证是保证人保障承包人履行承包合同所作出的一种承诺，其有效期限通常应截止到承包人完成了工程施工和缺陷修复之日。受到中标通知书和合同协议书之后，中标人应在规定的时间内，签署合同协议书，连同履约保证一并送交业主，然后与业主正式签订承包合同。当承包人正常完成合同后，业主应将履约保证退还给承包人。履约保证也包括下列两种做法：

一种做法是由银行提供履约保函，一旦承包人不能履行合同义务，银行要按照合同规定的履约保证金额对业主进行赔偿。

另一种做法是，由担保公司提供担保保证书，担保承包人将正常履行合同义务。如果由于非业主的原因，承包人中途毁约，担保公司将对业主因此蒙受的一切损失进行补偿。担保公司可以向该承包人提供资金及技术援助以使其继续完成合同；担保公司也可以接受该工程并经业主同意寻找其他的承包来完成工程建设；担保公司还可以与业主协商重新招标，由新的承包人负责完成合同的剩余部分。业主只按原合同支付工程款，担保公司将承担最后工程造价与原始合同价格之间的差额部分。如果上述解决方案均不满意，担保公司可按合同规定的履约保证金额对业主进行赔偿。

此外还有一种方法，在接到中标通知书后，中标人可以按照招标文件的有关规定直接向业主交纳履约保证金。这种做法是承包人自身以现金抵押的形式直接向业主提供信用保障，俗称“抵押金”。由于并未涉及第三方保证人出具信用担保，因此这种做法并不属于保证担保，而更应视为一种定金性质的担保。当承包人正常履约后，业主应如期退还这笔现金；若出现承包人中途毁约，业主要没收这笔资金。保证金可以是一笔抵押现金，也可以是一张保兑支票。

上述做法的优点在于操作手续简便，缺点在于承包人的一笔现金被冻结，不利于资金周转，对于大型工程尤其如此。现以1亿元的工程为例，履约保证金按10%计算，如果直接交纳履约保证金，承包人就要有1000万元的流动资金出现呆滞，负担是相当沉重的。

银行履约保函一般担保合同价的10%～25%，采用英国土木工程师协会ICE和FIDIC的合同条件，履行保证金一般为合同价的10%，世界银行项目对于履约保证金通常定为合同价的25%～35%，美国联邦政府工程则规定履约保证必须担保合同价的全部金额。

履约保证是工程保证担保中最重要的形式，也是工程保证金额存在的一项担保，其他的保证形式在某种程度上相当于是对履约保证的补充担保。通过履约保证，充分保障了业主依照合同条件完成工程建设的合法权益，同时迫使承包人必须采取严肃认真的态度对待合同的签约和执行。

3.预付款保证担保

业主往往预先支付一定数额的工程款以供承包人周转使用。为了保证承包人将这些款项用于工程项目建设，防止承包人挪作他用、携款潜逃和宣布破产，需要保证人为承包人提供同等数额的预付款保证，或者提交预付款银行保函。随着业主按照进度支付工程价款逐步扣回预付款，预付款保证责任随之逐步降低直至最终消失。预付款保证金额一般为工程合同价的10%～30%。

4.付款保证担保

有的业主会要求承包人提供付款保证。付款保证是保证人为承包人提供的，保证承包人将依照工程进度按时支付工人工资、分包人及材料设备供应商费用的担保形式。一般情况下付款保证附在履约保证之内，也可通过专门文件进行规定。如果缺少付款保证，一旦承包人没有正常付款，债权人有权进行诉讼，致使业主的工程及其财产受到法院的扣押。通过实行付款保证，使得业主避免了不必要的法律纠纷和管理负担。

5.维修保证负担

维修保证也称质量保证，是保证人为承包人提供的，保证工程维修期(国际上称为缺陷责任期)内出现质量缺陷时，承包人应当负责维修的担保形式。维修保证可以包含在履约保证之内，这时履约保证有效期要相应延长到承包人完成了所有的缺陷修复；维修保证也可以单独列出规定，并在工程完成后以此来替代履约保证，这时维修保证有效期与工程质量保修期相等。维修保证的保证金额，一般为合同价的1%～5%。

6.分包保证担保

当存在总分包关系时，总承包人要为各分保商的工作承担完全责任。总承包为了保护自己的权益不受损害，往往要求分包人通过保证人为其提供保证担保，保障分包人将充分履行自己的义务。

7.差额保证担保

如果某项工程招标设有标底，通常在中标价格低于标底超出10%的情况下，为了保证按此中标价格不至于造成工程质量的降低，业主往往要求承包通过保证人对于标底与中标价格之间的差额部分提供担保。当采取合同最低价平标原则时，实行差额保证，尤其更能显现出其重要作用。

8.完工保证担保

为了切实保障按照合同完成工程建设，业主还可要求承包人通过保证人提供完工保证。正常“完工”，是指承包人要在合同规定的建设工期内完成项目建设，达到预期的质量要求，并控制在合同造价之内。如果由于承包人的原因，出现工期延误，则保证人要承担相应的损失赔偿。

9.保留金保证担保

每月验工计价并发放工程款给承包人时，业主一般都要扣留一定比例作为保留金，以使工程不符合质量要求时用于返工。国际上，建设工程合同中通常规定了预扣保证金的限额。保留金通常是从每月验工计价中扣留10%，以合同价的5%作为累计上限。在签发工程验收证书时，工程师将向承包人返还一半的保留金，当工程保修期满后，再全部返还保留金余额。保留金作为履约保证的一种补充，可视为一种质量责任留置担保。在FIDIC合同条件中对于保留金的使用作出了明确的规定。承包人可以通过保证人提供保留金保证，换回在押的全部保留金。

10.其他保证担保形式

除了上述工程保证担保形式之外，要求承包人提供的还有免税进口材料设备保证、机具使用保证、税务保证等工程担保形式。

思 考 题

1.保险的基本常识有哪些？

2.担保的基本常识。

3.担保的种类。

4.保险的应用原则及保险合同应用。

5.工程保险的种类及应用范围。

6.工程担保的种类及应用。

第7章 工程风险管理

本章提要：本章针对工程实际情况，强调了工程风险管理的重要性，分别从质量、安全、费用、进度和组织结构等方面论述风险管理的内容、手段、程序和方法。

7.1 工程风险管理的意识与手段

7.1.1 工程风险管理的意识

工程风险管理的意识指工程从可行性研究到实施阶段，工程建设的参与各方都必须树立明确的风险意识，并遵从科学的手段和合理的程序，对可能存在的各项风险进行有效管理，使工程的预定目标得以实现。

对于工程风险管理的意识，有以下几点要予以明确：

1)工程中存在的风险大。通常情况下，一个工程项目从立项到实施，直至最终按预定目标完成该工程项目，持续的周期往往较长，期间所涉及的风险因素很多。如实施中可能会受到非常恶劣的气候影响，也可能因为前期工作不周，导致实施中遇到与设计所依据的条件出现很大偏差的情况，从而影响到工程的工期、投资、质量目标。这些风险因素，既可能是自然因素，也可能是技术因素、政治因素、社会因素、经济因素等。这些风险因素都会不同程度的作用于工程项目，相互叠加，相互干扰，产生错综复杂的影响。同时，每一种风险因素又都会产生不同的风险事件。这些风险事件虽然不会都发生，但总会有某些风险事件不可避免地发生。所以，管理工程必须树立明确的风险意识，要认识到工程风险因素和风险事件发生的概率都较大，其中，有些风险因素和风险事件发生的概率很大，这些风险因素和风险事件一旦发生，往往造成比较严重的损失后果。

2)参与工程的各方都有风险。工程项目参与的各方，都应该树立起风险管理意识。没有任何一方在参与工程的建设中不存在任何风险。所不同的只是各方在风险因素和风险事件发生后，遭遇的损失不同。同时，也存在某些风险因素和风险事件仅对一方或几方起作用，而对个别参与方没有影响或影响很小。比如，按照FIDIC合同范本实施的工程项目，工程量的增减在一定范围内时，由此带来的成本和工期的损失由承包人承担；而在出现设计变更、工程所在国发生动乱等情况时，工程遭受的损失由业主承担。但无论如何，参与工程建设的各方都要结合工程的特点和自身的角色，切实意识到可能对自己造成损失的风险，并有针对性地制定风险防范和风险控制的措施。

3)参与工程建设各方的各级管理人员都要具有风险意识。风险意识并非仅属于高层管理人员和专职风险管理人员，各级管理人员都应该在的思想上予以重视。风险的防范和控制是一项系统化的任务。只有全体管理人员都对自己管辖范围内的风险有一个较清醒的认识，各部门相互协调、相互配合，才能实现全局的风险管理目标。这里要强调的是，工程的风险管理是一个系统过程，各管理部门在各司其职的基础上，还需要站在全局的立场，在上级管理部门的领导下，按照全局的风险管理目标，统一部署，共同努力。质量管理部门不能只考虑影响质量的风险因素和风险事件，同时，还要根据工程的工期和投资要求，制定本部门的风险管理措施。

4)工程风险管理的意识要贯穿工程的全过程。风险管理不是仅在工程实施前对可能出现的风险因素和风险事件进行识别、评价，然后制定出控制措施就完事大吉了。工程的风险管理是一项贯穿整个工程的全过程的、动态的管理。风险的不确定性要求对风险的管理要尽量采取主动控制措施，即防患于未然。伴随着工程的进展，各项与工程有关的信息由模糊逐渐变得明晰，由零碎逐渐变得完整，这样，风险管理人员对工程可能遭遇的风险事件和风险因素也会有进一步的认识，从而有必要对开始制定的风险管理措施进行必要的调整。另一方面，工程不同的进展阶段，可能遭遇的风险事件和风险因素有较大差别。根据建设工程的经验数据或统计资料可以得知，减少投资风险的关键在设计阶段。因此，方案设计和初步设计阶段的投资风险应当作为重点进行详细地风险分析；设计阶段和施工阶段的质量风险最大，需要对这两个阶段的质量风险作进一步的分析；施工阶段存在较大的进度风险，需要作重点分析。这也要求风险管理人员在整个工程进行的过程中，始终树立起工程的风险管理意识，并结合各阶段的特点，对风险进行有侧重点的管理。

7.1.2 工程风险管理的手段

人类认识和研究风险的目的在于有效地管理风险。随着研究的深入，工程风险管理已逐步发展成为研究风险发展规律和防范与控制技术的一门新型管理学科。工程参与各方在风险识别、风险评价的基础上，优化组合各种风险管理手段，实施有效的风险控制并妥善处理风险导致的损失。当前，工程风险管理的手段主要有四种，即技术手段、经济手段、合同手段和组织手段。

1.技术手段

1)风险回避。指放弃或终止某项可能引起风险损失的活动，或是改变活动的性质、改变工作地点或工作方法。就风险的一般意义而言，风险回避是处理风险最强有力的手段，有效采取风险回避手段可以完全解除某种风险。例如拒绝采用某种建筑方案、结构类型和施工方法，或通过招标模式、承包方式、合同类型的选择，避开某些风险。从战略上讲，风险回避是下策，但从经营战术上讲，又很有用，特别是当某种特定风险发生的损失频率和损失程度相当高时，或是采用其他风险管理技术手段处理风险所需成本太高，得不偿失时，采用风险回避是恰当的。

在采用风险回避手段时，应注意以下问题：

首先，回避一种风险可能产生另一种新的风险。在工程的实施过程中，绝对没有风险的情况几乎不存在。就技术风险而言，即使是相当成熟的技术也存在一定的风险。

其次，回避风险的同时也失去了从风险中获益的可能性，就投机风险的特征可知，它具有获益和损失的二重性。例如，在涉外工程中，由于缺乏有关外汇市场的知识和信息，为避免由此带来的经济风险，决策者决定采用本国货币作为结算货币，从而也就失去了从货币变化中获益的可能性。

再次，回避风险可能不实际或不可能。这一点与工程风险的定义或分解有关。工程风险定义的范围越广或分解得越粗，回避风险就越不可能。例如，如果将工程的风险全分解到风险因素这个层次，那么，任何工程都必然会发生经济风险、自然风险和技术风险，根本无法回避。

总之，虽然风险回避是一种必要的、有时甚至是最佳的风险管理对策，但它同时也是一种消极的风险对策，须谨慎使用。

2)风险预防。“凡事预则立，不预则废”。实施阶段包括搞好地基勘探、做好社会经济调查；审查施工图中的风险因素；向建设人员灌输安全意识；坚持收听天气预报，以防不测风云；合理布置施工现场，严格操作规程，先培训后上岗；做好施工日志，注意收集和保存资料，预防和减少施工索赔等均属预防之列。

3)风险抑制。风险发生时或发生后，采取各种措施减轻损失程度。其抑制有两方面含义，一是风险发生时的损失最小化；二是风险发生后的挽救措施。

2.合同手段

合同手段在风险管理中的作用主要表现为风险回避，或将风险转移到最适合承担该风险的单位。其主要表现形式为代理合同、分包合同、保险合同、担保合同。

1)代理合同。代理是代理人在代理权限内，以被代理人的名义实施的、其民事责任由被代理人承担的法律行为。采用代理合同所转移的风险主要是工程参与方不善承担的某些管理活动，这些管理活动的不当，会带来严重的损失后果。工程中常见的代理合同有招投标代理合同、物资及大型机械设备采购代理合同。这种合同的一方主体在某些管理活动中由于缺乏经验、能力等原因，而将这些活动的管理交给专业机构，从而避免因在这方面的管理失误给工程带来不良后果的风险。如选择了不当的承包人，导致工程的质量、工期、费用失控；或由于采购的大型机械设备出现种种问题，导致工程无法按时竣工投产，创造效益。

2)分包合同。分包合同指总承包人依据总承包合同，在法律允许的范围内，将自己不擅长或无力承担的部分分部分项工程，交由专业分包单位实施。随着现代工程项目日趋大型化、复杂化，总承包人完全依靠自己的施工力量是很难全部完成的，或即使自己有能力完成，但往往要承担很大的风险，风险导致的损失远大于自己施工带来的收益。在这种情况下，总承包人就要考虑采用分包合同的方式实现风险的转移。如基础工程中的人工挖孔桩，结构工程中某些大型复杂预制构件的制作、安装，电梯的安装等分包出去。此外，对于一些由自己施工产生的利润较小的分部分项工程，也可分包出去，这样可将节约的资源用于工程的主要项目，从而减少主要项目实施中的风险。

在签订分包合同前，必须对拟选择的分包人进行详细的资质核查，并应进行实际考察，以确保所选择的分包人有能力完成所分包的项目。否则，分包人选择不当，就会给总包人带来新的风险，因为，分包人的任何不当行为，其后果都是由总包商对业主承担的。

3)保险合同。保险合同是指投保人与保险人约定保险权利义务关系的协议。保险合同的主要作用是转移风险。其分类有两种：一是财产保险合同；二是人身保险合同。工程中的建筑工程一切险和安装工程一切险即为财产保险合同。

建设工程由于涉及的法律关系较为复杂，风险也较为多样，因此建设工程涉及的险种也较多。这主要包括：建筑工程一切险（及第三者责任险）、安装工程一切险（及第三者责任险）、机器损坏险、机动车辆险、人身意外伤害险、货物运输险等。但狭义的工程险是针对工程的保险，则只有建筑工程一切险（及第三者责任险）和安装工程一切险（及第三者责任险），其他险种则并非专门针对工程的保险。这两个险种在本书第六章中已作了详细介绍，本章就不再多述了。以下主要介绍一下保险合同的管理。

签订保险合同前，首先要进行保险决策。保险决策主要表现在两个方面：是否投保和选择保险人。针对建设工程的风险，可以自留也可以转移。在进行这一决策时，需要考虑期望损失与风险概率、机会成本、费用等因素。例如：期望损失与风险发生的概率高，则尽量避免风险自留。如机会成本高,则可以考虑风险自留。当决定将工程风险进行转移后,还要决定是否投保。在许多国家,要求承包人(业主)必须投保,这就不存在投保决策的问题了。在没有强制要求的国家,则应在比较风险自留的损失和保险的成本后,进行投保决策。

在进行选择保险人的决策时,一般至少应当考虑安全、服务、成本这三项要素。安全是指保险人在需要履行支付时的赔付能力。保险人的安全性取决于保险人的信誉、承保业务的大小、盈利能力、再保险机制等。保险人的服务也是一项必须考虑的因素,在工程保险中,好的服务能够减少损失、公平合理地得到索赔。决定保险成本的最主要的因素则是保险费率,当然也要考虑到资金的时间价值。在进行决策时应当选择安全性高、服务质量好、保险成本低的保险人。

4)担保合同。担保是指当事人根据法律规定或者双方约定,为促使债务人履行债务实现债权人的权利的法律制度。担保合同是被担保合同的从合同,被担保合同是主合同,主合同无效,从合同也无效。但担保合同另有约定的除外。

我国《担保法》规定的担保方式为保证、抵押、质押、留置和定金,工程中常见的担保方式为保证和定金。关于担保的详细介绍见本书第六章。

3.组织手段

进行任何管理活动,都必须建立相关的组织。在对工程的风险管理中,组织手段同样是必不可少的。

所谓组织,就是为了使系统达到它特定的目标,由全体参加者经分工与协作以及设置不同层次的权利和责任制度而构成的一种人的组合体。它含有三层意思:第一,目标是组织存在的前提;第二,没有分工与协作就不是组织;第三,没有不同层次的权利和责任制度就不能实现组织活动和组织目标。

根据上述定义可知,采用组织手段对风险进行管理时,首先要确定风险管理的目标,然后确定风险管理的内容,在此基础上,进行风险管理机构的组织结构设计。风险管理组织结构的设计可按如下步骤进行:首先,选择组织结构形式;其次,合理确定管理层次与管理跨度;再次,合理划分各职能部门;最后,定岗、定职责权利、定人。同时,要建立健全各项风险管理制度,风险管理流程。

组织手段是风险管理手段中最重要,也是最关键的手段。风险管理中的各项内容,如风险识别、风险评价、风险防范、风险控制的监督检查等都是依靠风险管理组织实现的,即使是其他的风险管理手段,也是由风险管理组织把握和运用的。因此,风险管理效果的好坏,关键在于是否有一个精干、高效、科学的风险管理组织。

4.经济手段

广义的经济手段指在风险管理中,通过一定的费用支出,达到降低工程风险的目的。如对于保险合同,即是通过向保险公司支付一定的保险费,从而将部分风险转移给保险公司,使工程的总风险减低。狭义的风险管理中的经济手段主要指计划性的风险自留。

计划性风险自留是主动的、有意识的、有计划的选择,使风险管理人员在经过正确的风险识别和风险评价后作出的风险对策决策。

计划性风险自留的损失支付方式主要有以下四种:

1)从现金净收入中支出。采用这种方式时,在财务上并不对自留风险作特别的安排,在损失发生后从现金净收入中支出,或将损失费用计入当期成本。但这种方式不能体现计划性风险自留的“计划性”。

2)建立非基金储备。这种方式是建立了一定数量的备用金,但其用途并不是专门针对自留的风险,其他原因引起的额外费用也在其中支出。

3)自我保险。这种方式是建立一项专项基金(亦称为自我基金),专门用于自留风险造成的损失。该基金的设立不是一次性的,而是每期支出,相当于定期支付保险费,因而称为自我保险。

4)母公司保险。这种方式只适用于存在总公司与子公司关系的集团公司,往往是在难以投保或自保较为有利的情况下使用。从子公司的角度来看,与一般的投保无异,收支较为稳定,赋税可能得益;从母公司的角度,可采用适当的方式进行资金运作,使这笔基金增值,也可在以母公司的名义向保险公司投保。这种方式可用于特大型建设工程,或长期建设工程的业主,如房地产开发(集团)公司。

要注意的是,以上四种风险管理手段需要根据工程的实际情况,综合运用,绝不能割裂开来。如组织手段是其他三项管理手段的前提和保证,而对于一项特定的风险,则可能即向保险公司投保,同时又采用技术手段,对风险进行防范。

7.2 工程质量、安全责任风险管理

7.2.1 质量责任风险管理

1.建设工程质量责任

在工程项目的建设中,参与工程建设的各方,应根据国家颁布的《建设工程质量管理条例》以及合同、协议及有关文件的规定承担相应的质量责任。

(1)建设单位的质量责任

建设单位的质量责任主要包括:

1)建设单位要根据工程的特点和技术要求,按照有关规定选择相应资质等级的勘察、设计单位和施工单位,在合同中必须有质量条款,明确质量责任,并真实、准确、齐全地提供与建设工程有关的原始资料。凡建设工程项目的勘察、设计、施工、监理以及工程建设有关重要设备材料等的采购,均实行招标,依法确定程序和方法,择优选定中标者。不得将应由一个承包单位完成的建设工程项目分解成若干部分,发包给几个承包单位;不得迫使承包方以低于成本的价格竞标;不得任意压缩合理工期;不得明示或暗示设计单位或施工单位违反建设强制性标准,降低建设工程质量。建设单位对自行选择的设计、施工单位发生的质量问题承担相应责任。

2)建设单位应根据工程特点,配备相应的质量管理人员。对国家强制规定实行监理的工程项目,必须委托有相应资质等级的工程监理单位进行监理。建设单位应与监理单位签订监理合同,明确双方的责任和义务。

3)建设单位在开工前,负责办理有关施工图设计文件审查、工程施工许可证和工程质量监督手续,组织设计和施工单位认真进行设计交底和图纸会审;在工程施工中,应按国家现行有关工程建设法规、技术标准及合同规定,对工程质量进行检查,涉及建筑主体和承重结构变动的装修工程,建设单位应在施工前委托原设计单位或者相应资质等级的设计单位提出设计方案,方可施工。工程项目竣工后,应及时组织设计、施工、工程监理等有关单位进行工程施工验收,未经验收备案或验收备案不合格的,不得交付使用。

4)建设单位按合同约定负责采购的工程所用的建筑材料、建筑构配件和设备,应符合设计

文件和合同要求,对发生的质量问题,应承担相应的责任。

(2)勘察、设计单位的质量责任

勘察、设计单位的质量责任主要包括:

1)勘察、设计单位必须在其资质等级许可的范围内承揽相应的勘察设计任务,不许承揽超越其资质等级许可范围以外的任务,不得将承揽工程转包或违法分包,也不得以任何形式用其他单位的名义承揽业务或允许其他单位或个人以本单位的名义承揽业务。

2)勘察、设计单位必须按照国家现行的有关规定、工程建设强制性技术标准和合同要求进行勘察设计工作,并对所编制的勘察、设计文件的质量负责。勘察单位提供的地质、测量、水文等勘察成果文件必须真实、准确。设计单位应提供的设计文件应当符合国家规定的设计深度要求,注明工程合理使用年限。设计文件中选用的材料、构配件和设备,应当注明规格、型号、性能等技术指标,其质量必须符合国家规定的标准。除有特殊要求的建筑材料、专用设备、工艺生产线外,不得指定生产厂、供应商。设计单位应就审查合格的施工图文件向施工单位作出详细说明,解决施工中对设计提出的问题,负责设计变更。参与工程质量事故分析,并对因设计造成的质量事故,提出相应的技术处理方案。

(3)施工单位的质量责任

施工单位的质量责任主要包括:

1)施工单位必须在其资质等级许可的范围内承揽相应的施工任务,不许承揽超越其资质等级业务范围以外的任务,不得将承接的工程转包或违法分包,也不得以任何形式用其他施工单位的名义承揽工程或允许其他单位或个人以本单位的名义承揽工程。

2)施工单位对所承包的工程项目的施工质量负责。应当建立健全质量管理体系,落实质量责任制,确定工程项目的项目经理、技术负责人和施工管理负责人。实行总承包的工程,总承包单位对全部建设工程质量负责。建设工程勘察、设计、施工、设备采购的一项或多项实行总承包的,总承包单位应对其承包的建设工程或采购的设备质量负责;实行总分包的工程,分包单位应按照分包合同约定对其分包工程的质量向总承包单位负责,总承包单位与分包单位对分包工程的质量承担连带责任。

3)施工单位必须按照工程设计图纸和施工技术规范标准组织施工。未经设计单位同意,不得擅自修改工程设计。在施工中,必须按照工程设计要求、施工技术规范标准和合同约定,对建筑材料、构配件、设备和商品混凝土进行检验,不得偷工减料,不使用不符合设计和强制性技术标准要求的产品,不使用未经检验和试验或检验和试验不合格的产品。

(4)工程监理单位的质量责任

工程监理单位的质量责任主要包括:

1)工程监理单位应按其资质等级许可的范围承担工程监理业务,不许超越本单位资质等级许可的范围或以其他工程监理单位的名义承担工程监理业务,不得转让工程监理业务,不许其他单位和个人以本单位的名义承担工程监理业务。

2)工程监理单位应依照法律、法规以及有关技术标准、设计文件和建设工程承包合同,与建设单位签订监理合同,代表建设单位对工程质量实施监理,并对工程质量承担监理责任。监理责任主要有违法责任和违约责任两个方面。如果监理单位故意弄虚作假,降低工程质量标准,造成质量事故的,要承担法律责任。若工程监理单位与承包单位串通,谋取非法利益,给建设单位造成损失的,应当与承包单位承担连带赔偿责任。如果监理单位在责任期内,不按照监理合同约定履行监理职责,给建设单位或其他单位造成损失的,属违约责任,应当向建设单位赔偿。

(5)建筑材料、构配件及设备生产或供应单位的质量责任

建筑材料、构配件及设备生产或供应单位对其生产或供应的产品质量负责。生产厂或供应商必须具备相应的生产条件、技术设备和质量管理体系,所生产或供应的建筑材料、构配件及设备的质量应符合国家和行业现行的技术标准规定的合格标准和设计要求,并与说明书和包装上的质量标准相符,且应有相应的产品检验合格证,设备应有详细的使用说明等。

2.影响工程质量的因素

影响工程质量的因素很多,但归纳起来主要有五个方面,即人、材料、机械、方法和环境。

(1)人员素质

人是生产经营活动的主体,也是工程建设项目的决策者、管理者、操作者。工程建设的全过程,如项目的规划、决策、勘察、设计和施工,都是通过人来完成的。人员的素质,即人的文化水平、技术水平、决策能力、管理能力、组织能力、作业能力、控制能力、身体素质及职业道德等,都将直接或间接地对规划、决策、勘察、设计和施工的质量产生影响,而规划是否合理、决策是否正确、设计是否符合所需要的质量功能、施工能否满足合同、规范、技术标准的需要等,都将对工程质量产生不同程度的影响,所以人员素质是影响工程质量的一个重要因素。因此,建筑行业实行经营资质管理和各类专业人员持证上岗制度是保证人员素质的重要管理措施。

(2)工程材料

工程材料泛指构成工程实体的各类建筑材料、构配件、半成品等,它是工程建设的物质条件,是工程质量的基础。工程材料选用是否合理、产品是否合格、材质是否经过检验、保管使用是否得当等,都将直接影响建设工程的结构强度和刚度,影响工程的使用功能和使用安全以及工程的外观。

(3)机械设备

机械设备可分为两类:一是指组成工程实体及配套的工艺设备和各类机具,如电梯、泵机、通风设备等,它们构成了建筑设备安装工程或工业设备安装工程,形成完整的使用功能;二是指施工过程中使用的各类机具设备,包括大型垂直与横向运输设备、各类操作工具、各种施工安全设施、各类测量仪器和计量器具等,简称施工机具设备,它们是施工生产的手段。机具设备对工程质量也有重要影响。工程用机具设备其产品质量优劣,直接影响工程使用功能质量。施工机具设备的类型是否符合工程施工特点,性能是否先进稳定,操作是否方便安全等,都将会影响工程项目的质量。

(4)工艺方法

工艺方法是指施工现场采用的施工方案,包括技术方案和组织方案。前者如施工工艺和作业方法,后者如施工区段空间划分及施工流向顺序、劳动组织等。在工程施工中,施工方案是否合理,施工工艺是否先进,施工操作是否正确,都将对工程质量产生重大影响。大力推进采用新技术、新工艺、新方法,不断提高工艺技术水平,是保证工程质量稳定提高的重要因素。

(5)环境条件

环境条件是指对工程质量特性起重要作用的环境因素,包括工程技术环境,如工程地质、水文、气象等;工程作业环境,如施工环境作业面大小、防护设施、通风照明和通讯条件等;工程管理环境,主要指工程实施的合同结构与管理关系的确定,组织体制及管理制度等;周边环境,如工程临近地下管线、建(构)筑物等。环境条件往往对工程质量产生特定地影响。加强环境管理,改进作业条件,把握好技术环境,辅以必要的措施,是控制环境对质量影响的重要保证。

3.质量责任风险管理

对于质量责任的风险管理,应针对工程质量有影响的五个因素进行控制。

(1)对人的素质的控制

这里,对人的控制包括两个方面,既包括对参与工程建设的具体的人的素质的控制,还包括对参与工程建设的各单位的资质的控制。

如作为建设单位,在项目招标阶段,应选择与工程类别相适应的招投标代理公司进行招投标工作,降低由于自己能力限制或经验限制导致在招投标中选错承包人的风险。当然,如果选错了招投标代理机构,也会产生新的风险。所以,作为建设单位,最重要的降低工程风险的手段就是做好工程参与单位的选择工作,这既可以采用公开招标,也可采用邀请招标实现。另外,建设单位应该很清楚地表达出自己对工程项目的各项要求,以便代理机构及投标单位对此作出具体响应,从而为评标做好比较的基础。

作为参与工程建设的其他单位,在对人的控制方面主要是控制好人员的素质。各个管理岗位要做到人尽其才,不称职的坚决予以撤换;对工程实施具体操作的作业人员,应保证他们具有相应的资格证书或上岗证,如结构设计人员应具有注册结构工程师证,现场专业监理人员应是国家注册监理工程师,即使特殊岗位的操作人员,也要有培训合格证和上岗证。这样做,并非为了应付检查,而是对自己承担的工程质量负责,尽可能避免由于人的素质的因素导致的风险事件发生。

(2)对工程材料的控制

许多工程质量事故的起因就是由于使用了伪劣的建筑材料。对这种风险的控制,应注意以下事项:

1)对要采购的原材料、半成品或构配件,在采购订货前对生产厂家的信誉进行调查,对采购要实行货比三家的原则。对于重要的材料,还应提交样品,以供试验或鉴定;有些材料还要生产厂家提交理化试验单,检查合格后,才签订采购合同。

2)对于半成品或构配件,应按经过审批认可的设计文件和图纸要求订货,质量应满足有关标准和设计的要求,交货期应满足施工及安装进度安排的需要。

3)大宗的器材或材料的采购应当实行招标采购方式。

4)对于采购的半成品和构配件,在采购合同中要有明确、详细、不会引起争议的质量条款,明确质量检测项目及标准。同时,在采购合同中还要写明由于质量不合格导致的采购方的损失的赔偿办法,实现合理的风险分担。

5)对于装饰材料,最好一次定齐和备足货源,以免由于分批而出现色差、规格差异等质量问题。

6)供货厂方应向采购方提供质量文件,用以表明其提供的货物能够完全达到需方提出的质量要求,此外,质量文件还是工程竣工时竣工文件的组成部分,应妥善保存。质量文件主要包括:产品合格证及技术说明书;质量检验证明;检测与试验者的资质证明;关键工序操作人员资格证明及操作记录;不合格品问题处理的说明及证明;有关图纸及技术资料;必要时,还应附有权威性认证资料。

(3)施工机械的控制

施工机械的选择,除应考虑施工机械的技术性能、工作效率、工作质量、可靠性及维修难易、能源消耗,以及安全、灵活等方面对施工质量的影响与保证外,还应考虑其数量和配置对工程质量的影响。例如,为保证混凝土连续浇筑,应配备有足够的搅拌机和运输设备;在一些城市的建筑施工中，为防止噪声的限制，必须采用静力压桩机等。

此外，还要注意设备类型应与施工对象的特点及施工质量要求相适应。例如，对粘性土的压实，可以采用羊足碾进行分层压实；但对于砂性土的压实，则宜采用振动压实机等类型的机械。在选择机械性能参数方面，也要与施工对象特点及质量要求相适应，例如选择起重机械进行吊装施工时，其起质量、起重高度及起重半径均应满足吊装要求。

(4)对工艺方法的控制

对工艺方法的控制，主要是对施工组织设计的控制。对于施工组织设计的编制与审核，应符合以下原则：

1)施工组织设计的编制、审查和批准应符合规定的程序；

2)施工组织设计应符合国家的技术政策，充分考虑承包合同规定的条件、施工现场条件及法规条件的要求，突出"质量第一、安全第一"的原则；

3)施工组织设计应有针对性，应在掌握工程特点及难点的基础上，根据具体的施工条件编制；

4)施工组织设计采用的技术方案应该先进适用，所采用的技术应是成熟技术；

5)对工程质量的控制流程应合理，突出质量监督的作用。

(5)环境条件的控制

1)施工作业环境的控制

所谓作业环境条件主要是指诸如：水、电或动力供应、施工照明、安全防护设备、施工场地空间条件和通道、以及交通运输条件和道路条件等。这些条件是否良好，直接影响到工程质量。例如，施工照明不良，会给要求精密度高的施工操作造成困难，工程质量不宜保证。因此，建设单位和承包单位应共同努力，创造一个良好的施工作业环境。

2)施工质量管理环境的控制

施工质量管理环境的控制主要是指对质量管理体系和质量控制自检系统的建立、实施的控制，主要应注意质量控制系统的组织结构、管理制度、检测制度、检测标准、人员配备等方面的状态是否良好，不足之处应及时调整、完善。

3)现场自然环境条件的控制

对于现场自然环境条件，应根据工程所在地的特点制定相应的对策。例如，对严寒地区，要做好冬季施工的准备措施；对于地下水位高的地区，则要注意基础开挖过程中的排水及防止流沙的工作。同时，对现场周围的建筑物情况也要在制定施工方案时予以考虑，免得因方案不当造成对邻近建筑物的损害，造成损失。

7.2.2 安全责任风险管理

安全责任的风险管理包括两方面的含义：一是指工程项目本身的实施、使用过程中的安全；二是指参与工程建设的有关人员的人身安全。

工程项目的安全风险管理，与工程的质量风险管理有许多相似之处，可以说，工程的质量有了保证，那么工程的安全性也就有了坚实的基础。当然，这里说的工程质量并不是狭义的施工质量，而是包括：项目决策，项目勘察、设计，项目施工，竣工验收，使用维护的全过程的工作质量。当这些工组质量过硬，那么，项目的安全性也就有了保证。质量的风险管理方法在上节已作了详细介绍，本节主要介绍工程实施阶段，工程参与者的人身安全风险管理。

1.安全管理的意义

建筑领域是事故的多发领域，安全事故经常出现。建筑企业要做好对建筑事故的控制工作，首先就要在思想上重视安全管理。安全管理的意义如下：

(1)做好安全管理工作有利于企业的稳定发展

安全涉及方面多，一旦发生了安全事故，不但伤亡者的家属需要耐心安抚，而且国家相关部门也会对安全事故进行调查，对造成安全事故的责任人予以应有的惩罚。这些，都会对企业的正常运营产生或大或小的影响，影响大小与工程安全事故的严重程度有密切关系。同时，我国实行的是安全责任企业主要领导负责制，发生了安全事故，难免会因主要领导被审查、处分而影响企业的运营。

(2)安全管理是提高生产率，减少职业病的途径

项目工程安全管理的目的就是通过安全管理使工程施工人员在舒适良好的工作环境中安全操作。一个良好的工作环境是施工人员按工艺工序标准操作的前提。在没有心理顾忌的心理条件下作业，提高生产效率的作用是显而易见的，对工程质量的提高是大有益处的。此外，通过安全管理，降低施工噪声，减少施工粉尘污染，对防止施工企业职业病有显著作用。

(3)安全管理是控制事故发生的最直接手段

工程的安全管理工作直接针对正在实施的项目和现场的施工人员，安全管理的许多内容(如现场临时用电安全管理，脚手架安全管理，机械设备安全管理等工作)是直接针对分部分项的措施。通过一系列的管理措施，消除人的不安全行为和物的不安全状态，杜绝施工现场违章指挥、违章作业、违规违纪现象的发生，从而从根本上预防工程事故的发生。

(4)工程安全管理将减少不必要的经济损失

现在，工程项目的实施大多按项目实行成本独立核算，事故发生所造成的直接损失和间接损失费用将摊入该工程，这自然是一笔不必要的开支。反之，通过有效的安全管理，控制事故的发生就能间接降低工程成本，减少额外费用的开支，从而提高工程的利润。最重要的是，由于事故所带来企业信誉上的损害是难以用费用衡量的。

2.安全风险管理的措施

针对工程实施过程中的安全风险管理措施，主要有以下几项：

(1)加强领导，建立健全安全组织机构

建立健全安全组织机构，配备一支强有力的安全管理队伍，是搞好安全工作的重要保证。在组织机构中，企业及项目的主要领导应直接负责安全的管理工作。在组建安全机构过程中，要特别强调机构的系统化和网络化，要求进驻工地的所有单位必须建立各自的安全领导小组，工段、工区设专职安全员，各班组及生产一线设兼职安全员，同时，充分发挥工会等团体组织的监督协助作用，在安全生产管理上形成“专管成线，群管成网”全方位抓安全的格局。

(2)开展安全工作目标管理，制定量化标准，层层签订责任状

为了有效地控制、减少生产事故和其他重大伤亡事故，推行安全目标管理是一个有效的方法。具体做法为，根据工程特点及本单位的实际情况，先详细制定一个总目标，即确定工伤事故死亡率为多少以内等，然后要求所有施工单位将各自承担的指标分解逐层下达到生产第一线，逐级签订安全责任状，实行一级对一级保证，一级对一级负责的责任体系，以此来推动安全管理工作，保证工程的顺利进行和职工的人身安全

(3)抓好岗位安全培训，提高职工的业务素质和技能

加强对职工的安全技术培训和安全知识教育，把安全生产建立在职工良好的自身素质之上，是搞好安全管理工作的基础环节。同时，还要注意做好民工的安全教育和培训。民工大多来自农村，安全意识薄弱，是工伤事故的高发群体。对此，在民工的管理上，要严格把握好上岗

证这一关,要严格规定凡征用的民工必须经培训,考核后,发给操作证才准许上岗。

(4)开展全方位、多层次的安全检查,及时发现问题,及时清除隐患

对安全风险的管理,要贯彻"安全第一,预防为主"的方针,其重要工作之一就是要把各类事故隐患、事故苗头消灭在萌芽状态之中。在工程实施过程中,采取随时随地检查与固定检查相结合,日常巡回检查与定期检查相结合,集中检查与分散检查相结合,各单位自检与指挥部组织联检相结合。通过这种方式,可以对施工现场的安全状况有个清楚的认识,并能及时发现问题,解决问题,制止硬性蛮干和违章操作的行为。

(5)对参与工程建设的有关人员投保

对工程建设的有关人员投保,可以避免由于不可抗力因素的发生导致人员伤亡给项目带来的损失,转移部分风险。同时,还可使职工体会到企业的关怀,从而更具凝聚力。

7.3 工程费用风险管理

7.3.1 合同方式及其风险管理

按照合同的计价方式,可将合同划分为三种类型:固定价格合同、可调价格合同和成本加酬金合同。

1.固定价格合同及其风险管理

(1)固定总价合同及其风险管理

固定总价合同是指支付给承包人的工程款项在承包合同中是一个规定金额,即总价。它是以设计图纸和工程说明书为依据,由承包方与发包方经过协商确定的。总价合同的主要特征如下:一是根据招标文件的要求由承包人实施全部工程任务,按承包人在投标报价中提出的总价确定;二是拟实施项目的工程性质和工程量应在事先基本确定。显然,总价合同对于承包人有较大的风险。通常采用这种合同时,必须明确工程承包合同标的物的详细内容及其各种经济技术指标,一方面承包方在报价时要仔细分析风险因素,需在报价中考虑一定程度的风险费;另一方面,发包方也应考虑到使承包方承担的风险是可以承受的,以获得合格而有竞争力的投标人。

在所有的固定总价合同文件中,施工说明书尤为重要。施工说明书的内容只有在发包方与承包方一致同意的情况下才能修改。总价合同一般在能够完全确定工程任务的情况下采用。但在实践中,合同标的物往往出现工程量变更问题,对于这个问题,一般情况下,签订合同时都写进专用条款,即规定工程量变化导致总价变更的极限,超过这个极限,就必须签订附加条款或另行签订合同。

固定总价合同的一般适用条件为;

1)招标时的设计深度已达到施工图设计要求,工程设计图纸完整齐全,项目范围及工程量计算依据确切,合同履行过程中不会出现较大的设计变更,承包方依据的报价工程量与实际完成的工程量不会有较大的差异。

2)规模较小,技术不太复杂的中小型工程,承包方一般在报价时可以合理地预见到实施过程中可能遇到的各种风险。

3)合同工期较短,一般为工期在一年之内的工程。

对于固定总价合同的风险管理,发包方应尽可能做好工程的前期准备工作后再进行工程的招标工作。同时,应本着诚实信用的原则编写施工说明书。否则,当工程中出现与施工说明

书的内容有较大差异的情况时，将会引起承包人的索赔，导致风险的发生。同时，如果承包人无力承担总价合同的风险，导致停工等情况发生时，也会给发包方带来严重损失。因此，对于这种主要风险由承包人承担的合同形式，发包方应有义务将工程的相关情况详细告知。为做到这点，业主要将工程开工前的准备工作做扎实，仔细分析所掌握的信息中是否有不太确切的部分，并做好相应的应变措施，防范可能出现的风险。此外，为防止承包人违约，应要求承包人提供履约担保或采用信用保险。同时，要注意合同条件的严密性，减少索赔事件的发生。

对于承包人来说，当投标采用这类合同方式的工程时，必须综合采用各种风险对策。首先，在仔细研究施工图纸、技术规范、施工说明书的基础上，还应对工程所在地的气候、资源状况、各种资源价格的波动情况、当地的法律法规、环保要求等进行详细周密地实地调查，对可能面临的风险作出全面的识别，然后对之进行科学的评价。根据风险的种类和导致后果的严重程度，分别采取相应的对策。如对于物价因素，应预测其在施工期间的变动趋势，由此，在报价时考虑一部分风险金。同时，对物价的最大变动范围也要有一个清醒的认识，以便在签订合同时，补充说明当物价的变动超过该范围时，应对工程价款作出相应调整；对于部分分部分项工程，可以采用分包出去的方式转移风险；当对工程的实施面临的风险有可能超出自己的承受能力时，可以采取联合体投标的形式，以分散风险。另外，在报价时，要采用成熟的施工技术和施工方案，降低因技术因素导致的风险。对于可投保的项目，一定要投保。在施工的工程中，注意各种资料的收集保管工作，为索赔提供必要的证据。

(2)固定单价合同及其风险管理

固定单价合同包括估算工程量单价和纯单价合同两种形式。

1)估算工程量单价合同及其风险管理

这种合同是以工程量清单和工程单价表为基础和依据来计算合同价格的，亦可称为计量估价合同。估算工程量单价合同通常是由发包方提出工程量清单，列出分部分项工程量，由承包方以此为依据填报相应单价，累计计算后得出合同价格。但最后的工程结算价应按照实际完成的工程量来计算，即按合同中的分部分项工程单价和实际工程量，计算得出工程结算和支付的工程总价格。采用这种合同时，要求实际完成的工程量与原估计的工程量不能有实质性的变更。因为承包方给出的单价是以相应的工程量为基础的，如果工程量大幅度增减，可能影响工程成本。不过在实践中往往很难确定工程量有多大范围的变更才算实质性的变更，这是采用这种合同计价方式需要考虑的一个问题。

这种合同计价方式较为合理地分担了工程履行过程中的风险。承包方据以报价的清单工程量为估计工程量，这样可以避免实际完成工程量与估计工程量有较大差异时，若以总价合同承包可能导致发包方过大的额外支出或是承包方的亏损。此外，承包方在投标时可不必将不能合理准确预见的风险计入投标报价内，有利于发包方获得较为合理的合同价格。采用估算工程量单价合同时，工程量是统一计算出来的，承包方只要经过复核后填上适当的单价，承担风险较小；发包方只需审核单价是否合理即可，对双方都较为方便。由于具有这些特点，估算工程量单价合同是比较常见的一种合同计价方式。

这种合同的风险管理相对于固定总价合同要简单一些。发包方主要承担工程量变更的风险，导致这种风险的风险因素主要是可行性研究不够细致、深入，或勘察设计工作质量欠佳。防范风险的手段可以合同手段为主，在风险发生后，可依据合同向有关单位提出索赔，以合理实现风险分散和风险转移。经济手段也是必需的手段。发包方应设立一笔准备金，用以支付由于工程量变更而增加的工程费用，防止因工程款不到位引起承包人停工或其他有损工程的情况发生，产生更大的风险。

作为承包人，主要是在自己企业定额的基础上，结合市场价格，合理确定分部分项工程的单价。在确定价格的过程中，要考虑到工程量在合同规定范围内变化时，对施工成本的影响，并在此基础上考虑综合费率的变动情况，最终适当计入风险金，即为该项单价。在施工过程中，要注意加强组织管理，做好施工日志，施工过程中及时计量并建立月明细账目，以便确定实际工程量。

2)纯单价合同及其风险管理

采用这种计价方式的合同时，发包方只向承包方给出发包工程的有关分部分项工程以及工程范围，不对工程量作任何规定。即在招标文件中仅给出各个分部分项工程一览表、工程范围和必要的说明，而不必提供实物工程量。承包方在投标时只需要对这类给定范围的分部分项工程作出报价即可，合同实施过程中按实际完成的工程量进行结算。这种合同方式主要适用于没有施工图，工程量不明，却急需开工的紧迫工程。

采用这种合同的工程实施中的风险，主要是由承包人承担的。对风险的管理，可以借鉴估算工程量单价合同的管理方法，但风险金的考虑要更加周全。

2.可调价合同及其风险管理

可调价合同是指合同总价或者单价，在合同实施期内根据合同约定的办法调整，即在合同的实施过程中可以按照约定，随资源的价格等因素的变化而调整的价格。可调价合同包括可调总价合同和可调单价合同两种形式。

(1)可调总价合同及其风险管理

可调总价合同的总价一般也是以设计图纸及规定、规范为基础，在报价及签约时，按招标文件的要求和当时的物价计算合同总价。但合同总价是一个相对固定的价格，在合同执行过程中，由于通货膨胀而使工程所用的工料成本增加，可对合同总价进行相应的调整。可调合同的合同总价不变，只是在合同条款中增加调价条款，如果出现通货膨胀这一不可预见的费用因素，合同总价就可按约定的调价条款作相应的调整。

这种合同与固定总价合同的不同之处在于，它对合同实施中出现的风险作了分摊，发包方承担了通货膨胀的风险，而承包方承担合同实施中实物工程量、成本、工期因素等其他风险。承发包双方应针对自己承担的风险做好相应的风险管理工作。作为发包方，对风险管理的主要手段可采用合同手段和经济手段。合同手段，如对由自己供应的材料，按照工程进展计划，预先按市场价格签订供应合同，避免通货膨胀的影响；经济手段即预先设立涨价预备金，做好风险来临后的应对工作。作为承包人，主要采用组织手段、技术手段、合同手段对风险进行管理。组织手段指建立合理的风险管理机构，对工程实施中可能面临的风险进行全面的协调管理；技术手段指在工程实施过程中，对施工方案、进度计划、施工机械、人员等进行比较分析，选择风险系数小的技术措施；合同手段则是对与业主签订的合同条款作细致的分析，尤其是可能引起较大风险的条款，一定要仔细斟酌，分清责任界限和风险承担的界限；在同分包人签订分包合同时，也要注意以上事项，免得引起新的风险发生。

(2)可调单价合同及其风险管理

合同单价的可调，一般是指工程招标文件中规定。在合同中签订的单价，根据合同约定的条款，如在工程实施过程中物价发生变化等，可作调值。有的工程在招标或签约时，因某些不确定因素而在合同中暂定某些分部分项工程的单价，在工程结算时，再根据实际情况和合同约定对合同单价进行调整，确定实际计算单价。

这种合同的风险承担及其管理要点,可以参考估算工程量单价合同,这里不再多述。

3.成本加酬金合同及其风险管理

成本加酬金合同是将工程项目的实际投资划分成直接成本费和承包方完成工作后应得酬金两部分。工程实施过程中发生的直接成本费由发包方实报实销,在按合同约定的方式另外支付给承包方相应报酬。以这种计价方式签订的工程承包合同,有两个明显缺点:一是发包方对工程总价不能实施有效地控制;二是承包方对降低成本也不太感兴趣。因此,采用这种合同计价方式,其条款必须非常严格。

按照酬金的计算方式不同,成本加酬金合同又分为以下几种形式:

(1)成本加固定百分比酬金合同及其风险管理

采用这种合同计价方式,承包方的成本实报实销,同时按照实际成本的固定百分比付给承包方一笔酬金。工程的合同价表达式为:

$$C = C_d + C_d \times P \tag{7.1}$$

式中:C——合同价;

C_d——实际发生的成本;

P——双方事先商定的酬金的固定百分比。

这种合同计价形式,发包方承担了工程的全部风险,为了控制风险,最关键的就是一定要选择一个好的承包人。只有选择一个诚实信用的承包人,才能使发包方的风险降为最低。正是由于这种弊病的存在,使得这种合同计价方式很少被采用。

(2)成本加固定酬金合同及其风险管理

采用这种合同计价方式与成本加固定百分比酬金合同相似。其不同之处仅在于成本上所增加的费用是一笔固定金额的酬金。计算表达式为:

$$C = C_d + F \tag{7.2}$$

式中:F——双方约定的酬金具体数额。

这种合同计价方式,风险的承担仍在发包方一方。对风险的管理仍是选择一个合适的承包人。

(3)成本加奖罚合同及其风险管理

采用成本加奖罚合同,在签订合同时双方事先约定该工程的预期成本或称目标成本和固定酬金,以及实际发生的成本与预期成本比较后的奖罚计算方法。在合同实施后,根据工程成本的实际发生情况,确定奖罚的额度,当实际成本低于预期成本时,承包方除可得到实际成本补偿和酬金外,还可根据成本降低额得到一笔奖金;当实际成本大于预期成本时,承包方只能得到实际成本补偿和酬金,并视实际成本高出预期成本的情况,被处罚一笔金额。其计算表达式为:

$$C = C_d + F \quad (C_d = C_0) \tag{7.3}$$

$$C = C_d + F + \Delta F (C_d < C_0) \tag{7.4}$$

$$C = C_d + F - \Delta F \quad (C_d > C_0) \tag{7.5}$$

式中:C_0——签订合同时双方约定的预期成本;

ΔF——奖罚金额。

这种合同计价方式可以促使承包方关心和降低成本,缩短工期,而且目标成本可以随着设计的进展而加以调整,所以发承包双方都不会承担太大的风险。对这种合同的风险管理,关键在于承发包双方能公平合理地确定成本和酬金及奖罚的计算标准和方法。

(4)最高限额成本加固定最大酬金合同及其风险管理

在这种计价方式的合同中，首先要确定最高限额成本、报价成本和最低成本，当实际成本没有超过最低成本时，承包方发生的成本费用及应得酬金等都可得到发包方的支付，并与发包方分享节约额；如果实际成本在最低成本和报价成本之间，承包方只有成本和酬金可以得到支付；如果实际工程成本在报价成本与最高限额成本之间，则只有全部成本可以得到支付；如果实际成本超过最高限额成本，则超过部分，发包方不予支付。

这种合同计价方式有利于控制工程投资，并能鼓励承包方最大限度地降低工程成本。对这种合同方式的风险管理，承发包双方仍是要在合同的签订上下功夫，确定双方都能接受的最高限额成本、报价成本和最低成本。

7.3.2 工程变更及索赔的风险管理

工程项目的建设过程是一个周期长、投入大的生产过程，工程参与各方在一定时间内占有的经验知识是有限的，不但常常受着科学条件和技术条件的限制，而且也受着客观过程的发展及其表现程度的限制。因而，任何一项工程都不可能完全按照预期的情况开展，在工程的实施过程中，必然会出现一些工程变更；同时，在工程的进展中，也会由于施工现场条件、气候条件的变化，施工进度的变化，以及合同条款、规范、标准文件和施工图纸的变更、差异、延误等因素的影响，使得工程承包中不可避免地出现索赔。

1.工程变更的风险管理

通常情况下，工程变更引起的费用增加都是由发包方承担的，因此，对工程变更的风险管理也主要在发包方。承包方一般只需按照变更施工，需要注意的是，对变更费用的索赔，应按照合同约定的程序和时间要求，及时向发包方提出变更价格，以免由于延误造成索赔失效。

对于发包方来说，对变更引起的风险进行管理，关键是做好以下工作：

(1)对工程进行细致的可行性研究

在工程的筹建阶段，就要做好调查研究，做好项目的财务可行性分析、技术可行性分析和环境可行性分析，当项目的风险过大，就要果断采取风险回避的对策，停止工程的建设，以免在以后引起巨大损失。

(2)选择合格的勘察设计单位

勘察设计单位选择的好坏，对工程的后续工作质量有巨大影响。如果勘察设计工作质量好，那么，工程实施过程中产生的工程变更就会少许多；反之，工程变更就会接连不断，费用的控制难度也会大大增加。在工程的初步设计阶段，对方案设计一定要进行反复的技术经济比较，方案一旦定下，就不要再作大的修改，否则，会给工程带来严重损失；在制定设计方案时，要坚持经济实用的原则，不要盲目求全、求先进。

(3)选择合格的工程监理单位

选择一个合格的工程监理单位，可以充分利用监理单位的专业素质，对工程的变更进行合理的监控，避免不必要的变更发生。同时，发包方也要尊重监理单位依据合同独立行使委托的权力，不要随意提出工程变更；在提出工程变更前，应与监理单位、设计单位充分协商，确定有必要后，再付诸实施。

2.工程索赔的风险管理

索赔是工程承包合同履行过程中，当事人一方因对方不履行或不完全履行既定的义务，或者由于对方的行为使权利人受到损失时，要求对方补偿损失的权力。从定义可知，索赔的存在和发生，总的来说，一是由于合同基础条件的变化，使承发包一方遭受了额外的损失的结果，合同的基础条件是指承发包双方在签订合同时，作为其确定合同价格、工期和履行合同的基础条件；二是其中一方没能按合同履行自己的义务，或履行义务不合格，受损失的一方提出经济补偿或工期补偿等。

(1)承包人向发包方提出的对索赔及其风险管理

1)不利的自然条件与人为障碍引起的索赔

不利的自然条件是指施工中遭遇的实际自然条件比招标文件中所描述的更为困难和恶劣，是一个有经验的承包人无法预测的自然条件与人为障碍，导致了承包人必须花费更多的时间和费用，在这种情况下，承包人可以向业主提出索赔要求。

对于由地质条件变化引起的索赔，能否成功的关键，在于业主是否认为该地质条件的变化属于一个有经验的承包人所无法预见的。因为在合同中往往写明，承包人在提交投标书之前，已对现场和周围环境及与之有关的可用资料进行了考察和检查，包括地表以下条件及水文和气候条件，承包人应对他自己对上述资料的解释负责。所以，如果提出的索赔事项被业主认为属于一个有经验的承包人可以预见的变化，则在其投标报价中就已经包含了这种风险的费用，索赔就不可能成功。对此，承包人应拿出充分的证据表明，索赔事项不是一个有经验的承包人可预见的。对这种索赔的风险管理，承包人应注意收集工程所在地的气候、地理等各方面的地质、气象资料，同时，对索赔事件发生前后的工程实际状况也要有详细的记录，包括现场照片、甲方代表的签证、施工日志等。

2)工程中人为障碍引起的索赔

在施工过程中，如果承包人遇到了地下构筑物或文物，如地下电缆、管道和各种装置等，只要是图纸并未说明的，承包人应立即通知甲方代表或监理工程师，并共同讨论处理方案。如果导致工程费用增加，承包人即可提出索赔。这种索赔发生争议较少。由于地下构筑物和文物确属是有经验的承包人难以预见的人为障碍。承包人只要按照合同规定的程序和时间及时提出索赔，一般没有被拒绝的风险。只是在索赔费用和工期的计算上，承发包双方会出现一些分歧，这就要看合同和具体的进度安排，报价方式等技术问题而定了。

3)工程变更引起的索赔

在工程施工过程中，由于工地上不可预见的情况，环境的改变，或为了节约成本等，在业主认为必要时，可以对工程或其任何部分的外形、质量或数量作出变更。任何此类变更，承包人均不应以任何方式使合同作废或无效。但承包人可以据此提出工期、费用的索赔。这种索赔的风险只在于业主是否按自己提出的索赔额给予补偿。成功的关键依然是充分利用合同条款，辅以必要的技术措施。

4)工期延期的费用索赔

工期延期的索赔通常包括两个方面：一是承包人要求延长工期；二是承包人要求偿付由于非承包人原因导致工期延期而造成的损失。一般这两方面的索赔报告要求分别编制，因为工期和费用索赔并不一定同时成立。通常情况下，由于业主原因或不利的自然条件及人为障碍引起的延期，承包人只要及时提出索赔，并有可靠的证据，业主是会同意索赔补偿的。

5)加速施工费用的索赔

一项工程可能遇到各种意外的情况或由于工程变更而必须延长工期，但由于业主的原因，坚持不给延期，迫使承包人加班赶工来完成工程，从而导致工程成本增加，如何确定加速施工所发生的附加费用，合同双方可能差距很大。因为影响附加费用款额的因素很多，如投入的资源量，提前的完工天数，加班津贴，施工新单价等。避免双方在费用的确定上发生争议的有力措施是，在合同签订时，或在确定加速施工后，双方及时签署有关工期提前或赶工的奖励办法，不一一计算费用。这种方法简单易行，可操作性强。

6)业主不正当地终止工程而引起的索赔

由于业主不正当地终止工程，承包人有权要求补偿损失，其数额是承包人在被终止工程中的人工、材料、机械设备的全部支出，以及各项管理费用、保险费、贷款利息、保函费用的支出，并有权要求赔偿其盈利损失。

对于这种类型的索赔，承包人要注意索赔项目的完整性，同时，对工程实施中的资料要做好整理，如工程款的支付情况，预付款的扣除情况，所购材料的到货情况，已完工程的比例，撤离现场要发生的费用等，都要有详细、准确的计算和记录，以便使自己的合法权利得到保护，损失得到全面补偿。

7)物价上涨引起的索赔

由于物价上涨引起工程成本的增加，能否得到索赔，要视合同方式具体确定。如果合同中规定不予调整，则应在投标时就考虑好物价上涨因素，反应在报价中；如果是可调价合同，就要注意对物价波动的及时记录和分析，以便在提出索赔时，拿出有力的证据。

8)法律、货币及汇率变化引起的索赔

对这种索赔的风险管理方法，可以借鉴第6条中的措施。

9)业主拖延支付工程款的索赔

如果业主在规定的应付款时间内未能向承包人支付应支付的款额，承包人可在提前通知业主的情况下，暂停工作或减缓工作进度，并有权获得任何误期的补偿和其他额外费用的补偿(如利息)。这种索赔的风险管理也是要做好合同的签订工作，发生时，依据合同提出索赔即可，失败的几率很小。

10)业主的风险

由于应由业主承担的风险事件的发生导致承包人受到损失，承包人可提出索赔要求。对业主承担风险的界定，应在合同中作出具体规定。在风险事件发生时，承包人应做好必要的保护工作，以免引起业主的反索赔；同时，承包人还应做好相关记录，保留必要的、可靠的证据，定期向业主汇报事件的进展情况，并注意索赔的时效性。

(2)发包方向承包人的索赔及其风险管理

由于承包人不履行或不完全履行约定的义务，或者由于承包人的行为使业主受到损失时，业主可向承包人提出索赔。

1)工期延误索赔

在工程项目的施工过程中，由于多方面的原因，往往使工程竣工日期拖后，影响到业主对该工程的利用，给业主带来经济损失，按惯例，业主有权对承包人提出索赔，即由承包人支付误期损害赔偿额。承包人支付误期损害赔偿额的前提是这一工期延误的责任属于承包人方面。施工合同中的误期损害赔偿费，通常是由业主在招标文件中规定的。

业主为避免由于误期给自己造成的损失的风险，要在招标文件及合同中对此作出详细的规定。业主在确定误期损害赔偿费的费用时，通常要考虑的因素有：

①业主盈利损失；

②由于工期拖期而引起的贷款利息增加；

③工程拖期带来的附加监理费；

④由于工程工期不能使用,继续租用原建筑物或租用其他建筑物的租赁费。

2)质量不满足合同要求索赔

当承包人的施工质量不符合合同的要求,或使用的设备和材料不符合合同规定,或在缺陷责任期未满以前未完成应该修补的工程时,业主有权向承包人追究责任,要求补偿所受的经济损失。如果承包人在规定的期限内未完成缺陷修补工作,业主有权雇佣他人来完成工作,发生的成本和利润由承包人负担。如果承包人自费修复,则业主可索赔重新检验费。

对于因质量问题提出的索赔的管理,业主应在选择一个好的监理单位的基础上,给予项目监理机构充分的信任,使项目监理机构真正起到质量监督、质量控制的作用,对于工程中的质量问题,及时处理,及时索赔,当好业主的助手。

3)对超额利润的索赔

如果工程量增加很多,使承包人预期的收入增大,因工程量增加承包人并不增加任何固定成本,合同价应由双方讨论调整,收回部分超额利润,

此项索赔的关键在于对超额利润的定义及其计算方法的确定,最好是在合同签订中,业主就预先分析有可能增加的工程量作一估计,并在此基础上,确定对超额利润的索赔计算方法,在合同中予以明确,这样,实际发生时。索赔就比较容易成功。

4)业主合理终止合同或承包人不正当地放弃工程的索赔

如果业主合理地终止承包人的承包,或者承包人不合理地放弃工程,则业主有权从承包人手中收回由新的承包人完成工程所需的工程款与原合同未付部分的差额。

承包人应尽量避免这种索赔的发生,这对承包人来说,不仅仅是经济损失,更重要的是,这种事件的发生,对于承包人的信誉是严重的损失,直接影响到承包人以后的生存发展。因此,承包人在决定投标前,一定要认清工程的复杂程度,以及自己当前占有的施工资源、可以支配的施工资源。当自己没有能力,或者由于其他原因,无力再承担复杂工程项目的时候,一定要理智地放弃。要坚决避免由于摊子铺得过大,一旦某些风险因素的发生,如业主的资金暂时难以到位,根据合同要求,承包人在一定时期内应维持工程的正常进行,而自己又没有足够的资金维持工程的进展,造成整个公司资金运作困难,最终使所承接的工程无法顺利进行,导致业主的索赔。虽然承包人也可向业主索赔延迟支付工程款的利息等财务费用,但与业主的索赔相比,所得要远远小于所失。

业主在行使这种索赔权利时,主要的风险来自承包人无力或故意不赔偿业主的损失,对此的预防措施主要是在工程签订合同时,要求承包人提供合格的保函,对保函的责任条件要定义清楚,不能有瑕疵。

在对工程的变更和索赔进行风险管理时,最重要的依据就是合同。尤其现在,我国已经加入 WTO,合同的重要性就更为突出了。在签订合同时,可以聘请专业咨询公司帮助自己对合同的条款进行审议。总之,制定一份条款严密,责、权、利对等,符合国家法律规定的合同,是做好工程变更和工程索赔的风险管理的前提和保障。

7.4 工程进度风险管理

7.4.1 影响工程进度的因素分析

由于建设工程具有规模大、工程结构与工艺技术复杂、建设周期长及相关单位多等特点,决定了建设工程的进度将受到许多因素的影响。要想有效地控制工程建设进度,就必须对影

响工程进度的有利因素和不利因素进行全面、细致地分析和预测。这样,一方面可以促进对有利因素的利用和对不利因素的妥善预防;另一方面,也便于事先制定预防措施,事中采取有效对策,事后采取妥善补救,以缩小实际进度与计划进度的偏差,事先对建设工程的主动控制和动态控制。

影响建设工程进度的不利因素有很多,如人为因素,技术因素,设备、材料及构配件因素,机具因素,资金因素,水文、地质与气象因素,以及其他自然与社会环境等方面的因素。其中,人为因素是最大的干扰因素。从产生的根源看,有的来源于业主及其上级主管部门;有的来源于勘察设计、施工及材料、设备供应单位;有的来源于政府、建设主管部门、有关协作单位和社会;有的来源于各种自然条件;也有的来源于建设监理单位,施工单位自身。在工程建设过程中,常见的影响因素如下:

1)业主因素。如业主使用要求改变而进行设计变更;应提供的施工场地条件不能及时提供或所提供的场地不能满足工程正常需要;不能及时向施工承包单位或材料供应商付款等。

2)勘察设计因素。如勘察资料不准确,特别是地质资料错误或遗漏;设计内容不完善、规范应用不恰当,设计有缺陷或错误;设计对施工的可能性未考虑或考虑不周;施工图纸供应不及时、不配套,或出现重大差错等。

3)施工技术因素。如施工工艺错误;不合理的施工方案;施工安全措施不当;不可靠技术的应用等。

4)自然环境因素。如复杂的工程地质条件;不明的水文气象条件;地下埋藏文物的保护、处理;洪水、地震、台风等不可抗力等。

5)社会环境因素。如外单位邻近工程施工干扰;节假日交通、市容整顿的限制等;临时停水、停电、断路;以及在国外常见的法律及制度变化,经济制裁,战争、骚乱、罢工、企业倒闭等。

6)组织管理因素。如向有关部门提出各种申请审批手续的延误;合同签订时遗漏条款、表达失当;计划安排不周密,组织协调不利,导致停工待料、相关作业脱节;领导不力,指挥失当,使参加工程建设的各个单位、各个专业、各个施工过程之间交接、配合上发生矛盾等。

7)材料、设备因素。如材料、构配件、机具、设备供应环节的差错,品种、规格、质量、数量、时间不能满足工程的需要;特殊材料及新材料的不合理使用;施工设备不配套,选型失当,安装失误,有故障等。

8)资金因素。如有关方拖欠资金,资金不到位,资金短缺;汇率浮动和通货膨胀等。

7.4.2 工程延期控制及其管理

在建设工程施工过程中,其工期的延长分为工程延误和工程延期两种,一是由于承包人自身原因造成工程延期,称为工程延误;二是由于承包人以外的原因造成的进度拖延,称为工程延期。虽然他们都是使工程延期,但由于性质不同,因而业主与承包人所承担的责任也就不同。如果是属于工程延误,则由此造成的一切损失由承包人负责,同时,业主还有权对承包人实施误期违约罚款。而如果属于工期延期,则承包人不仅有权要求延长工期,而且还有权向业主提出赔偿费用的要求以弥补由此造成的额外损失。

1.工程延期控制

发生工程延期事件,不仅影响工程的进展,而且会给业主带来损失。因此,业主和其委托的监理单位应做好以下工作,以减少或避免工程延期事件的发生。

(1)选择合适的时机下达工程开工令

业主代表或监理工程师在下达工程开工令之前,应充分考虑业主的前期准备工作是否充分。特别是征地、拆迁问题是否已解决,设计图纸能否及时提供,以及付款方面有无问题等,以避免由于上述问题缺乏准备而造成工程延期。

(2)注意履行施工承包合同中所规定的职责

在施工过程中,业主应注意按照施工合同中规定的自己的职责履行合同,提前做好施工场地及设计图纸的提供工作,并能及时支付工程进度款,以减少或避免由此而造成的工程延期。

(3)妥善处理工程延期事件

当延期事件发生后,业主代表或监理工程师应根据合同规定进行妥善处理。既要尽量减少工程延期时间及其损失,又要在详细调查研究的基础上合理批准工程延期时间。

此外,业主在施工过程中,应尽量减少干预,多协调,以避免由于业主的干扰和阻碍而导致延期事件的发生。

2.工程延误控制

工程延误是由于承包人自身原因导致的工程延期,不但得不到工期补偿,还可能面临业主的索赔,同时,对自己的信誉也有不利的影响。承包人应从以下方面做好工期延误的控制:

1)做好工程的开工前的准备工作,对施工机具、施工人员和施工材料的安排要符合编制的施工进度进展计划。

2)在工程进展中,注意对网络计划的关键线路做好控制。当出现工期延误时,应及时对网络计划进行调整。常用的方法就是压缩关键线路上的某些关键工作,压缩关键工作应注意以下几点:

①缩短持续时间对质量和安全影响不大的工作;

②有充足资源的工作;

③缩短持续时间所需增加的费用最少的工作。

3)注意及时对影响工期的事件提出索赔。凡是不属于自己的原因引起的工期延误,都可以向业主提出索赔;

4)考虑改变某些工作的组织关系,或采用平行施工方法,加快工程进度。

3.工期延期的管理手段

为了做好工期延期的管理工作,需要采用组织手段、技术手段、经济手段和合同手段对工程进展进行管理。

(1)组织手段

工期延期管理的组织手段主要包括:

1)建立进度控制目标体系,明确建设工程现场业主管理机构和承包人管理机构中进度控制人员的职责及其分工;

2)建立工程进度报告制度及进度信息沟通网络;

3)建立工期延期审核制度和进度计划实施中的检查分析制度;

4)建立进度协调会议制度,包括协调会议举行的时间、地点,协调会议的参加人员等;

5)建立图纸审查、工程变更、设计变更管理制度。

(2)技术手段

工程延期管理的技术手段主要包括:

1)采用网络计划技术及其他科学适用的计划方法,并结合电子计算机的应用,对建设工程进度实施动态控制;

2)编制进度控制工作细则,指导进度控制人员实施进度控制;

3)对施工进度计划进行细致的审核,使工程在合理的状态下施工;

4)采用成熟的新技术、新材料、新的施工工艺,加快工程进展。

(3)经济手段

工期延期管理的经济手段包括:

1)及时办理工程预付款及工程进度款支付手续;

2)对应急工程给予优厚的赶工费用;

3)对工期提前给予奖励;

4)对工程延误收取误期损失赔偿金;

5)加强索赔管理,公正地处理索赔。

(4)合同手段

工期延期管理的合同手段主要包括:

1)严格控制工程变更和设计变更;

2)加强合同管理,协调合同工期与进度计划之间的关系,保证合同中进度目标的实现;

3)加强风险管理,在合同中应充分考虑风险因素及其对进度的影响,以及相应的处理方法。

7.5 项目组织结构设计及其风险管理

7.5.1 项目组织结构组织形式及其风险分析

项目组织结构设计就是对组织活动和组织结构的设计过程,有效的组织设计在提高组织活动效能方面起着重大的作用。

(1)从各层次看项目组织结构设计

1)从项目环境的层次,项目组织设计必须考虑以下问题:

①有一些与项目利益相关者的关系是项目经理所不能改变的,如贷款协议、合资协议等;

②对于设计单位、咨询单位和施工单位等委托的项目实施单位,项目经理必须有能力对它们进行控制和协调,进行界面管理;

③对项目管理来说,重要的是项目中组织和管理关系。

2)从项目管理组织的层次来分析,对于成功的项目管理来说,以下三点可能是至关重要的:

①项目经理的授权和定位问题,即项目经理在企业组织中的地位和被授予的权力如何。

②项目经理和其他控制项目资源的职能经理之间良好的工作关系。

③一些职能部门的人员,如果也为项目服务时,即要竖向地向职能经理汇报,同时也能横向地向各项目经理汇报。

3)在项目组织结构设计中,对于项目实施组织的设计主要立足于项目的目标和项目实施的特点,同时要有利于项目管理组织对其的控制的协调。

(2)项目组织设计和依据

1)项目组织的目标

项目组织是为达到项目目标而有意设计而成的系统,组织的目标实际上就是要实现项目的目标:投资、进度和质量,以及尽量避免对企业原有的经营活动造成影响。

2)项目分解结构

项目分解结构是为了将项目分解成可以管理和控制的工作单元,从而能够更为容易也更为准确地确定这些单元的成本和进度,以及明确定义其质量的要求。从严格意义上说,每一个工作单元都是项目的具体行为目标“任务”,它包括五个方面的要素:

①工作过程或内容;

②任务的承担者;

③工作对象;

④完成工作所需的时间;

⑤完成工作所需的资源。

项目分解的目的包括以下几个方面:

①将整个项目划分成可以进行管理的较小部分,同时确定工作内容和工作流程;自上而下地将总体目标划分成一些具体的任务,划分不同单元的相应职责,由不同的组织单元来完成,并将工作与组织结构相联系,形成责任矩阵;

②针对较小单元,对时间,资金和资源等做出估计;

③为计划、预算、进度安排和成本控制提供同一的基础结构。

项目分解结构的步骤:项目分解结构的目的是将项目的过程、产品和组织这三种结构形式综合起来,其过程可以归纳为以下步骤:项目定义—设定详尽程度—过程结构—组织结构—产品结构—组织的财务图—项目分解结构—控制性总体计划—职能矩阵—项目财务图表—关键线路网络计划—工作顺序系统—报告和控制系统。

3)项目组织设计的内容

在项目系统中,最为重要的就是所有项目有关方和他们为实现项目目标所进行的活动。因此,项目组织设计的主要内容就包括项目系统内的组织结构和工作流程的设计。

①项目的结构:项目的系统结构主要是指项目是如何组成的,项目各组成部分之间由于其内在的技术或组织联系而构成一个项目系统。

②组织规划设计:组织规划是指根据项目的目标和任务,确定相应的组织结构,以及如何划分和确定这些部门,这些部门又如何有机地相互联系和相互协调,共同为实现项目目标而各司其职又相互协作。

③组织流程设计:信息流程的设计,就是将项目系统内各工作单元和组织单元的信息渠道,其内部流动着的各种业务信息、目标信息和逻辑关系等作为对象,确定在项目组织内的信息流动的方向,交流渠道的组成和信息流动的层次。

④工程项目常见组织形式。

工程项目的常见组织结构有职能型组织结构;项目型组织结构;矩阵型组织结构。分别如图7.1、图7.2、图7.3所示。

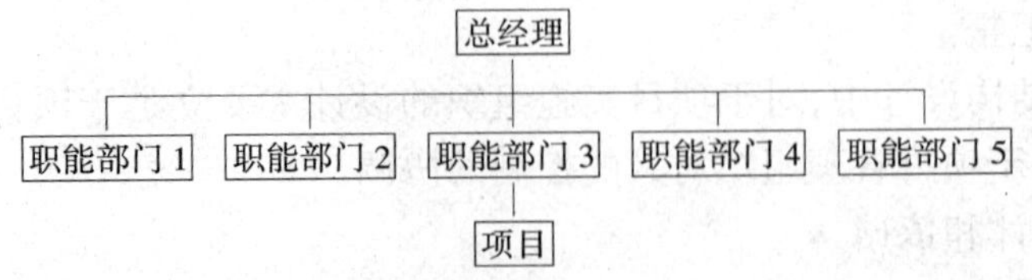

图7.1 职能型组织结构图

在这种结构中,一个项目可以作为公司中某个职能部门的一部分,这个部门对该项目负有最终责任(不是法律上的而是工作上的最终责任,以下同),称主办部门,其余部门称会办部门。当必须跨部门时,通常采用委员会制度来协调。

优点:部门的全体人员共同承担全部项目工作,人员由部门统一调度,一个人可以同时参加多个项目,人员的利用率是高效的,这对整个公司都是如此;信息及其他资源在部门内部共享,它们的利用在部门内是高效的;如果部门中项目不多,部门主管可以作为具体的项目责任人,项目的具体决策者距离项目的路径短。所以,这种结构对风险有高效的预警能力。

缺点:各部门由于专业性分工不同,各自利益有一定的独立性,容易形成信息及其他资源的孤岛,信息及其他资源的跨岛流动有一定的障碍,在信息方面甚至可能失真。故它们在跨部门的利用中不是高效的。对于风险的处理,当涉及跨部门的紧急资源调配时也会处于相同的境地,所以,这种结构对风险的处理也是低效的。而且,当部门中项目比较多,部门主管不能兼任项目负责人时,就加长了控制距离,对风险的预警能力也会下降。

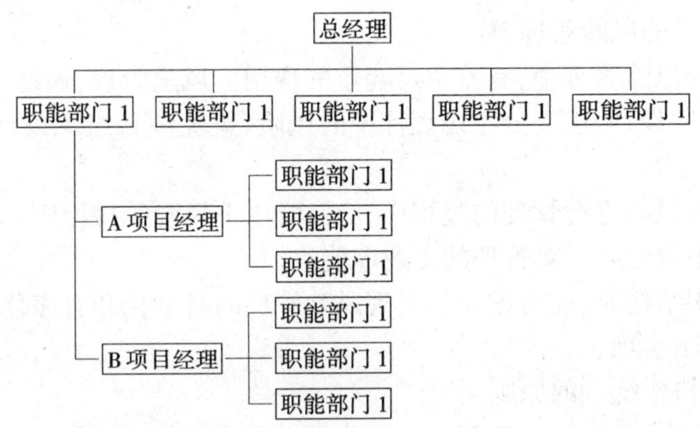

图7.2 项目型组织结构图

项目型组织结构是事业部门的组织形式,项目从公司组织中独立出来,有自己的技术人员和管理人员。项目组织对项目负有最终责任,并在项目的责任范围内享有充分的自主权。

优点:项目的全体人员共同承担一个项目的全部工作,人员由项目经理统一调度,项目内部人员的利用率是高效的;信息及其他资源在项目内的利用是高效的;项目经理拥有项目的具体决策权,决策路径短,对风险有高效的预警能力,同时,项目经理有权调动项目的全部资源,对项目风险有高效的处理能力。

缺点:各项目组织有自己独立的一套项目资源,在公司内部统一调度,产生了巨大的资源冗余。因而,就公司整体而言,资源利用效率非常低;当风险超过项目组织的资源极限时,跨项目高度资源困难。故抗拒大风险的能力不强。

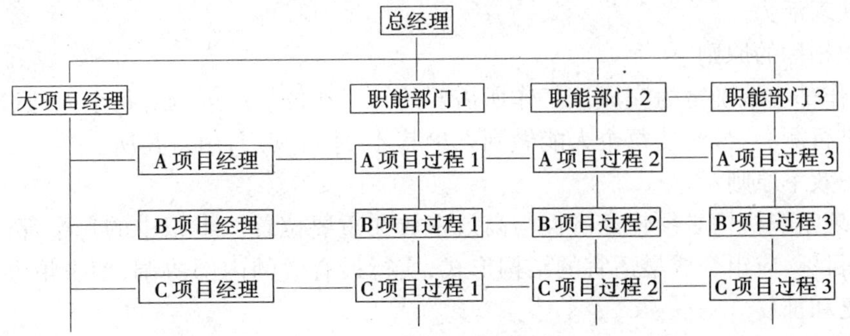

图7.3 矩阵型组织结构图

矩阵型组织结构是职能型组织结构和项目型组织结构的混合形式,项目经理(通常有一些助手)对项目的结果负责,职能部门的经理为项目的实施提供本部门的可控资源,共同为项目的成功而努力。项目人员作为项目的参与者,在项目的工作过程进入本职区域时受部门指派而加入项目,他们的组织隶属关系在职能部门,但在参与项目期间,业务上受项目经理领导。同时,他们也因隶属关系而有义务向职能部门经理汇报工作情况。因此,他们具有双重身份,接受双重领导。

优点:全部资源在公司内统一调度,在资源利用方面是高效的;项目经理是项目的最终责任人,拥有项目的具体决策权,决策路径短,对风险有高效的预警能力。

缺点:在项目进程需要用到一些非计划性的资源时,项目经理必须与职能部门经理协调,因此,这种结构在时间方面是低效率的。当风险出现时,这种协调更加关键。故抗拒风险的能力不能算是高效率的。

7.5.2 项目组织的风险管理原则

项目组织在工程风险管理中,有着举足轻重的作用。风险管理,最终还是要依靠人来实现的。所以,项目的组织设计,应充分考虑设计中的风险,避免项目组织设计出现差错而导致整个项目面临巨大的风险。

在项目的组织对风险进行管理的过程中,应注意以下风险管理原则:

1.在项目组织中应建立风险管理的专业职能组织

在设计项目组织结构时,应考虑如何实现风险管理的科学化和有序化,通常在设立风险管理机构时,应注意以下事项:

(1)专业分工与协作统一的原则

在风险管理机构中,可以按风险管理的专业设立分支部门,如质量风险管理部门、进度风险管理部门和投资风险管理部门等。各部门都要制定相应的风险管理目标、任务、明确干什么、怎么干。但同时还要强调协作,即要明确机构内部各部门之间和各部门内部的协调关系和协调方法。在协作中要注意两条:一是要主动协调,明确各部门之间的工作关系,找出易出矛盾之点,加以协调;二是要有具体可行的协调配合办法。对协调中的各种关系,应逐步规范化、程序化。

(2)权责一致的原则

在风险管理机构中,应明确划分职责、权力范围,做到责任和权利相一致。只有做到有职、有权、有责,才能使组织机构正常运行,由此可见,组织的权责是相对预定的岗位职务来说的,不同的岗位职务应有不同的权责。权责不一致对组织的效能损害是很大的。权力大于职责容易造成瞎指挥、滥用权力的官僚主义;责任大于权利就会影响管理人员的积极性、主动性、创造性,使组织缺乏活力。

(3)才职相称的原则

每项工作都应该确定为完成该工作所需要的知识和技能。可以对每个人通过考察他的学历与经历,进行测验,最终使每个人能做到人尽其才,才得其用,用得其所。

(4)经济效率原则

风险管理组织机构必须将经济性与高效率放在重要位置。组织中的每个部门,每个人为了一个统一目标,应组合成最适宜的结构形式,实行最有效的内部协调,使事情办得简洁而正确,减少重复和扯皮。

(5)弹性原则

风险管理组织机构既要有相对的稳定性,不要总是轻易变动,又要随组织内部和外部条件的变化,根据长远目标作出相应的调整与变化,使组织机构具有一定的适应性。

2.对风险管理应具有针对性

工程项目有共同性(如风险大,建设期长等)但同时又具有个性。这就要求在风险管理过程中,注意工程项目的特定环境和具体情况,有针对性地进行风险识别、风险评价、风险防范等管理步骤。

3.对拟采用的风险防范措施要进行比较分析,选择代价最小,效果最好的措施

这要求在风险管理过程中,对于一项风险,不要只提出一项措施就认为满足要求了。应该尽可能拿出几条措施,相互比较优选。如对于某项风险,究竟是采用风险回避,还是采用风险转移或风险分散的对策呢?不能完全靠主观判断,应对风险发生的概率,各项措施的机会成本,可能收益等指标进行系统地分析考虑,最后再确定采用哪项措施。

4.对风险的管理应实行动态的、全过程的控制

项目面临的风险,不是一成不变的,而是随工程的进展,环境和条件的变化而有所变化的。这就要求在风险的管理过程中,要注意收集与工程有关的各种信息,对信息进行处理后,从中识别新的风险,或排除已经不会发生的风险,制定新的风险管理措施。

5.对风险的控制应适当

风险既可能造成损失,又可能带来额外收益。不能因为害怕风险带来的损失就处处小心谨慎,一味追求安全,这样就会失去一些投机收入。正确的控制方法应是适当控制,至于怎样才适当,与决策者的心理素质,经营理念等有密切联系,没有统一的标准,但过于小心的做法肯定是不可取的。

6.在对风险管理中,应将信息的获取与加工作为一项重要工作

风险能否得到及时、正确的识别与控制,与信息的全面性和及时性有密切关系。后者是前者的基础和保证。尤其是现代工程项目的风险管理,涉及因素多,所需信息量很大,这就要求在风险管理过程中,与项目的其他职能管理部门密切合作,保证信息的流畅和共享。

7.风险管理应直接由项目的高层领导或企业的高层领导负责

风险管理与企业的经营目标、运作方式、管理理念等密切相关,因此,风险的管理应在具有决定权的领导的指导下展开。

8.注意各种风险防范措施的严密性和有效性

风险防范的措施在实际运用中,必须注意其严密性和有效性。如在投保时,对于合同中的各项条款都要字斟句酌,以免因为疏漏导致最终索赔失败。再如,为了实现风险转移,总包商拟将一些分部分项工程分包出去,这就要求选择的分包人必须有能力完成分包项目,否则,最终的责任还是要由总包商对业主负责,从而使风险转移失败。

9.在风险管理中,应该树立一种共赢的理念

项目的实施难免遇到各种风险,工程参与的各方所面对的风险是不完全相同的。但大家应该树立一种理念,只有共赢才能最大限度地减少风险的发生。为了降低自己面临的风险,而加重他人风险的做法是不可取的,因为这很可能导致某一方承担过大的风险,最终导致项目的巨大损失,这样,所有工程的参与方都很难得到预期的利润。

思考题

1.浅谈工程风险管理的重要性。

2.施工单位的质量责任有哪些?

3.影响工程质量的因素是什么?

4.安全风险管理的意义及措施。

5.不同的合同形式有什么不同的风险管理方式。

6.如何做好工程索赔的风险管理?

7.工程延期和工程延误的区别,它们的风险管理手段有哪些不同?

8.组织结构设计风险管理的原则。

参考文献

1 干春晖.管理经济学.上海:立信会计出版社,2002
2 许谨良.风险管理.北京:中国金融出版社,2003
3 王晓群.风险管理.上海:上海财经大学出版社,2003
4 许谨良.周江雄.风险管理.北京:中国金融出版社,1998
5 胡振华.工程项目管理.长沙:湖南人民出版社,2001
6 卢有杰,卢家仪.项目风险管理.北京:清华大学出版社,1998
7 雷胜强.国际工程风险管理与保险.北京:中国建筑工业出版社,1996
8 中国建设监理协会.建设工程监理概论.北京:知识产权出版社,2003
9 宋明哲.风险管理.台北:五南图书出版公司,1989
10 罗吉·弗兰根,乔治·诺曼[英].李世蓉译.工程建设风险管理.北京:中国建筑工业出版社,2000

编后记

面向21世纪交通版高等学校教材自2001年出版以来,受到各学校的欢迎。2002年,在北京召开了教材编审委员会第二次会议,会议研究决定编写公路工程管理方向本科教材,以满足各校教学的需要。第一批拟编目录如下:

1.公路建设项目可行性研究

2.建设项目投资控制与管理

3.公路工程合同管理与索赔

4.工程质量控制与管理

5.工程风险管理

6.工程项目融资

7.管理信息系统

8.高速公路经营管理

9.公路工程定额原理与估价

10.公路工程概预算编制及其示例

11.公路工程监理案例及其分析

编写上述教材,旨在为各校在选用教材时提供一个更大的空间,日后,随着教学改革的深入,教材仍将不断充实与完善。希望使用教材的各相关学校及任课教师提出宝贵意见,以使该系列教材更加完善。

人民交通出版社

2003-12-12

人民交通出版社公路类教材一览

（◆教育部普通高等教育"十一五"国家级规划教材 ▲建设部土建学科专业"十一五"规划教材）

一、交通工程教学指导分委员会规划推荐教材

1. ◆交通规划（王　炜）…… 33元
2. ◆道路交通安全（裴玉龙）…… 36元
3. 交通系统分析（王殿海）…… 31元
4. 交通管理与控制（徐建闽）…… 26元
5. 交通经济学（邵春福）…… 25元

二、21世纪交通版高等学校教材

（一）交通工程专业

1. ◆交通工程总论（第三版）（徐吉谦）…… 36元
2. ◆交通工程学（第二版）（任福田）…… 38元
3. ◆交通管理与控制（第四版）（吴　兵）…… 35元
4. ◆道路通行能力分析（陈宽民）…… 27元
5. ◆交通工程设计理论与方法（马荣国）…… 40元
6. ◆公路网规划（裴玉龙）…… 27元
7. 交通工程专业英语（裴玉龙）…… 28元
8. ◆交通运输工程导论（第二版）（姚祖康）…… 23元
9. 交通流理论（王殿海）…… 21元
10. 交通系统仿真技术（刘运通）…… 26元
11. 停车场规划设计与管理（关宏志）…… 30元
12. 交通工程设施设计（李峻利）…… 35元
13. ◆智能运输系统概论（第二版）（杨兆升）…… 25元
14. 智能运输系统概论（第二版）（黄　卫）…… 24元
15. ◆运输经济学（严作人）…… 40元
16. ◆道路交通工程系统分析方法（王　炜）…… 28元
17. 交通调查与分析（第二版）（严宝杰）…… 38元
18. ◆交通运输设施与管理（郭忠印）…… 33元
19. 道路交通安全管理法规概论及案例分析（裴玉龙）…… 29元
20. 交通地理信息系统（符锌砂）…… 31元
21. 公路建设项目可行性研究（过秀成）…… 27元
22. 交通工程专业生产实习指导书（朱从坤）…… 7元

（二）城市轨道交通系列教材

1. 城市轨道交通概论（孙　章）…… 30元（估）
2. 城市轨道交通系统（彭　辉）…… 32元
3. 轨道工程（练松良）…… 36元
4. 城市轨道交通设备系统（周顺华）…… 32元
5. ◆地铁与轻轨（第二版）（张庆贺）…… 40元

（三）土木工程专业（路桥）/道路桥梁与渡河工程专业

I. 专业基础课教材

1. 土木工程概论（项海帆）…… 32元
2. 道路概论（第二版）（孙家驷）…… 20元
3. 土质学与土力学（第四版）（袁聚云）…… 30元
4. 公路工程地质（第三版）（窦明健）…… 23元
5. ▲道路工程制图（第四版）（谢步瀛）…… 36元
6. ▲道路工程制图习题集（第四版）（袁　果）…… 26元
7. ◆道路建筑材料（第四版）（李立寒）…… 35元
8. ◆测量学（第三版）（许娅娅）…… 36元
9. ◆基础工程（第三版）（王晓谋）…… 33元
10. 结构设计原理（第二版）（叶见曙）…… 51元
11. 公路经济学教程（袁剑波）…… 23元
12. 专业英语（第二版）（李　嘉）…… 33元

II. 专业核心课教材

13. ◆路基路面工程（第二版）（邓学均）…… 52元
14. ◆道路勘测设计（第三版）（杨少伟）…… 42元
15. 道路结构力学计算（上、下）（郑传超、王秉纲）…… 50元
16. 水力学（王亚玲）…… 19元
17. ◆桥梁工程（第二版）（姚玲森）…… 62元
18. 桥梁工程（第二版）（土木、交通工程）（邵旭东）…… 52元
19. ◆桥梁工程（第二版）（上）（范立础）…… 42元
20. ◆桥梁工程（第二版）（下）（顾安邦）…… 38元
21. 桥梁工程（陈宝春）…… 45元
22. ◆桥涵水文（第四版）（高冬光）…… 28元
23. ◆现代钢桥（上）（吴　冲）…… 34元
24. ◆钢桥（徐君兰）…… 16元
25. ◆公路施工组织及概预算（第三版）（王首绪）…… 32元
26. ▲桥梁施工及组织管理（第二版）（上）（魏红一）…… 39元
27. ▲桥梁施工及组织管理（第二版）（下）（邬晓光）…… 39元
28. ◆隧道工程（第二版）（上）（王毅才）…… 65元

III. 专业方向选修课教材

29. ◆道路工程（严作人）…… 40元
30. 道路工程（土木工程专业）（凌天清）…… 32元
31. ◆高速公路（第二版）（方守恩）…… 21元
32. 高速公路设计（赵一飞）…… 38元
33. 城市道路设计（吴瑞麟）…… 22元
34. GPS测量原理及其应用（胡伍生）…… 28元
35. 公路测设新技术（維　应）…… 36元
36. 公路施工技术与管理（廖正环）…… 40元
37. 土木工程造价控制（石勇民）…… 30元
38. 公路工程定额原理与估价（石勇民）…… 36元
39. 道路桥梁检测技术（胡昌斌）…… 31元
40. 特殊地区基础工程（冯忠居）…… 29元
41. 道路与桥梁工程计算机绘图（许金良）…… 31元
42. ◆公路小桥涵勘测设计（第三版）（孙家驷）…… 31元
43. 路基设计原理与计算（李峻利）…… 40元
44. 路基路面工程检测技术（李宇峙）…… 46元
45. 公路土工合成材料应用原理（黄晓明）…… 22元
46. 水泥与水泥混凝土（申爱琴）…… 30元
47. ◆环境经济学（董小林）…… 32元
48. 公路环境与景观设计（刘朝辉）…… 30元
49. 桥梁工程概论（第二版）（罗　娜）…… 27元
50. 桥梁检测与加固（王国鼎）…… 27元
51. 桥梁钢—混凝土组合结构设计原理（黄　侨）…… 26元
52. 桥梁结构试验（章关永）…… 22元
53. 桥梁抗震（叶爱君）…… 15元
54. ◆桥梁建筑美学（第二版）（盛洪飞）…… 30元
55. 大跨度桥梁结构计算理论（李传习）…… 18元
56. 隧道结构力学计算（夏永旭）…… 29元
57. 公路隧道运营管理（吕康成）…… 22元
58. 隧道与地下工程灾害防护（张庆贺）…… 40元（估）
59. 土木规划学（石　京）…… 38元

IV. 实践环节教材及教参教辅

60.《道路勘测设计》毕业设计指导（许金良）…… 30元
61. 桥梁计算示例丛书—桥梁地基与基础（第二版）（赵明华）…… 18元

62. 桥梁计算示例丛书—混凝土简支梁(板)桥(第三版)(易建国) …… 27元
63. 桥梁计算示例丛书—连续梁桥(邹毅松) …… 20元
64. 结构设计原理计算示例(叶见曙) …… 40元

V. 研究生教学用书

道路与铁道工程

1. 现代加筋土理论与技术(雷胜友) …… 24元
2. 道路规划与几何设计(朱照宏) …… 32元

桥梁与隧道工程

1. 高等桥梁结构理论(项海帆) …… 35元
2. 高等钢筋混凝土结构(周志祥) …… 27元
3. 结构分析的有限元法与MATIAB程序设计(徐荣桥) …… 28元
4. 工程结构数值分析方法(夏永旭) …… 27元
5. 箱形梁设计理论(第二版)(房贞政) …… 32元

(四)公路工程管理专业

1. ◆工程项目融资(赵 华) …… 29元
2. 管理信息系统(李友根) …… 31元
3. 公路工程定额原理与估价(石勇民) …… 36元
4. 工程风险管理(邓铁军) …… 21元
5. ◆工程质量控制与管理(邬晓光) …… 29元
6. 公路工程造价编制与管理(沈其明) …… 31元
7. 工程项目招标与投标(周 直) …… 30元
8. 高速公路管理(王选仓) …… 35元

(五)工程机械专业

1. ◆施工机械概论(王 进) …… 35元
2. ◆公路施工机械(第二版)(李自光) …… 43元
3. 现代工程机械发动机与底盘构造(陈新轩) …… 38元
4. 工程机械维修(许 安) …… 38元
5. 工程机械状态检测与故障诊断(陈新轩) …… 29元
6. 工程机械底盘设计(郁录平) …… 36元
7. 公路工程机械化施工与管理(郭小宏) …… 40元
8. 工程机械设计(吴永平) …… 38元
9. 工程机械技术经济学(吴永平) …… 23元
10. 工程机械专业英语(宋永刚) …… 36元

三、普通高等学校规划教材

1. 交通土建工程制图(第二版)(和丕壮) …… 38元
2. 交通土建工程制图习题集(第二版)(和丕壮) …… 20元
3. 画法几何与土建制图(第二版)(林国华) …… 39元
4. 画法几何与土建制图习题集(第二版)(林国华) …… 25元
5. 土木工程制图(丁建梅 周佳新) …… 36元
6. 土木工程制图习题集(丁建梅 周佳新) …… 18元
7. ◆土木工程计算机绘图基础(尚守平) …… 39元
8. 工程经济学(李雪淋) …… 22元
9. 工程测量(胡伍生) …… 25元
10. 交通土木工程测量(张坤宜) …… 33元
11. 结构设计原理(毛瑞祥) …… 26元
12. 路基路面工程(何兆益) …… 45元
13. 道路勘测设计(第二版)(孙家驷) …… 46元
14. 道路与桥梁工程概论(黄晓明) …… 32元
15. 公路施工组织与管理(赖少武 李文华) …… 35元
16. 公路工程施工组织学(第二版)(姚玉玲) …… 38元
17. 公路施工与组织管理(廖正环) …… 22元
18. 公路养护与管理(许永明) …… 18元
19. 水力学与桥涵水文(叶镇国) …… 38元
20. 桥位勘测设计(高冬光) …… 20元
21. 道路规划与设计(李清波) …… 46元
22. 道路交通环境工程(张玉芬) …… 19元
23. 公路实用勘测设计(何景华) …… 19元
24. 公路计算机辅助设计(符锌砂) …… 30元
25. 公路工程预算与工程量清单计价(雷书华) …… 35元
26. 公路工程造价(周世生) …… 42元
27. 软土环境工程地质学(唐益群) …… 35元
28. 公路与桥梁施工技术(盛可鉴) …… 30元
29. 桥梁美学(和丕壮) …… 40元
30. 桥梁结构理论与计算方法(贺拴海) …… 58元
31. 钢管混凝土(胡曙光) …… 38元
32. 隧道施工(于书翰) …… 23元
33. 公路隧道机 电工程(赵忠杰) …… 40元
34. ◆道路交通管理与控制(袁振洲) …… 40元
35. 交通工程学(第二版)(李作敏) …… 28元
36. 交通项目评估与管理(谢海红) …… 36元
37. 工程项目管理(周 直) …… 20元
38. 测绘工程基础(李芹芳) …… 36元
39. 工程机械运用技术(许 安) …… 40元
40. 现代工程机械液压与液力系统(颜荣庆) …… 39元
41. 水泥混凝土路面施工与施工机械(何挺继) …… 30元
42. 现代公路施工机械(何挺继) …… 45元
43. 工程机械机电液一体化(焦生杰) …… 28元

四、高等学校应用型本科规划教材

1. 结构力学(万德臣) …… 30元
2. 道路工程制图(谭海洋) …… 28元
3. 道路工程制图习题集(谭海洋) …… 24元
4. 道路建筑材料(伍必庆) …… 37元
5. 土木工程材料(张爱勤) …… 39元
6. 土质学与土力学(赵明阶) …… 30元
7. 结构设计原理(黄平明) …… 47元
8. 结构设计原理学习指导(安静波) …… 35元
9. 结构设计原理计算示例(赵志蒙) …… 40元
10. 工程测量(朱爱民) …… 30元
11. 基础工程(刘 辉) …… 26元
12. 道路勘测设计(张维全) …… 32元
13. 桥梁工程(刘龄嘉) …… 45元
14. 公路工程试验检测(乔志琴) …… 47元
15. 路桥工程专业英语(赵永平) …… 44元
16. 水力学与桥涵水文(王丽荣) …… 27元
17. 工程招标与合同管理(刘 燕) …… 33元
18. 工程项目管理(李佳升) …… 32元
19. 公路施工技术(杨渡军) …… 64元
20. 公路工程机械化施工技术(徐永杰) …… 32元
21. 公路工程经济(周福田) …… 22元
22. 公路工程监理(朱爱民) …… 33元
23. 道路工程(资建民) …… 38元
24. 道路工程CAD(许金良) …… 23元
25. 路基路面工程(陈忠达) …… 46元

各地经销商电话见人民交通出版社网站首页,网址:http://www.ccpress.com.cn。